21世纪高等学校计算机类课程创新规划教材·微课版

计算机导论
（第2版）

微课版

◎ 吕云翔 李沛伦 编著

清华大学出版社
北京

内 容 简 介

本书全面、系统地介绍计算机基础知识。全书架构为：第1~4章介绍计算机的基础知识，包括计算机和数字基础、计算机硬件、计算机软件、操作系统和文件管理等；第5~9章介绍计算机网络的相关知识，包括局域网、因特网、Web技术及应用、社交媒体、多媒体和Web；第10~15章介绍计算机的系统分析与设计、数据库、新技术领域、编程、安全以及计算机专业的职业与道德。

全书讲解细致、全面，且力求尽可能多地反映新技术，并提供了2200分钟微课视频及1000道在线测试题。

本书既可作为高等院校计算机相关专业计算机导论课程的教材，也可作为非计算机专业的学生及广大计算机爱好者的阅读参考书。

本书封面贴有清华大学出版社防伪标签，无标签者不得销售。
版权所有，侵权必究。举报：010-62782989，beiqinquan@tup.tsinghua.edu.cn。

图书在版编目(CIP)数据

计算机导论：微课版/吕云翔，李沛伦编著. —2版. —北京：清华大学出版社，2019(2023.8重印)
(21世纪高等学校计算机类课程创新规划教材·微课版)
ISBN 978-7-302-50750-5

Ⅰ. ①计… Ⅱ. ①吕… ②李… Ⅲ. ①电子计算机－高等学校－教材 Ⅳ. ①TP3

中国版本图书馆 CIP 数据核字(2018)第 172052 号

策划编辑：魏江江
责任编辑：王冰飞
封面设计：刘　键
责任校对：胡伟民
责任印制：曹婉颖

出版发行：清华大学出版社
　　网　　　址：http://www.tup.com.cn, http://www.wqbook.com
　　地　　　址：北京清华大学学研大厦A座　　邮　编：100084
　　社 总 机：010-83470000　　邮　购：010-62786544
　　投稿与读者服务：010-62776969，c-service@tup.tsinghua.edu.cn
　　质量反馈：010-62772015，zhiliang@tup.tsinghua.edu.cn
　　课件下载：http://www.tup.com.cn, 010-83470236
印 装 者：小森印刷霸州有限公司
经　　销：全国新华书店
开　　本：185mm×260mm　　印　张：22　　字　数：540千字
版　　次：2015年4月第1版　　2019年2月第2版　　印　次：2023年8月第11次印刷
印　　数：44401~48400
定　　价：49.50元

产品编号：080145-02

再版前言

《计算机导论》于 2015 年 4 月正式出版以来,经过了几次印刷。许多高校将其作为"计算机导论"课程的教材,深受这些学校师生的钟爱,获得了良好的社会效益。但从另外一个角度来看,作者有责任和义务维护好这本书的质量,及时更新本书的内容,做到与时俱进。

这些年来,信息技术突飞猛进,人工智能、大数据、云计算、物联网、虚拟现实、区块链、5G 等领域发展得越来越快。即使在前一版中已经涉及的一些内容,由于信息技术有了进一步的发展,也有必要对前一版的内容做出及时的更新。本书改动内容如下。

(1) 在第 1 章中,增加了"计算机的兼容性""计算思维",去掉了"微控制器"。

(2) 在第 2 章中,增加了"TPU""NPU""热插拔和即插即用",去掉了"个人计算机基础知识"。

(3) 在第 3 章中,增加了"App 和应用程序""购买和使用软件",去掉了"软件安装和升级"。

(4) 在第 5 章中,增加了"网络的体系结构""网络节点""网络拓扑结构",去掉了"网络安装"。

(5) 在第 6 章中,增加了"数据包""FTTH",去掉了"实时消息""VoIP""论坛、维基、博客和微博",将这些内容放在了第 8 章。

(6) 将第 7 章的名称改为"Web 技术及应用",增加了"Web 发展历程""网站""URL""HTTP",去掉了"Web 基础知识""电子邮件",将"电子邮件"放在了第 8 章。

(7) 增加了一章,即"第 8 章 社交媒体",内容包括"社交媒体基础知识""内容社区""社交媒体形式""在线交流"。

(8) 将原第 8 章改为第 9 章。

(9) 将原第 9 章改为第 10 章。

(10) 将原第 10 章改为第 11 章,增加了"常用名词"。

(11) 接着又增加了一章,即"第 12 章新技术领域",内容包括"人工智能""大数据""云计算""物联网""虚拟现实""区块链""5G"。

(12) 将原第 11 章改为第 13 章,增加了"编译器和解释器""API"。

(13) 将原第 12 章改为第 14 章,这一章的整体结构有所改变,按照"非授权使用""恶意软件""在线入侵""社交安全""备份安全""工作区安全和人体工程学"重新进行了组织。

(14) 将原第 13 章改为第 15 章,将"简历和 Web 文件夹"改为"简历制作及发布",将"检举"改为"举报"。

(15) 对附录 A、B、C 进行了修订,增加了附录 D、E、F。

我们还制作了 2200 分钟的微课视频,为的是对本书进行知识的补充和拓展,扫描书中的二维码,可以在线观看。本书还提供1000道在线测试题,可以在各章的"习题"处扫描二维码进行使用和练习。另外,扫描封底的课件二维码,可以下载针对本书的PPT。

希望通过这样的修改之后,教师和学生更喜欢这本书;希望本书信息容量更大,知识性更强,面向计算机导论能力的全面培养和实际应用的这些特点能够很好地延续下去。

本书的作者为吕云翔、李沛伦,曾洪立参与了部分内容的编写和素材整理及配套资源制作等。

笔者从事计算机导论教学多年,本书的部分内容展示了教学过程中的一些成果,在此感谢所有为此书做出贡献的同仁。

最后,恳请读者不吝赐教,提出宝贵意见。编者 E-mail:yunxianglu@hotmail.com。

编 者

2018 年 10 月

前言

党的二十大报告中指出：教育、科技、人才是全面建设社会主义现代化国家的基础性、战略性支撑。必须坚持科技是第一生产力、人才是第一资源、创新是第一动力，深入实施科教兴国战略、人才强国战略、创新驱动发展战略，这三大战略共同服务于创新型国家的建设。高等教育与经济社会发展紧密相连，对促进就业创业、助力经济社会发展、增进人民福祉具有重要意义。

50 年前，计算机只被研究人员和科学家使用。然而今天，几乎没有什么领域是与计算机无关的了，计算机已是人们日常生活中不可或缺的一部分。

追溯到 20 世纪 80 年代，计算机既大又贵，很少有人接触它们，大多数的计算机用于政府、企业、组织以进行大容量、高难度的工作，如发放账单、记录存货清单等。那时候，人们不需要了解如何使用计算机，拥有一台家用计算机更是不常见的。

而到了 20 世纪 80 年代末 90 年代初，因特网和浏览器开启了个人计算机的大门，越来越多的人开始购买个人计算机作为家用，1996—2012 年间我国家庭计算机的拥有率以年均超过 20% 的速度剧增。笔记本电脑、智能手机的出现又把个人计算机的普及带到了一个新的高度。如今，大多数人在工作中已离不开计算机，无论是教师、律师、医生、工程师、音乐家，还是饭店经理、售货员、职业运动员，都会使用计算机来评估信息、工作服务或相互交流。而随着计算机产业的飞速发展，计算机在社会中也不断扮演着新的角色。

正如人们能在不了解汽车引擎的情况下开汽车，我们也能在不了解计算机是如何工作的技术细节的情况下使用计算机。但是，技术会带来巨大的进步。了解汽车知识能帮你做出明智的购买选择，省出修车的费用。同样，了解计算机知识能帮你选择最合适的计算机，对其充分使用，在需要的时候适当地升级，使你能一直保持高级别的舒适和自信。因此，计算机基础知识能帮助人们了解和理解计算机及其使用，它对今天的每个人来说都是极其重要的。

作为计算机科学相关专业本科学生的第一门专业课程与其他专业课程的先修课程，"计算机导论"肩负着系统地介绍计算机基础知识，为其他专业课程奠定基础的重任。本书定位于"计算机导论"课程的专业教材，但也适合非计算机专业学生及广大的计算机爱好者阅读。

计算机产业发展迅猛，每一天都有新的产品、新的技术诞生。本书在编写时力求囊括尽可能多的新技术，如云计算、全息存储、3D 打印机、4G、HTML5 等，同时力求以数据说话，书中结论多有数据支撑。尽管如此，也只能保证一时之"新"——本科 4 年毕业后，有些知识很可能就变陈旧了。为此，本书在每章的习题中都设置了几道思考题，读者可以通过因特网来寻找答案，并在此过程中培养通过因特网进行持续学习的意识。这些思考题中，有些较简单,通过搜索即可解决;有些则较难,需要几天甚至一两周的学习才能融会贯通;另外一些甚至仍处于争议中,没有标准的答案。

全书分为13章,其中第1~4章介绍计算机的基础知识,如硬件、软件、文件、操作系统等;第5~8章介绍计算机网络的相关知识,如局域网、因特网、Web和基于Web的多媒体等;第9~13章介绍计算机的专业知识,如系统分析与设计、数据库、编程、安全、职业与道德等。附录中有关计算机的发展史、世界著名IT公司和人物,以及计算机的购买指南是本书的一大特色,这在其他书中不多见。

在本书的编写过程中,我们力求使其做到完美,但限于篇幅,且我们的水平有限,书中难免有疏漏与不妥之处,恳请各位同仁与广大读者给予批评指正,也希望各位能将在本书阅读过程中的经验与心得与我们交流(yunxianglu@hotmail.com)。

编 者

2015年1月

章节内容思维导图

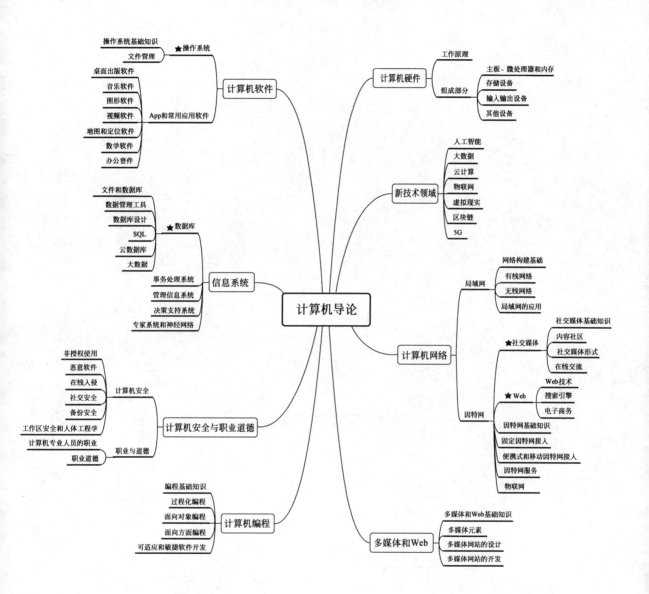

附　　表

表 1　本书微课视频二维码索引列表

序号	视频内容标题	视频二维码位置	所在页码
1	服务器	1.3.1　计算机的分类	4
2	嵌入式计算机	1.3.1　计算机的分类	5
3	智能手机	1.3.1　计算机的分类	3
4	兼容	1.3.2　计算机的兼容性	8
5	进制转换	1.4.2　数字、文本、图像和声音的表示	11
6	处理器工作原理	2.1.2　微处理器	24
7	摩尔定律	2.1.2　微处理器	25
8	程序指令如何传进和传出内存	2.1.3　内存	27
9	虚拟内存	2.1.3　内存	27
10	内存缓存	2.1.3　内存	29
11	存储器模块	2.1.3　内存	29
12	存储器访问时间	2.2.2　磁存储技术	30
13	磁盘阵列	2.2.2　磁存储技术	30
14	磁带	2.2.2　磁存储技术	30
15	固态硬盘	2.2.4　固态存储技术	32
16	二维码	2.3.1　输入设备	36
17	RFID 标签	2.3.1　输入设备	37
18	RFID 标签和 NFC 芯片	2.3.1　输入设备	37
19	磁条卡和智能卡	2.3.1　输入设备	38
20	其他的打印机	2.3.2　输出设备	39
21	数字电视和智能电视	2.3.2　输出设备	40
22	其他的输出设备	2.3.2　输出设备	40
23	适配器卡和 USB 适配器	2.4.1　扩展槽和扩展卡	42
24	USB 接口	2.4.2　接口和连接线	43
25	操作系统的功能	4.1.1　操作系统的功能	65
26	服务器操作系统	4.1.2　操作系统的分类	69
27	运行多个桌面操作系统	4.1.3　虚拟机	76
28	路由器	5.1.4　网络节点	92
29	网络附属存储和存储区域网络	5.1.4　网络节点	92
30	物理传输介质——双绞线	5.1.6　网络连接	93
31	无线传输介质的传输速率	5.1.6　网络连接	93
32	网络通信标准和协议	5.1.7　通信协议	93
33	通信软件	5.1.7　通信协议	94
34	蓝牙技术	5.3.2　蓝牙	97
35	配对蓝牙设备	5.3.2　蓝牙	97
36	因特网的基础设施	6.1.2　因特网基础设施	106

续表

序号	视频内容标题	视频二维码位置	所在页码
37	因特网服务提供商	6.1.2 因特网基础设施	106
38	移动热点	6.3.1 移动中的因特网	114
39	无线接入点	6.3.1 移动中的因特网	114
40	无线调制解调器	6.3.1 移动中的因特网	114
41	Wi-Fi 热点和蓝牙热点	6.3.2 Wi-Fi 热点	114
42	聊天室和在线讨论	6.4 因特网服务	120
43	网络电话	6.4 因特网服务	120
44	脸书(Facebook)、推特(Twitter)和领英(LinkedIn)有什么不同	8.1.1 社交媒体基础知识	139
45	创建网页过程	9.4.2 制作网站	167
46	数据库管理系统	11.2.2 数据库管理系统	194
47	拒绝服务攻击	14.2.1 恶意软件威胁	262
48	防火墙	14.3.2 保护端口	266
49	备份——最后的保护措施	14.5.1 备份基础知识	272
50	选择计算机类型	附录 C	314
51	购买正确的计算机——选择操作系统		
52	购买正确的计算机——选择配置选项		
53	购买正确的计算机——选择购买渠道		
54	桌面计算机购买指南		
55	移动计算机购买指南		
56	智能手机选购指南		
57	世界著名的 IT 公司和人物(部分)	附录 D	319
Office 及其应用			
58	用 Word 进行公式编辑与文献管理	附录 E	321
59	用 Word 进行论文排版		
60	Excel 教学视频		
61	使用 Excel 解决最优化问题		
62	PowerPoint 的高级功能		
63	使用 PowerPoint 进行绘图		
64	Access 的使用		
65	Outlook 的使用		
操作系统及其应用			
66	Windows 10 的安装与操作	附录 E	321
67	Ubuntu 的安装与操作		
68	Linux 的安装与操作		
69	虚拟机的安装与使用(基于 Virtual Box)		
70	双系统(Windows 与 Linux)的安装与使用		
软件工具及其应用			
71	PS 教学视频	附录 E	321
72	Photoshop 的使用		
73	使用 Photoshop 进行图像批处理		
74	PhotoshopLightroom 的使用		

续表

序号	视频内容标题	视频二维码位置	所在页码
软件工具及其应用（续）			
75	Dreamweaver 的使用	附录 E	321
76	Premiere 的使用		
77	After Effects 的使用		
78	Audition 的使用		
79	InDesign 的使用		
80	Flash 的使用		
81	MATLAB 的使用		
82	SolidWorks 的安装与使用		
83	Codeblocks 的安装与使用		
84	OBS 的使用		
85	APowersoft 的使用		
86	XMind 的使用		
87	MindManager 的使用		
88	FreeMind 的使用		
89	百度脑图的使用		
90	Prezi 的使用		
91	Visio 的使用		
92	Mathematica 的使用		
93	Markdown 的使用		
94	Github 的使用		
95	印象笔记的使用		
96	OneDrive 的安装与使用		
97	Onenote 的使用		
98	格式工厂的使用		
99	LaTeX 的使用		
开发语言及开发环境的应用			
100	Python 环境的安装与配置	附录 E	321
101	Python 的基本使用		
102	使用 Python 实现基本的图表绘制		
103	使用 Python Flask 框架实现简单的服务器		
104	Python 多版本管理		
105	Putty 的安装与使用		
106	Numpy 的安装与使用		
107	Matplotlib 的安装与使用		
108	Pandas 的安装与使用		
109	Java 环境的安装与配置		
110	Java 的安装与基本使用		
111	使用 Java 操作数据库		
112	C 语言的基本使用		
113	Dev-C++的安装与使用		
114	JavaScript 的基本使用		

续表

序号	视频内容标题	视频二维码位置	所在页码
\多列{4}{开发语言及开发环境的应用（续）}			
115	HTML5 的基本使用	附录 E	321
116	Shell 程序基础		
117	Android Studio 的安装与使用		
118	Visual Studio 的安装与使用		
119	Anaconda 的安装与使用		
120	使用 Conda 管理虚拟环境		
121	Jupyter Notebook 的安装与使用		
122	IntelliJ IDEA 的安装与使用		
123	Datagrip 的安装与使用		
124	Pycharm 的安装与使用		
125	Webstorm 的安装与使用		
126	Notepad＋＋的使用		
127	Vim 的使用		
128	Emacs 的使用		
129	Visual Studio Code 的安装与使用		
130	Sublime Text 的安装与使用		
131	微信开发者工具的使用		
132	Android 开发环境的搭建		
网络及云计算应用			
133	AWS 的使用	附录 E	321
134	阿里云的使用(1)		
135	阿里云的使用(2)		
136	腾讯云的使用		
137	百度智能云的使用		
138	华为软开云的使用		
139	百度搜索技巧的使用		
移动互联网及其应用			
140	如何创建微信小程序	附录 E	321
141	如何创建微信公众号		
142	如何创建手机 App		
人工智能			
143	TensorFlow 的安装与使用	附录 E	321
计算机的硬件			
144	台式计算机的拆装	附录 E	321
145	笔记本电脑的拆装		

表 2　本书各章在线测试题二维码索引列表

序号	内 容 标 题	二维码位置	所在页码
1	第 1 章在线测试题	第 1 章　习题	21
2	第 2 章在线测试题	第 2 章　习题	46
3	第 3 章在线测试题	第 3 章　习题	63
4	第 4 章在线测试题	第 4 章　习题	86
5	第 5 章在线测试题	第 5 章　习题	103
6	第 6 章在线测试题	第 6 章　习题	121
7	第 7 章在线测试题	第 7 章　习题	137
8	第 8 章在线测试题	第 8 章　习题	151
9	第 9 章在线测试题	第 9 章　习题	172
10	第 10 章在线测试题	第 10 章　习题	186
11	第 11 章在线测试题	第 11 章　习题	210
12	第 12 章在线测试题	第 12 章　习题	242
13	第 13 章在线测试题	第 13 章　习题	258
14	第 14 章在线测试题	第 14 章　习题	277
15	第 15 章在线测试题	第 15 章　习题	287

目 录

第 1 章 计算机和数字基础 ·· 1

    1.1 计算机简介 ··· 1

    1.2 计算机的基础知识 ··· 2

    1.3 计算机的分类和使用 ··· 3

        1.3.1 计算机的分类 ·· 3

        1.3.2 计算机的兼容性 ·· 8

        1.3.3 使用计算机的优点和缺点 ·· 8

    1.4 计算机的数字数据表示 ··· 9

        1.4.1 数据表示基础知识 ·· 9

        1.4.2 数字、文本、图像和声音的表示 ·· 9

        1.4.3 位和字节的量化 ·· 14

        1.4.4 电路和芯片 ··· 15

    1.5 计算机的数字处理 ··· 16

        1.5.1 程序和指令集 ·· 16

        1.5.2 处理器逻辑 ··· 16

    1.6 计算思维 ··· 18

        1.6.1 计算思维的概念 ·· 18

        1.6.2 计算思维的主要思想 ·· 19

        1.6.3 计算思维在生活中的应用 ·· 20

    小结 ·· 21

    习题 ·· 21

第 2 章 计算机硬件 ··· 23

    2.1 主板、微处理器和内存 ··· 23

        2.1.1 主板 ·· 23

        2.1.2 微处理器 ··· 24

        2.1.3 内存 ·· 27

    2.2 存储设备 ··· 29

        2.2.1 存储器基础知识 ·· 29

        2.2.2 磁存储技术 ··· 30

2.2.3　光存储技术 …………………………………………………………… 30
　　　2.2.4　固态存储技术 …………………………………………………………… 32
　　　2.2.5　云存储技术 ……………………………………………………………… 33
　　　2.2.6　全息存储技术 …………………………………………………………… 34
　　　2.2.7　存储器比较 ……………………………………………………………… 35
　2.3　输入输出设备 ………………………………………………………………………… 35
　　　2.3.1　输入设备 ………………………………………………………………… 35
　　　2.3.2　输出设备 ………………………………………………………………… 38
　2.4　其他设备 ……………………………………………………………………………… 42
　　　2.4.1　扩展槽和扩展卡 ………………………………………………………… 42
　　　2.4.2　接口和连接线 …………………………………………………………… 43
　　　2.4.3　总线 ……………………………………………………………………… 43
　　　2.4.4　托盘 ……………………………………………………………………… 44
　　　2.4.5　电源 ……………………………………………………………………… 44
　　　2.4.6　风扇、散热管和其他冷却部件 ………………………………………… 44
　　　2.4.7　GPU ……………………………………………………………………… 45
　　　2.4.8　TPU ……………………………………………………………………… 45
　　　2.4.9　NPU ……………………………………………………………………… 45
　　　2.4.10　热插拔和即插即用 ……………………………………………………… 46
小结 ……………………………………………………………………………………………… 46
习题 ……………………………………………………………………………………………… 46

第3章　计算机软件 …………………………………………………………………………… 48

　3.1　软件基础知识 ………………………………………………………………………… 48
　　　3.1.1　软件的组成 ……………………………………………………………… 48
　　　3.1.2　软件的分类 ……………………………………………………………… 48
　3.2　App和应用程序 ……………………………………………………………………… 49
　　　3.2.1　Web App ………………………………………………………………… 49
　　　3.2.2　移动App ………………………………………………………………… 51
　　　3.2.3　本地应用程序 …………………………………………………………… 52
　　　3.2.4　便携式软件 ……………………………………………………………… 52
　3.3　常用的应用软件 ……………………………………………………………………… 53
　　　3.3.1　桌面出版软件 …………………………………………………………… 53
　　　3.3.2　音乐软件 ………………………………………………………………… 53
　　　3.3.3　图形软件 ………………………………………………………………… 54
　　　3.3.4　视频软件 ………………………………………………………………… 54
　　　3.3.5　地图和定位软件 ………………………………………………………… 55
　　　3.3.6　数学软件 ………………………………………………………………… 56
　3.4　办公套件 ……………………………………………………………………………… 56

  3.4.1　办公套件基础知识 …………………………………… 56
  3.4.2　文字处理 …………………………………………………… 56
  3.4.3　演示文稿 …………………………………………………… 57
  3.4.4　电子表格 …………………………………………………… 57
  3.4.5　数据库 ……………………………………………………… 59
 3.5　购买和使用软件 ……………………………………………………… 59
  3.5.1　软件付费的方式 …………………………………………… 59
  3.5.2　软件的更新与升级 ………………………………………… 59
  3.5.3　盗版软件 …………………………………………………… 60
  3.5.4　软件许可证 ………………………………………………… 61
  3.5.5　软件激活 …………………………………………………… 62
 小结 ………………………………………………………………………… 63
 习题 ………………………………………………………………………… 63

第 4 章　操作系统和文件管理 ………………………………………………… 65

 4.1　操作系统的基础知识 ………………………………………………… 65
  4.1.1　操作系统的功能 …………………………………………… 65
  4.1.2　操作系统的分类 …………………………………………… 69
  4.1.3　虚拟机 ……………………………………………………… 76
  4.1.4　操作系统的加载 …………………………………………… 77
  4.1.5　实用程序与驱动程序 ……………………………………… 78
 4.2　文件基础知识 ………………………………………………………… 79
  4.2.1　文件名和扩展名 …………………………………………… 79
  4.2.2　文件目录和文件夹 ………………………………………… 80
  4.2.3　文件格式 …………………………………………………… 81
 4.3　文件管理 ……………………………………………………………… 82
  4.3.1　基于应用程序的文件管理 ………………………………… 82
  4.3.2　文件管理隐喻 ……………………………………………… 82
  4.3.3　Windows 资源管理器 ……………………………………… 84
  4.3.4　文件管理技巧 ……………………………………………… 84
  4.3.5　物理文件存储 ……………………………………………… 85
 小结 ………………………………………………………………………… 86
 习题 ………………………………………………………………………… 86

第 5 章　局域网 ………………………………………………………………… 89

 5.1　网络构建基础 ………………………………………………………… 89
  5.1.1　网络的分类 ………………………………………………… 89
  5.1.2　网络的体系结构 …………………………………………… 90
  5.1.3　局域网的优点和缺点 ……………………………………… 91

　　　　5.1.4　网络节点 …… 92
　　　　5.1.5　网络拓扑结构 …… 92
　　　　5.1.6　网络连接 …… 93
　　　　5.1.7　通信协议 …… 93
　　5.2　有线网络 …… 95
　　　　5.2.1　有线网络基础知识 …… 95
　　　　5.2.2　以太网 …… 95
　　5.3　无线网络 …… 96
　　　　5.3.1　无线网络基础知识 …… 96
　　　　5.3.2　蓝牙 …… 97
　　　　5.3.3　Wi-Fi …… 97
　　5.4　局域网的应用 …… 100
　　　　5.4.1　文件共享 …… 100
　　　　5.4.2　网络服务器 …… 101
　　　　5.4.3　网络诊断和修复 …… 102
　　小结 …… 103
　　习题 …… 103

第6章　因特网 …… 105

　　6.1　因特网基础知识 …… 105
　　　　6.1.1　因特网背景 …… 105
　　　　6.1.2　因特网基础设施 …… 106
　　　　6.1.3　数据包 …… 106
　　　　6.1.4　因特网协议、地址和域名 …… 107
　　　　6.1.5　因特网的连接速度 …… 110
　　6.2　固定因特网接入 …… 111
　　　　6.2.1　拨号连接和ISDN …… 111
　　　　6.2.2　DSL …… 112
　　　　6.2.3　FTTH …… 112
　　　　6.2.4　有线电视因特网服务 …… 112
　　　　6.2.5　卫星因特网服务 …… 113
　　　　6.2.6　固定无线因特网服务 …… 113
　　　　6.2.7　固定因特网连接比较 …… 114
　　6.3　便携式和移动因特网接入 …… 114
　　　　6.3.1　移动因特网 …… 114
　　　　6.3.2　Wi-Fi热点 …… 114
　　　　6.3.3　便携式WiMax和移动WiMax …… 115
　　　　6.3.4　便携式卫星服务 …… 115
　　　　6.3.5　蜂窝数据服务 …… 116

6.4 因特网服务 ·· 117
　6.4.1 云计算 ··· 117
　6.4.2 社交网络 ··· 118
　6.4.3 网格计算 ··· 118
　6.4.4 FTP ·· 118
　6.4.5 对等文件共享 ·· 119
6.5 物联网 ·· 120
小结 ··· 120
习题 ··· 121

第 7 章 Web 技术及应用 ··· 123

7.1 Web 技术 ··· 123
　7.1.1 Web 发展历程 ·· 123
　7.1.2 网站 ·· 124
　7.1.3 URL ·· 124
　7.1.4 Web 浏览器 ·· 124
　7.1.5 HTML ·· 125
　7.1.6 HTTP ··· 126
　7.1.7 Cookies ·· 127
　7.1.8 网页制作 ·· 127
　7.1.9 交互式网页 ··· 128
7.2 搜索引擎 ··· 129
　7.2.1 搜索引擎基础知识 ·· 129
　7.2.2 搜索引擎使用技巧 ·· 131
　7.2.3 使用基于 Web 的素材 ·· 132
7.3 电子商务 ··· 133
　7.3.1 电子商务基础知识 ·· 133
　7.3.2 电子商务网站技术 ·· 134
　7.3.3 在线支付与 HTTPS ··· 135
　7.3.4 O2O ·· 136
小结 ··· 137
习题 ··· 137

第 8 章 社交媒体 ·· 139

8.1 社交媒体基础知识 ··· 139
　8.1.1 社交媒体的概念 ··· 139
　8.1.2 社交媒体的演进 ··· 140
　8.1.3 基于地理位置的社交网络 ····································· 141
8.2 内容社区 ··· 141

8.2.1　社区中的内容 ································· 141
　　　8.2.2　知识产权 ······································ 142
　8.3　社交媒体形式 ·· 144
　　　8.3.1　博客 ·· 144
　　　8.3.2　微博 ·· 145
　　　8.3.3　维基 ·· 145
　　　8.3.4　微信 ·· 145
　8.4　在线交流 ·· 147
　　　8.4.1　电子邮件 ······································ 147
　　　8.4.2　实时消息 ······································ 151
　　　8.4.3　VoIP ·· 151
　小结 ·· 151
　习题 ·· 151

第9章　多媒体和Web　153

　9.1　多媒体和Web基础知识 ································ 153
　　　9.1.1　基于Web的多媒体基础知识 ············ 153
　　　9.1.2　基于Web的多媒体应用 ···················· 154
　　　9.1.3　基于Web的多媒体的优缺点 ············ 156
　9.2　多媒体元素 ·· 157
　　　9.2.1　文本 ·· 157
　　　9.2.2　图片 ·· 158
　　　9.2.3　动画 ·· 161
　　　9.2.4　音频 ·· 161
　　　9.2.5　视频 ·· 161
　9.3　多媒体网站的设计 ······································ 162
　　　9.3.1　基本设计准则 ································ 162
　　　9.3.2　确定网站的目标及目标访客 ············ 164
　　　9.3.3　流程图、页面布局和故事板 ············ 164
　　　9.3.4　网站导航注意事项 ·························· 165
　9.4　多媒体网站的开发 ······································ 166
　　　9.4.1　确定多媒体元素 ···························· 166
　　　9.4.2　制作网站 ······································ 167
　　　9.4.3　测试、发布与维护 ·························· 171
　小结 ·· 171
　习题 ·· 172

第10章　系统分析与设计　174

　10.1　信息系统 ·· 174

  10.1.1　信息系统基础知识 ………………………… 174
  10.1.2　事务处理系统 ………………………………… 175
  10.1.3　管理信息系统 ………………………………… 175
  10.1.4　决策支持系统 ………………………………… 176
  10.1.5　专家系统和神经网络 ………………………… 177
 10.2　系统开发生命周期 ……………………………………… 178
  10.2.1　系统开发生命周期基础知识 ………………… 178
  10.2.2　项目开发计划 ………………………………… 178
  10.2.3　系统分析 ……………………………………… 180
  10.2.4　系统设计 ……………………………………… 183
  10.2.5　系统实现和维护 ……………………………… 184
小结 …………………………………………………………………… 186
习题 …………………………………………………………………… 186

第11章　数据库 …………………………………………………… 189

 11.1　文件和数据库 …………………………………………… 189
  11.1.1　数据库基础知识 ……………………………… 189
  11.1.2　数据库的分类 ………………………………… 190
  11.1.3　数据库模型 …………………………………… 191
 11.2　数据管理工具 …………………………………………… 194
  11.2.1　数据管理软件 ………………………………… 194
  11.2.2　数据库管理系统 ……………………………… 194
  11.2.3　数据库和Web ………………………………… 196
  11.2.4　XML …………………………………………… 197
 11.3　数据库设计 ……………………………………………… 198
  11.3.1　常用名词 ……………………………………… 198
  11.3.2　定义字段 ……………………………………… 199
  11.3.3　组织记录 ……………………………………… 201
  11.3.4　设计界面 ……………………………………… 201
  11.3.5　设计报表模板 ………………………………… 202
  11.3.6　载入数据 ……………………………………… 203
 11.4　SQL ……………………………………………………… 204
  11.4.1　SQL基础知识 ………………………………… 204
  11.4.2　添加记录 ……………………………………… 205
  11.4.3　查询信息 ……………………………………… 205
  11.4.4　更新字段 ……………………………………… 206
  11.4.5　连接表 ………………………………………… 207
 11.5　云数据库 ………………………………………………… 207
  11.5.1　云数据库基础知识 …………………………… 207

11.5.2 云数据库的分类 ·············· 208
11.6 大数据 ·············· 209
小结 ·············· 210
习题 ·············· 210

第12章 新技术领域 ·············· 212

12.1 人工智能 ·············· 212
　　12.1.1 人工智能简介 ·············· 212
　　12.1.2 人工智能的发展阶段 ·············· 216
　　12.1.3 图灵测试 ·············· 216
　　12.1.4 深度学习 ·············· 217
12.2 大数据 ·············· 217
　　12.2.1 大数据简介 ·············· 217
　　12.2.2 大数据的特点 ·············· 221
　　12.2.3 大数据的应用 ·············· 221
12.3 云计算 ·············· 222
　　12.3.1 云计算简介 ·············· 222
　　12.3.2 云交付模型 ·············· 224
　　12.3.3 云计算的优势与挑战 ·············· 227
　　12.3.4 云计算与大数据 ·············· 228
12.4 物联网 ·············· 228
　　12.4.1 物联网简介 ·············· 228
　　12.4.2 物联网的应用 ·············· 229
　　12.4.3 物联网安全 ·············· 231
12.5 虚拟现实 ·············· 232
　　12.5.1 虚拟现实简介 ·············· 232
　　12.5.2 虚拟现实的应用 ·············· 234
　　12.5.3 虚拟现实面临的挑战 ·············· 238
12.6 区块链 ·············· 239
　　12.6.1 区块链简介 ·············· 239
　　12.6.2 区块链的应用 ·············· 240
12.7 5G ·············· 240
　　12.7.1 5G简介 ·············· 240
　　12.7.2 5G规范 ·············· 241
小结 ·············· 242
习题 ·············· 242

第13章 计算机编程 ·············· 244

13.1 编程基础知识 ·············· 244
　　13.1.1 计算机编程和软件工程 ·············· 244

13.1.2 编程语言和范例 ·················· 245
　　　13.1.3 程序设计 ······················ 246
　　　13.1.4 程序编码 ······················ 247
　　　13.1.5 程序测试和文档 ·················· 249
　　　13.1.6 编程工具 ······················ 250
　　　13.1.7 编译器和解释器 ·················· 250
　　　13.1.8 API ························· 251
　13.2 过程化编程 ··························· 251
　　　13.2.1 算法 ························ 251
　　　13.2.2 表达算法 ······················ 252
　　　13.2.3 顺序、选择和循环控制 ··············· 252
　　　13.2.4 过程化语言及应用 ················· 253
　13.3 面向对象编程 ·························· 254
　　　13.3.1 对象和类 ······················ 254
　　　13.3.2 继承 ························ 254
　　　13.3.3 方法和消息 ····················· 255
　　　13.3.4 面向对象的程序结构 ················ 257
　　　13.3.5 面向对象的语言及应用 ··············· 257
　13.4 面向方面编程 ·························· 257
　13.5 可适应和敏捷软件开发 ····················· 258
　小结 ··································· 258
　习题 ··································· 258

第14章　计算机安全 ····························· 260

　14.1 非授权使用 ··························· 260
　　　14.1.1 加密与授权 ····················· 260
　　　14.1.2 密码破解 ······················ 261
　　　14.1.3 安全的密码 ····················· 262
　　　14.1.4 生物识别设备 ···················· 262
　14.2 恶意软件 ···························· 262
　　　14.2.1 恶意软件威胁 ···················· 262
　　　14.2.2 安全套件 ······················ 263
　　　14.2.3 杀毒软件 ······················ 264
　　　14.2.4 流氓软件与捆绑安装 ················ 265
　14.3 在线入侵 ···························· 266
　　　14.3.1 入侵威胁 ······················ 266
　　　14.3.2 保护端口 ······················ 266

    14.3.3 NAT ··· 268
    14.3.4 VPN ··· 268
  14.4 社交安全 ·· 269
    14.4.1 Cookies 利用 ·· 269
    14.4.2 垃圾邮件 ··· 269
    14.4.3 网络钓鱼 ··· 271
    14.4.4 假冒网站 ··· 271
  14.5 备份安全 ·· 272
    14.5.1 备份基础知识 ··· 272
    14.5.2 文件备份 ··· 272
    14.5.3 同步 ··· 272
    14.5.4 Windows 操作系统备份 ··· 273
    14.5.5 裸机还原与磁盘镜像 ··· 274
    14.5.6 平板电脑和智能手机备份 ··· 275
  14.6 工作区安全和人体工程学 ·· 275
    14.6.1 辐射 ··· 275
    14.6.2 重复性压力损伤 ··· 276
    14.6.3 眼疲劳 ··· 277
    14.6.4 久坐 ··· 277
  小结 ··· 277
  习题 ··· 277

第15章 计算机职业与道德 ·· 279

  15.1 计算机专业人员的职业 ·· 279
    15.1.1 职位和薪水 ··· 279
    15.1.2 教育和认证 ··· 281
    15.1.3 求职基础知识 ··· 282
    15.1.4 简历制作及发布 ··· 282
    15.1.5 专业网络站点 ··· 282
  15.2 职业道德 ·· 284
    15.2.1 职业道德基础知识 ··· 284
    15.2.2 IT 道德规范 ··· 284
    15.2.3 道德抉择 ··· 285
    15.2.4 举报 ··· 287
  小结 ··· 287
  习题 ··· 287

附录 A　计算机发展史 …………………………………………………………………… 289

附录 B　Python 编程基础 ………………………………………………………………… 301

附录 C　计算机购买指南 ………………………………………………………………… 316

附录 D　世界著名的 IT 公司和人物（部分）…………………………………………… 321

附录 E　计算机导论实践（微课视频集锦）…………………………………………… 322

附录 F　各章习题参考答案 ……………………………………………………………… 323

参考文献 ……………………………………………………………………………………… 325

第 1 章　计算机和数字基础

本章介绍计算机和数字基础知识,包括计算机的分类和使用、进制系统及相互间的转换、计算机中的数据表示、位和字节的概念、计算机处理数据的流程、计算思维等。通过本章的学习,读者应能够对信息时代的数字技术有一个基本的认识。

1.1　计算机简介

计算机是信息时代的核心。计算机的出现和逐步的普及,使得信息量、信息传播的速度、信息处理的速度,以及应用信息的速度都在以几何级数的方式在增长。如今,人们谈起计算机,不仅仅是指一台"物理"上的机器,更多的是计算机所带来的信息与数字革命。

计算机的发明和数字化时代的到来标志着数字革命的开端。数字革命是一种数字处理方式的变革,以及由此带来的社会、政治和经济持续改变的过程。驱动数字革命的技术基于数字电子器件及电信号可以用来表示数据(即数字化)的概念,如书籍、声音、电影、图像等多种多样的信息,都可以经过特定的处理方式转换成由"0"和"1"代表的电信号,如图 1-1 所示。

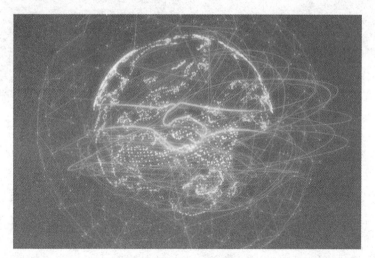

图 1-1　数字革命与数字化

数字化统一了各种信息的使用方式。在数字化之前,书籍需要印刷后才能传播与阅读,电话通话需要电话机和专门的电话线路,看电影需要胶片放映机和合适的场所,浏览图像则需要有幻灯片投影仪和投影幕。但一旦完成了数字化,一切信息便都统一了。它们都可以交由同一个设备来管理,并且可以通过一组通信线路来传输。

数字革命改变了人们的生活方式。随着数字革命的进展,技术在发生着改变,人们使用技术的方式也在改变:数据处理的方式由之前的个人计算转变为网络计算,又演进成了最新的云计算;计算机的形式由起初的大公司和政府使用的计算机转变为桌面计算机与笔记本电脑,渐渐又出现了 iPhone、iPad 等移动设备;软件的形式由最初的定制应用程序,到当下比较普遍的软件套件,以及最新最热门的移动设备应用和云应用等。数字革命带来了好处,但也需要人们去适应。快节奏的技术更新不断地挑战着现状,也要求着整个社会对传统、生活方式及法律法规的调整。

1.2 计算机的基础知识

"计算机"这个词是一个广义的概念。计算机可以指机械计算机、电子计算机与计算器等设备。

机械计算机是工业革命的产物,它是利用机械运动原理对数据进行处理的设备。最早的机械计算机是由著名科学家帕斯卡(B. Pascal)发明的,它是利用齿轮传动原理制成的,通过手摇方式操作运算。这也是第一台真正的计算机,如图 1-2 所示。

继电器计算机(见图 1-3)介于机械计算机和电子计算机之间,1941 年制成的全自动继电器计算机 Z-3 已经具备了浮点计数、二进制运算、数字存储地址的指令形式等现代计算机的特征。

图 1-2 手摇机械计算机

图 1-3 继电器计算机

计算机是利用电子学原理根据一系列指令来对资料进行处理的机器。在生活中,人们一般把电脑和计算机混为一谈,但实际上正如上面所说,计算机是一个更加广义的概念。

计算机的英文原词"computer"最初是指从事数据计算的人,为执行计算任务而设计的机器称为计算器和制表机,而不是计算机。直到 20 世纪 40 年代,第一台电子计算机问世后,人们才开始使用"计算机"这一术语并赋予它现代的定义。

如今,计算机的应用越来越广泛,各种计算机的外形与大小也变得越发不同,但计算机的核心仍没有变。计算机是这样一种多用途设备,它能在存储指令集的控制下,接收输入、处理数据,输出并存储数据。

(1) 计算机的输入(Input)是指输入、提交或传输到计算机系统的一切数据。输入可以由人、环境或其他设备提供。计算机的输入设备(如键盘、鼠标等)可以用来收集输入数据,并把它们转换成电子信号供计算机进行存储与操作。

（2）计算机的数据处理（Process）主要是在中央处理单元（Central Processing Unit，CPU）中进行的。CPU 是计算机的运算核心和控制核心。大部分现代计算机使用的 CPU 都是微处理器。

（3）计算机的输出（Output）是指计算机处理信息后产生的结果。计算机的输出形式多种多样，如文档、图表、图片、视频、音频等。计算机的输出设备可以显示、打印或传送输出的结果。

（4）计算机可以根据数据使用方式的不同将数据存储（Store）在不同的地方。正在等待处理的数据会被放在内存中，而长期存储的数据会被放在存储器中。

以上 4 种操作定义了计算机的存在形式，因此有时也将这 4 种操作用其英文首字母简称为计算机的"IPOS 模型"。

控制计算机执行处理任务的指令集称为计算机程序，简称程序。程序构成了软件，而软件能使计算机执行某个特定的任务。计算机能运行的软件可以分为系统软件、应用软件和开发工具三大类。

系统软件为计算机使用提供最基本的功能，可分为操作系统和支撑软件，其中操作系统是最基本的软件，支撑软件包括 CPU 监视器、设备驱动器等。系统软件负责管理计算机系统中各种独立的硬件，使得它们可以协调工作。系统软件使得计算机使用者和其他软件将计算机当作一个整体，而不需要顾及底层每个硬件是如何工作的。

应用软件是为了某种特定的用途而被开发的软件。它可以是一个特定的程序，如音频播放器、视频编辑器等；也可以是一组功能联系紧密，可以互相协作的程序的集合，如微软的 Office 套件；还可以是一个由众多独立程序组成的庞大的软件系统，如数据库管理系统。

开发工具是用来编制系统软件和应用软件的软件、语言与工具。开发工具包括 C++等编程语言、HTML 等脚本语言与调试工具等。

1.3 计算机的分类和使用

本节介绍常用的计算机分类标准，以及使用计算机的优点和缺点。

1.3.1 计算机的分类

较为普遍的计算机分类是按照计算机的运算速度、字长、存储容量等综合性能指标，将计算机分为巨型机、大型机、中型机、小型机、微型机。但是，随着技术的进步，各种型号的计算机性能指标都在不断地改进和提高，以至于过去一台大型机的性能可能还比不上今天一台微型计算机。按照巨、大、中、小、微的标准来划分计算机的类型也有其时间的局限性，因此计算机的类别划分很难有一个精确的标准。但常用的计算机分类包括个人计算机、服务器、大型计算机、超级计算机和嵌入式计算机，除此之外，量子计算机也是当下的热门话题。

1. 个人计算机

个人计算机是在大小、性能及价位等多个方面适合于个人使用，并由最终用户直接操控的计算机的统称。从台式计算机（或称台式电脑、桌面电脑）、笔记本电脑到上网本和平板电脑，以及超级本、智能手机等都属于个人计算机的范畴。

视频讲解

工作站是一种高端的通用微型计算机,如图 1-4 所示。它是为了单用户使用并提供比个人计算机更强大的性能,尤其是在图形处理与任务并行方面的能力。通常配有高分辨率的大屏、多屏显示器,以及容量很大的内部存储器和外部存储器,并且具有极强的信息和高性能的图形、图像处理功能的计算机。另外,连接到服务器的终端机也可称为工作站。

图 1-4　数字音频工作站

2. 服务器

服务器通常是指那些具有较高计算能力,能够提供给多个用户使用的计算机,如图 1-5 所示。服务器是网络环境中的高性能计算机,它能够侦听网络上的其他计算机(客户机)提交的服务请求,并能够提供相应的服务。服务器的高性能主要体现在高速度的运算能力、长时间的可靠运行、强大的外部数据吞吐能力等方面。服务器的构成与个人计算机基本相似,包括处理器、硬盘、内存、系统总线等,因为服务器是针对具体的网络应用特别制定的,所以服务器相较个人计算机在处理能力、稳定性、可靠性、安全性、可扩展性、可管理性等方面有很大的提升。

视频讲解

图 1-5　服务器

3. 大型计算机

大型计算机体积庞大,价格昂贵,能够同时为众多用户处理数据,简称大型机,如图 1-6 所示。大多数情况下,大型机是指从 IBM System/360 开始的一系列计算机及与其兼容或同等级的计算机,拥有较高的可靠性、安全性、向后兼容性和极其高效的数据输入与输出性能。大型机主要用于大量数据和关键项目的计算,如银行金融交易及数据处理、人口普查、企业资源规划等。

图 1-6　大型计算机

4. 超级计算机

超级计算机是计算机中功能最强、运算速度最快、存储容量最大的一类计算机,它的基本组成组件与个人计算机无太大差异,但规格与性能则强大许多,是一种超大型电子计算机。超级计算机具有很强的计算和处理数据的能力,主要特点表现为高速度和大容量,配有多种外部和外围设备及丰富的、高功能的软件系统。现有的超级计算机运算速度大都可以超过 1 万亿次/秒。

截至 2022 年 6 月,世界上最强大的超级计算机为美国橡树岭国家实验室开发的"前沿(Frontier)"超级计算机(如图 1-7 所示),其实测浮点运算速度峰值(Rmax)可达 110.2 亿亿次/秒,配备了 591 872 个 CPU;第二名为日本富士通与日本理化学研究所共同开发的"富岳(Fugaku)"超级计算机,其实测浮点运算速度峰值可达 44.20 亿亿次/秒,配备了 7 630 848 个 CPU;第三名为欧洲高性能计算联合计划的 LUMI 超级计算机,其实测浮点运算速度峰值可达 15.19 亿亿次/秒,配备了 75 264 个 CPU。

图 1-7　"前沿"超级计算机

5. 嵌入式计算机

嵌入式计算机是嵌入到商品中的微型计算机,用来执行与商品有关的特定功能或任务。洗衣机、彩色电视机、DVD 机,甚至电子钟中都包含有嵌入式计算机。现代的汽车中有数十块甚至数百块微处理器,它们都属于嵌入式计算机。在汽车中,这些芯片被用来控制汽车完成多种任务,如 ABS(Anti-lock Brake System)、点火、车载多媒体设备等。

视频讲解

6. 量子计算机

量子计算的思想起源于 20 世纪 70 年代,但很久以后,它才逐渐引起人们的关注。量子计算机依据量子物理原理,超脱传统物理学的范畴而达到了亚原子级别。量子计算机和传统计算机的区别在于它们利用电子、原子核等粒子的工作作为量子位。量子位与常规位不同,在量子位中电子或原子核可以处在一种叠加状态,同时表示 1 和 0。例如,若有两个量子位,它们可以同时代表所有的两位组合:00、01、10 和 11。而增加第三个量子位,就可以同时代表所有可能的三位组合。根据这种扩展方式,理论上量子计算机的速度相比于传统计算机以指数方式增长——n 个量子位能代表 2 的 n 次方,而 n 个常规位只能代表 n。正是因为量子粒子的这种特点,使得量子计算机能够采用更为丰富的信息单位,从而大大加快了运行速度。在结构方面,未来的量子计算机可能由非常细小的液体构成。

量子计算机虽然仍处于初期试验阶段,但事实上量子计算机已经存在,如图 1-8 所示。例如,在 2001 年,IBM Almaden 研究中心的科学家创建了 7 量子位的计算机,由 7 个可以相互影响并用无线电脉冲所程序化的原子核构成。这个量子计算机成功地分解了 15 位数——虽然对于传统计算机来说这并不是一件难事,但事实上量子计算机能够理解问题并给出正确答案,在量子计算机的研究领域已经算得上是一件重大的事件。而随着量子位数的增加,量子计算机的性能将达到传统计算机难以企及的程度——求解一个亿亿亿级变量的方程组,即便是用现在世界上最快的超级计算机也至少需要几百年,而 1GHz 时钟频率的量子计算机完成同样的工作只需要 10 秒钟。

事实上,对计算机进行以上分类并不是那么直观容易的。例如,现在一些高端的个人计算机性能可以比得上服务器,另外一些个人计算机的尺寸接近移动电话甚至要更小。此外,新的潮流也在影响着分类。例如,小型的平板设备被认为是移动设备,因为它们只比移动电话要大一点,大多运行着移动操作系统,并且主要用于因特网访问与多媒体内容播放,而不用于一般性的计算任务。近年来,越来越多的新兴计算机设备面世,也催生了新的类别的诞生,如智能手表、智能眼镜、健身追踪器等。它们可以被划分为可穿戴式计算机,通常通过蓝牙与移动设备或计算机通信。以下简单介绍一些新兴的计算机设备。

(1) 电子书阅读器,如图 1-9 所示。NOOK 和 Kindle 引领了电子书阅读器的热潮。电子书阅读器是被设计用来显示数字出版物(如书籍、杂志和报纸)的设备。专用的电子书阅读器只能用来显示电子书,但 Kindle Fire 和 NOOK Tablet 包含了一个可以访问因特网的浏览器,因此也被归类为是平板电脑。

图 1-8 量子计算机

图 1-9 电子书阅读器

（2）游戏机，如图1-10所示。例如，索尼的PlayStation、任天堂的Wii、微软的Xbox等用于电子游戏的设备。游戏机拥有强大的处理性能与图形性能，但它们被设计专门用于游戏，而不是运行普通的应用软件。

（3）便携式媒体播放器，如图1-11所示。媒体播放器，如iPod Touch，通过提供给消费者一个可以存储与播放数千首歌曲的掌上设备，革命性地改变了音乐产业。这些设备通常可以用触摸屏或触控轮机制控制。

图1-10　游戏机　　　　　　　　　　图1-11　便携式媒体播放器

（4）智能手表，如图1-12所示。手表与钟表是最早向电子化转变的设备之一。20世纪70年代，大规模制造的手表价格可以低至10美元，但这些手表只是用于显示日期和时间。2013年，三星、谷歌和高通介绍了新一代的数字手表，即智能手表，这种多功能设备包含了摄像头、温度计、指南针、计算器、蜂窝手机、GPS、媒体播放器、健康追踪器等多种功能。其中，一些功能集成在手表中；另外一些则需要通过连接因特网或智能手机起作用。

（5）智能眼镜，如图1-13所示。智能眼镜是被设计成类似眼镜的头戴式数字设备，如谷歌眼镜，可以通过声音或边缘的触摸板进行控制。智能眼镜包含摄像头与显示设备，可以将生成的图片映射到使用者的眼中。智能眼镜的应用也使得用户可以访问电子邮件和流行的社交网站。

图1-12　智能手表　　　　　　　　　　图1-13　智能眼镜

（6）运动追踪器，如图1-14所示。通过佩戴运动追踪器，用户可以监测一整天的活动。这些戴在手腕或夹在口袋上的设备可以监测佩戴者的步伐与心率。它们可以计算卡路里，以图形化的方式展示健康度，并且将信息分享给社交网络好友。

(7) 智能家电,如图 1-15 所示。现代的空调、洗衣机与其他家电可以由微控制器(即嵌入式计算机)进行控制。微控制器是指集成了传感器与处理线路的集成电路。微控制器可以监测能效,允许编程控制开启时间,甚至可以被智能手机或笔记本电脑远程控制。

图 1-14　运动追踪器

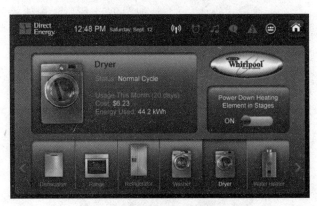

图 1-15　智能家电

(8) 树莓派,如图 1-16 所示。一个只比一副扑克牌大一点的完整的计算机装置,它能连接键盘和屏幕来实现一台完整计算机的体验。这些小的且功能强大的装置价格低于 50 美元,能够为编程、机器人技术,以及几乎任何所能想到的有创造性的计算机应用程序的实验,提供一个廉价的平台。

图 1-16　树莓派

1.3.2　计算机的兼容性

假如想要在家庭计算机上完成一项任务,并将其迁移到学校或公司的计算机上以进行演示,此时就需要考虑计算机的兼容性。计算机的兼容性有时也被称为"是否使用了同一平台"。顾名思义,如果两台计算机使用的是同一操作系统,那么它们就是兼容的,即它们可以使用相同的软件和配件,并且数据可以在其间便捷地转移。

视频讲解

按照兼容性,计算机可以被分为三类:苹果的 macOS(桌面端,下同)和 iOS(移动端,下同)、微软的 Windows 和 Windows Phone(但 Windows Phone 已被微软放弃支持)及谷歌的 Chrome OS 和 Android。同一类别的计算机更易上手,如果之前使用的是苹果 macOS 系统的笔记本电脑,那么相比于使用了 Android 系统的手机,苹果的 iOS 系统手机就更加容易上手了。

1.3.3　使用计算机的优点和缺点

谈到计算机,人们更多地想到的是它给人们带来的便利。相比人脑,计算机的计算速度更加快速准确;计算机可以用很少的空间存储大量的信息;计算机从不疲惫,只要有能源,就可以持续工作;计算机带来的信息开阔了我们的视野,使我们可以不断地学习与提高自我;计算机网络方便了人与人之间的沟通和交流。

然而计算机是一把双刃剑,在给人们带来便利的同时,也带来了网络沉迷、电磁辐射等危害。在越来越多的人开始拥有智能手机的时代,新的危害也开始出现,即手机把人们的时间碎片化,人们倾向于在空闲时间"玩"手机,而不再是静下心来读书、看报,或者是与朋友面对面地交流。

随着智能手机、平板电脑等智能移动终端产品的普及和无线网络的发展,日常生活的每一个缝隙,都有被数字产品"侵蚀"之势,人与人之间的自然交流显得日渐缺失。越来越多的人加入"低头族"的行列,如聚会时离不开数字终端,一个人时更是如此;地铁、公交车里的上班族中,有非常多的人在低头看屏幕,有的看手机,有的掏出平板电脑或笔记本电脑上网、玩游戏、看视频,每个人都想通过盯住屏幕的方式,把零碎的时间填满。低头族不仅有安全隐患和健康隐患,更使得人们之间的交流变得冷淡。数字终端破坏了原有生活的美感及人与人之间交流的温暖。

如何合理地使用计算机,使其为人们服务而不是影响人们的正常生活,需要每一个人去思考。

计算机优缺点的另一种解读方式是根据计算机的分类。例如,台式计算机的性能往往更加强劲,但其便携性较差,因此如果生活中需要经常出差,台式计算机就不是一个很好的选择;相反,笔记本电脑的便携性更强,但其性能要稍弱一些。

1.4 计算机的数字数据表示

本节介绍数据在计算机中的表示方式、进制系统、位和字节的概念,以及电路和芯片的基本知识。

1.4.1 数据表示基础知识

在日常生活中,我们经常将"数据"和"信息"混为一谈。但是,它们之间还是有区别的。数据就是表示人、事件、事物和思想的符号。当数据用人能够理解和使用的形式表现出来时,它就变成了信息。从技术角度上讲,通常数据是供机器(如计算机)使用的;而信息是供人使用的。

数据表示是指数据存储、处理和传输的形式。数据表示可分为数字和模拟两种方式。

数字和模拟的区别在于其状态是不是离散的。数字表示的状态是离散的,类似于电灯开关,只有开或关这两种离散状态,没有任何中间状态。而模拟表示的状态是连续的,类似于传统的收音机上的音量旋钮,可以控制连续范围的音量。

与数字方式和模拟方式对应的是数字数据和模拟数据。数字数据是指转换成离散数字(如 0 和 1 的序列)的文本、视频、音频等;而模拟数据是使用无限的数据范围来表示的。

计算机是数字设备,用于计算机的数据是以数字数据的方式进行存储、处理与传送的。例如,数字信号可以由两种不同的电压表示(如恒定的正电压表示二进制数 1,恒定的负电压表示二进制数 0);在 CD 上数字数据可以表示成 CD 表面的光点和暗点;在硬盘中数字数据可以表示为磁微粒的正负极方向。

1.4.2 数字、文本、图像和声音的表示

在计算机的应用中,比较常用的 3 种进制系统是二进制、十进制及十六进制。人们通常使用十进制系统来表示数字。计算机通过二进制系统处理数据。另一种与计算机使用相关

的进制是十六进制系统,它提供一种更通俗易懂的方式表示一长串的二进制字符,便于人们理解。对于每种进制,符号的总个数称为基数,如十进制中用到的符号为0~9共10个,所以十进制的基数为10;十六进制中用到的符号为0~9与A~F共16个,所以十六进制的基数为16。对每种进制都采用"逢基数进一"的进位计数制。

1. 十进制系统与二进制系统

十进制系统使用10个符号,包括0、1、2、3、4、5、6、7、8、9,来表示所有的数字,是大部分人使用的进制系统。二进制系统被广泛运用在计算机中,用来表示数字和其他字符。这个系统仅使用两个符号,即0和1。表1-1列出了十进制系统与二进制系统的关系。

表1-1 十进制系统与二进制系统的关系

十进制(基数10)	二进制(基数2)	十进制(基数10)	二进制(基数2)
0	0	7	111
1	1	8	1000
2	10	9	1001
3	11	10	1010
4	100	11	1011
5	101	1001	1111101001
6	110		

2. 十六进制系统

计算机通常采用十六进制数字输出诊断信息、内存管理信息,区分网络适配器和其他硬件。十六进制数字是用于表示二进制数字的一种缩写方式。因为大的二进制数字,如1101010001001110可能被人们误读,十六进制数字的表示将二进制数字以4位为一组进行切分,每4位被转换成一个十六进制位。

十六进制系统使用16个不同的符号。因为只有10个数字,所以十六进制系统使用字母A、B、C、D、E、F来表示另外6个符号。

十六进制系统与ASCII码(下面有论述)的字节有一种特殊的关系,这使得它便于快速表示地址和其他数据。每个十六进制的符号对应4位的二进制数,所以任意一个8位的二进制数可以被表示成两个十六进制的符号。例如,字母N(用ASCII码表示是01001110)的十六进制数字的表示是4E(通过寻找十六进制字符4和E的二进制对应值)。表1-2列出了十六进制系统与十进制系统、二进制系统的关系。

表1-2 十六进制系统与十进制系统、二进制系统的关系

十六进制(基数16)	十进制(基数10)	二进制(基数2)
0	0	0
1	1	1
2	2	10
3	3	11
4	4	100
5	5	101
6	6	110
7	7	111

续表

十六进制(基数 16)	十进制(基数 10)	二进制(基数 2)
8	8	1000
9	9	1001
A	10	1010
B	11	1011
C	12	1100
D	13	1101
E	14	1110
F	15	1111
10	16	10000

3. 进制转换

以下分别讨论十进制数与二进制数、十六进制数之间的转换方法。

(1) 十进制数转换为二进制数或十六进制数。

将十进制数转换为二进制数或者十六进制数,可以采用余数法。十进制的数被 2(转换成二进制数)或者 16(转换成十六进制数)除。这个过程的余数被记录下来,重复上述过程,将这一步的商用作下一步的被除数,直到商为 0。这时,整个过程的所有余数(倒序排列)代表了对应的二进制数或者十六进制数。

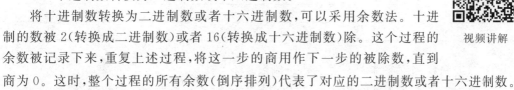

视频讲解

例如,十进制数 79 转换为二进制数的过程,如表 1-3 所示。具体操作步骤如下。

① 用 2 除该数。

② 重复上述过程直到商为 0。

③ 将所得余数倒序排列获取对应的二进制数 1001111。

表 1-3 十进制数 79 转换为二进制数的过程

被除数	商	余数
79	39	1
39	19	1
19	9	1
9	4	1
4	2	0
2	1	0
1	0	1

再如,十进制数 79 转换为十六进制数的过程,如表 1-4 所示。具体操作步骤如下。

① 用 16 除该数。

② 重复上述过程直到商为 0。

③ 将所得余数倒序排列获取对应的十六进制值 4F。

表 1-4 十进制数 79 转换为十六进制数的过程

被除数	商	余数
79	4	F
4	0	4

小数的转换方式与整数稍有不同,如十进制小数转换为二进制小数时,对小数乘以2,取整,并将所得数的小数部分再乘以2,取整……如此循环直到小数部分是0为止。将过程中得到的整数顺序排列,即是转换后的二进制小数。

例如,十进制小数0.8125转换为二进制小数的过程,如表1-5所示。具体操作步骤如下。

① 用2乘该数,取整。

② 将所得数的小数部分乘2,取整。

③ 重复上一步,直到小数部分为0。

④ 将所得整数顺序排列,得到对应的二进制小数0.1101。

表1-5 十进制小数0.8125转换为二进制小数的过程

小数	乘2所得数	取整
0.8125	1.625	1
0.625	1.25	1
0.25	0.5	0
0.5	1	1

(2) 二进制数、十六进制数转换为十进制数。

非十进制数转换为十进制数可采用"位权法",即把各非十进制数按权展开,然后求和,便可得到与之对应的十进制数的等值数。

例如,二进制数1111101001.1转换成十进制数的过程如下:

$$(1111101001.1)_2 = 1\times2^9 + 1\times2^8 + 1\times2^7 + 1\times2^6 + 1\times2^5 + 0\times2^4 + 1\times2^3 + 0\times2^2 + 0\times2^1 + 1\times2^0 + 1\times2^{-1} = (1001.5)_{10}$$

即二进制数1111101001.1对应的十进制数的等值数是1001.5。

例如,十六进制数4F6A转换成十进制数的过程如下:

$$(4F6A)_{16} = 4\times16^3 + F\times16^2 + 6\times16^1 + A\times16^0 = (20330)_{10}$$

即十六进制数4F6A对应的十进制数的等值数是20330。

(3) 十六进制数转换为二进制数、二进制数转换为十六进制数。

将十六进制数转换为二进制数,需要将十六进制数每位上的数字转换为4位的二进制数。例如,将十六进制数F6A9转换为二进制数,将得到

```
  F     6     A     9
1111  0110  1010  1001
```

用二进制数表示即1111011010101001。将二进制数转换为十六进制数,我们进行上述过程的反过程。如果数字的位数不能被4整除,这里需要在头部增加多余的0来使得可以被4整除。例如,将二进制数1101101010011转换为十六进制数,我们将得到

```
0001  1011  0101  0011
  1     B     5     3
```

用十六进制数表示即1B53。注意,转换前在头部增加了3个0,将1变成了0001。

表1-6对各种进制数之间的转换过程进行了总结。

表 1-6　各种进制数之间的转换过程

从进制	到 进 制		
	2	10	16
2		从最右边一位开始,用 2 的 0 次方、2 的 1 次方、2 的 2 次方等乘以该位上的数,将所得积相加	从最右边一位开始,每 4 位二进制数转换为一个十六进制数
10	不断除以 2,用所得商继续上述过程直到为 0,余数倒序排列即对应数值		不断除以 16,用所得商继续上述过程直到为 0,余数倒序排列即对应数值
16	将每一个十六进制数字转换成对应的 4 位二进制数	从最右边一位开始,用 16 的 0 次方、16 的 1 次方、16 的 2 次方等乘以该位上的数,将所得积相加	

4. 计算机中的数据表示

计算机可以使用多种类型的编码来表示字符数据,如 ASCII 码、Unicode 码、汉字编码等。

美国信息交换标准代码(American Standard Code for Information Interchange,ASCII)使用指定的 7 位或 8 位二进制数组合来表示 128 或 256 种可能的字符。标准 ASCII 码也称基础 ASCII 码,使用 7 位二进制数来表示所有的大写和小写字母、数字 0~9、标点符号,以及在美式英语中使用的特殊控制字符。扩展 ASCII 码是标准 ASCII 码的扩充,使用 8 位二进制数为 256 种字符提供编码。表 1-7 列出了标准 ASCII 码。

表 1-7　标准 ASCII 码表

高四位	ASCII 控制字符							ASCII 打印字符												
	0000 (0)				0001 (1)				0010 (2)		0011 (3)		0100 (4)		0101 (5)		0110 (6)		0111 (7)	
低四位	十进制	字符	Ctrl	转义码	字符解释	十进制	字符	Ctrl	转义码	字符解释	十进制	字符	十进制	字符	十进制	字符	十进制	字符	十进制	字符	Ctrl
0000	0	0	^@	NUL	\0	空字符	16	▶	^P	DLE	数据链路转义	32		48	0	64	@	80	P	96	`	112	p
0001	1	1	☺	^A	SOH		标题开始	17	◀	^Q	DC1	设备控制 1	33	!	49	1	65	A	81	Q	97	a	113	q
0010	2	2	☻	^B	STX		正文开始	18	↕	^R	DC2	设备控制 2	34	"	50	2	66	B	82	R	98	b	114	r
0011	3	3	♥	^C	ETX		正文结束	19	‼	^S	DC3	设备控制 3	35	#	51	3	67	C	83	S	99	c	115	s
0100	4	4	♦	^D	EOT		传输结束	20	¶	^T	DC4	设备控制 4	36	$	52	4	68	D	84	T	100	d	116	t
0101	5	5	♣	^E	ENQ		查询	21	§	^U	NAK	否定应答	37	%	53	5	69	E	85	U	101	e	117	u
0110	6	6	♠	^F	ACK		肯定应答	22	▬	^V	SYN	同步空闲	38	&	54	6	70	F	86	V	102	f	118	v
0111	7	7	•	^G	BEL	\a	响铃	23	↨	^W	ETB	传输块结束	39	'	55	7	71	G	87	W	103	g	119	w
1000	8	8	◘	^H	BS	\b	退格	24	↑	^X	CAN	取消	40	(	56	8	72	H	88	X	104	h	120	x
1001	9	9	○	^I	HT	\t	横向制表	25	↓	^Y	EM	介质结束	41	)	57	9	73	I	89	Y	105	i	121	y
1010	A	10	◙	^J	LF	\n	换行	26	→	^Z	SUB	替代	42	*	58	:	74	J	90	Z	106	j	122	z
1011	B	11	♂	^K	VT	\v	纵向制表	27	←	^[	ESC	\e	溢出	43	+	59	;	75	K	91	[	107	k	123	{
1100	C	12	♀	^L	FF	\f	换页	28	∟	^\	FS	文件分隔符	44	,	60	<	76	L	92	\	108	l	124	|
1101	D	13	♪	^M	CR	\r	回车	29	↔	^]	GS	组分隔符	45	-	61	=	77	M	93	]	109	m	125	}
1110	E	14	♫	^N	SO		移出	30	▲	^^	RS	记录分隔符	46	.	62	>	78	N	94	^	110	n	126	~
1111	F	15	☼	^O	SI		移入	31	▼	^_	US	单元分隔符	47	/	63	?	79	O	95	_	111	o	127	⌂	^Backspace 代码: DEL

注:表中的 ASCII 字符可以用"Alt+小键盘上的数字键"方法输入。

Unicode 码也称统一码、万国码或单一码,它为每种语言中的每个字符设定了统一并且唯一的二进制编码,以满足跨语言、跨平台进行文本转换、处理的要求。Unicode 码用 16 位二进制数为 65000 个字符提供了编码。根据传输格式的不同,Unicode 码又可分为 UTF-8、UTF-16、UTF-32 等。其中,UTF-8 是以字节为单位对 Unicode 进行编码;UTF-16 是以 16 位无符号整数为单位对 Unicode 进行编码;UTF-32 是以 32 位无符号整数为单位对 Unicode 进行编码。

汉字编码的字符集有 GB2312(信息交换用汉字编码字符集)、GBK(汉字编码扩展规范)和 GB18030—2005(信息技术中文编码字符集)等。其中,GB2312 共收入汉字 6763 个和非汉字图形字符 682 个;GBK 向下与 GB2312 编码兼容,共收入了 21003 个汉字和 883 个其他符号;GB18030—2005 共收录了 70244 个汉字。

不同于数字和文本,图像和声音有自己的数据表示方式。图像的数字化是将图像转化成一系列彩色的点,每一个点的色彩都可以由一个或一组特定的二进制数来表示。图像就是它所包含的所有点的色彩值构成的列表,如图 1-17 所示。声音的数字化是对声音的波形采样为很多个点,用离散化的点来代替连续的波形,再将这些点转化成数字。采样的点越多,就越接近于完整的波形图样,如图 1-18 所示。

图 1-17 将图像放大到一定程度后就可以看到其中的每个色彩点

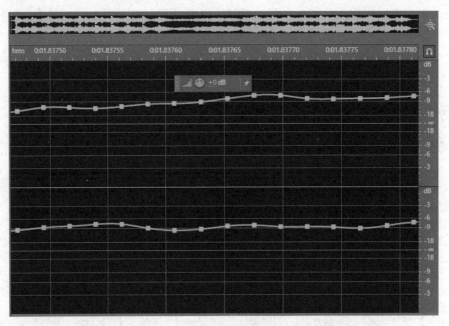

图 1-18 将声音波形放大到一定程度后就可以看到其中的每个采样点

1.4.3 位和字节的量化

在计算机中,"位"(bit)是"二进制数字"(Binary Digit)的缩写,通常可以进一步缩写为小写字母"b"。一位代表着一个二进制数字 0 或 1,如二进制数 1100 占用了 4 位。

位在计算机中极少单独出现,它们几乎总是绑定在一起成为 8 位的集合,或者成为字节,即一个字节由 8 位组成。通常把字节缩写为大写字母"B"。

位和字节在日常应用中通常会带有词头 kilo(简写 K)、mega(简写 M)、giga(简写 G)、tera(简写 T),以及还有不太常用的 peta(简写 P)和 exa(简写 E)。不同于数学领域,计算机领域的这些单位是以 1024 即 2^{10} 为倍数的,即 1KB = 1024B,1MB = 1024KB,1GB = 1024MB,1TB = 1024GB,1PB = 1024TB,1EB = 1024PB。表 1-8 列出了位和字节的量化标准。

表 1-8 位和字节的量化标准

位(bit)	1 个二进制位	千兆位(Gb)	2^{30} 位
字节(B)	8 位	千兆字节(GB)	2^{30} 字节
千位(Kb)	1024 或 2^{10} 位	百万兆字节(TB)	2^{40} 字节
千字节(KB)	1024 或 2^{10} 字节	千兆兆位(Pb)	2^{50} 位
兆位(Mb)	1048576 或 2^{20} 位	百亿亿字节(EB)	2^{60} 字节

在日常生活中,传输速率如网络速度一般用位表示,而存储空间一般用字节表示。所以,一个有着 100MBps 带宽(即最高每秒传输 100MB)的网络不代表着每秒最高能下载 100MB 的文件,而是最高只能下载 100Mb/8 = 12.5MB 的文件。

1.4.4 电路和芯片

集成电路也称微电路、微芯片或芯片,是指由半导体材料组成的极薄的薄片,它上面有电线、晶体管、电容器、逻辑门和电阻等微型电路元件。最初的小规模集成电路所包含的微型部件不足 100 个,而当今计算机的 CPU 及高端显卡所使用的芯片已经包含了数十亿个晶体管。正是有了集成电路,才有了如今数字设备的小型化。

芯片一般封装在具有保护作用的载体中。所谓封装,是指安装半导体集成电路芯片用的外壳,它不仅起着安放、固定、密封、保护芯片和增强导热性能的作用,而且还是沟通芯片内部世界与外部电路的桥梁。芯片上的接点用导线连接到封装外壳的引脚上,这些引脚又通过印刷电路板上的导线与其他器件建立连接。常见的芯片封装类型有 DIP 双列直插式、PGA 插针网格式、BGA 球栅阵列式、CSP 芯片尺寸式、MCM 多芯片模块式等,如图 1-19 所示。

(a) 双列直插式

(b) PGA 插针网格式

(c) BGA 球栅阵列式

图 1-19 芯片的封装类型

多数数字设备的电子元件都固定在称为主板或系统板的电路板上。芯片被镶嵌在主板上,芯片间的连接可通过主板提供的连接电路实现,如图 1-20 所示。

图 1-20　主板上的芯片

1.5　计算机的数字处理

本节介绍程序的概念,简单描述计算机处理数据的流程。

1.5.1　程序和指令集

在使用数字设备时,人们发出的指令并不是数字设备能够处理的 0 和 1 的序列,这时便需要借助计算机程序来处理数据。

程序通常是由高级编程语言编写的,如 C、C++、C♯、Java、Python 等。高级编程语言使用关键字的有限集(如 if、for、while、printf 等)来形成程序语句,这些语句可用来指挥 CPU 进行相应的操作。高级编程语言的语法和结构更符合人们的思维逻辑,因而很容易被程序员理解。多数编程语言可通过简单的工具(如记事本等文字处理软件)进行编写,但如果程序结构过于复杂,则最好借助与之配套的集成开发环境(Integrated Development Environment,IDE)进行编写开发,如图 1-21 所示。

微处理器只能做有限的事情,如加法、减法、比较、计数。指令集是微处理器能支持的指令的集合,如计算、读取、存储。对大部分微处理器来说,指令集是通用的,因此程序员可以根据指令集来使微处理器完成多种多样的任务,并且使程序能在多种设备上运行。

源代码经过解释器或编译器转换后的目标代码包含了可直接被 CPU 执行的机器代码及相关信息。其中,机器代码的每条指令一般包含两部分:操作码和操作数。操作码可以理解为指令集中的某个指令,如整数加法;操作数则指定了需要操作的数据或数据的地址。例如,若整数加法的二进制数序列为 00001100,则指令 00001100 00000011 可以表示对相应条目加 3。

需要注意的是,每条高级编程语言指令通常需要转换成多条机器代码指令,而对每条机器代码指令,操作数不一定只有一个,有些操作码需要多个操作数,另外一些操作码甚至不需要操作数。

1.5.2　处理器逻辑

最新的微处理器中已经包含了数十亿个微型元件,这些元件可以分为很多不同种类的单元,其中比较重要的是算术逻辑单元和控制单元。

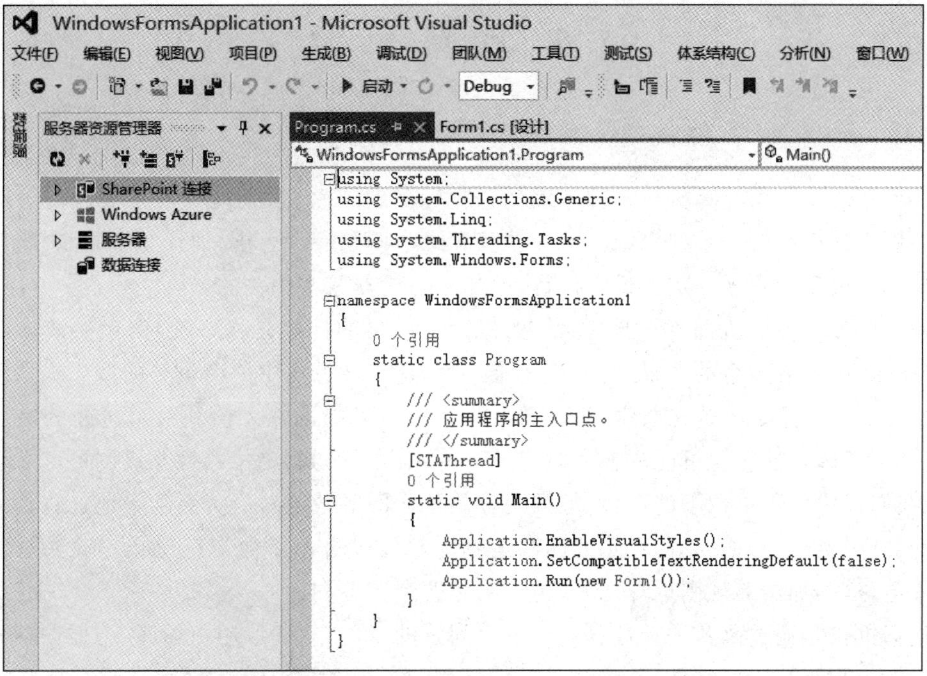

图 1-21　使用 Visual Studio 进行 C♯ 程序开发

（1）算术逻辑单元（Arithmetic Logic Unit，ALU）是微处理器的执行单元，是所有微处理器的核心组成部分。ALU 可以进行算术运算及逻辑运算，如加、减、乘、判断两个数字是否相等等。ALU 使用寄存器来存放需要处理的数据，使用累加器来存放处理结果。

（2）控制单元是整个微处理器的指挥控制中心，负责程序的流程管理。它根据用户预先编好的程序，依次从存储器中取出各条指令加载到 ALU 的寄存器，并命令 ALU 进行处理。

计算机执行单条指令的过程称为一个指令周期。指令周期的一部分是由控制单元执行的，其他部分则是由 ALU 执行的。

在整个程序启动时，控制单元的指令指针会指向第一条指令的内存地址。控制单元会将该地址中的数据复制到它自己的指令寄存器中，以获得相应的指令。获取指令后，控制单元会解释指令、获取指定的数据或是让 ALU 开始处理。

当 ALU 接到控制单元的"开始"信号时，就可以处理寄存器中的数据，并将结果暂时存放在累加器中。然后，这些数据便可以由累加器发送到内存中，或者用于进一步处理。

ALU 执行完操作后，控制单元的指令指针会递增指向下一条指令的内存地址，如此便完成了一个指令周期。然后，新的指令周期会再次开始，如图 1-22 所示。

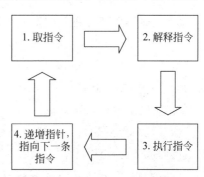

图 1-22　包含 4 项活动的指令周期

1.6 计算思维

1.6.1 计算思维的概念

计算思维是运用计算机科学的基础概念进行问题求解、系统设计及人类行为理解等涵盖计算机科学广度的一系列思维活动。计算思维本质是一种思维,即认知事物、分析解决问题的能力和过程。它不一定由机器执行,但却是与机器紧密相关的。

计算思维和计算机都离不开"计算"的概念。广义的计算是指一种将"单一或多个输入值"转换为"单一或多个的结果"的一种思维过程,这与计算机中一个重要的概念——函数的定义是比较一致的。函数从数学意义上讲,是指一组可能的输入值和一组可能的输出值之间的映射关系,它使每个可能的输入对应单一的输出。例如,单位的换算机制可以看作一个函数,我们提供一种单位下的数值,根据两种单位之间的数值对应关系唯一地计算出另一单位下的对应数值。又如,我们熟悉的四则运算也都可以看作函数,对于加法,输入是两个加数的数值,根据加法的规则运算之后,输出则是两个数的和。

计算机正是通过函数进行计算达到解决问题的目的,它读取用户的输入,根据预先建立好的映射规则计算输出结果,并将结果返回给用户。例如,为了解决加法问题,就必须读取用户的输入并计算加法函数。当然现实生活中的问题不都是数学计算,人类也正是通过将现实问题抽象成一个个函数的求解过程才能使计算机完成各种各样的功能。例如,我们使用计算机上网观看一段视频,这一过程看似与"计算"无关,但实际上从我们用鼠标单击视频播放按钮到视频开始播放,这中间计算机执行的正是将一系列的输入转换为输出的操作,因此广义上讲也属于计算。

在解决实际问题时,要利用计算机高速的计算能力,需要考虑以下 3 个问题。

1. 哪些问题能够被计算

并不是全部的问题都能被有效地计算。问题可以具有很高的复杂性,但有些问题不管多么复杂,仍然可以找到一种方法,只要按照方法一步步执行,就能根据输入值确定输出值,这样的问题称为可计算的问题;反之,有些问题不存在一步步执行就能解决的方法,则称这类问题为不可计算的问题。

2. 如何利用计算机系统实现计算

现实中的问题多种多样,各行各业都有不同的问题领域。即使是可计算的问题,也不一定都能顺利地利用计算机系统实现。要想利用计算机解决实际问题,还要思考如何合理地对问题进行抽象,如何设计计算机系统以使其能方便地解决问题。

3. 如何高效地实现计算

假设问题能够通过计算机自动地进行计算,还要考虑计算的代价问题。如果解决问题花费的时间太久(想象利用计算机中的计算器软件执行一次加法运算要等上一分钟),或者需要的资源过多,都不会使计算机成为理想的解决问题的工具,这同样也涉及计算机系统的构建及问题优化、数据处理、软件构建等问题。

通过以上介绍不难总结出，计算、计算机、计算机科学及计算思维之间的关系。计算不再仅仅指数学计算，而是一种广义的计算，如规划一个从家步行到校园的路线，或者在几件同类商品中挑选一个最好的商品都可视为广义计算的一种，我们正是通过"计算"解决生活中的一切实际问题。而计算机是可以帮助人们执行计算的硬件工具，在一般情况下，它具有比人脑更高的计算速度。计算机科学则是研究计算机与其相关领域现象与规律的科学，抽象一点来说，是研究计算机如何"计算"的科学。在计算机与计算机科学不断发展的过程之中，它们与人类生活的联系越来越紧密，很多应用在计算机科学研究或实践中的思想对人们解决实际生活中的问题具有越来越深刻和普适的指导意义，这些思想总结起来就是计算思维。

计算思维吸取了计算机科学中解决问题所采用的一般数学思维方法，现实世界中巨大复杂系统的设计与评估的一般工程思维方法，以及复杂性、智能、心理、人类行为的理解等一般科学思维方法。计算思维中的"计算"不再是单指传统的数学和物理的计算，与数学和物理科学相比，计算思维中的抽象显得更为丰富，也更为复杂。应用计算思维的根本目的是更好地解决实际问题，在计算思维的帮助下，原本无法由个人独立完成的问题求解和系统设计成为可能，计算思维使我们解决问题的方法和可解决问题的领域大大拓宽。

1.6.2　计算思维的主要思想

如同计算思维概念中所描述的那样，计算思维包含了多种思想，但是有些思想在计算思维中占据着比较基础和重要的地位。下面对计算思维中几种主要的思想进行介绍。

1. 符号化思想

目前，计算机中普遍采用二进制数0和1两个符号表示计算机用到的一切信息。0和1是计算机实现的基础，现实世界的任何数值性和非数值性的信息都可以被转换成二进制数0和1进行表示、处理和变换。相反地，计算机中0和1表示的信息也能被转换为人类能够认知的文字、图片、视频等信息。计算机之所以能够解决复杂的问题，从最根本上讲就是因为二进制数0和1能够将各种运算转换成逻辑运算来实现。计算机处理器的基础也正是各种对用0和1表示的逻辑进行运算的逻辑门电路，在逻辑门电路的基础之上才能构造更加复杂的电路，计算机才能处理各种问题。虽然未来的计算机系统不一定采用二进制，但这种用二进制数0和1对信息进行表示、处理和转换的思想正是符号化处理问题的体现，即问题的表示方式是无穷无尽的，用统一的符号化语言进行表示是解决问题的基础。

2. 程序化思想

不管一个问题多么复杂，只要它是可计算的，那么只要将问题的解决过程设计成一系列基础的步骤，之后只需按顺序一步步执行这些基础步骤，就能使问题在整体上得到解决，这种解决问题的思想体现在计算机系统中就是程序化思想。其中，基础步骤是简单而容易实现的，复杂、多变的问题也都可通过对一套固定的基础步骤进行不同方式的组合得到解决。因此对于计算机系统来说，只要能够完成每个基础步骤，以及实现一个控制基础步骤组合和执行次序的功能，就能解决非常复杂的问题。可以将每一个基础步骤理解为一条计算机指令，将计算机程序理解为按照规定的次序组合完成的指令集合，计算机只要按照程序执行不同的指令,就能完成程序预期的功能。关于计算机指令和程序的概念会在后面的章节进行更加详细的介绍。

3. 递归思想

递归思想是指一种计算模式调用这种计算模式本身,它通过把一个大型复杂的问题层层转化为一个与原问题相似的规模较小的问题来求解。例如,大部分国家的政治机构的结构应用了递归思想,即少数的最高领导人直接治理一个国家是非常困难的,因此中央政府机构设立了下属的省或州,省或州之下又设立了市、县,每个层次以相同的管理方式只管理直接下属层次,而不必考虑其他层次,直到最低层次的政府机构可以直接管理相对小规模的范围,通过这种分层次的递归思想实现了对整个国家的管理。递归思想最为重要的意义在于能够用有限的步骤来定义无限的功能。计算机科学中的许多重要思想如分治思想、回溯思想、迭代思想、动态规划思想等都与递归思想密切相关。

4. 抽象和分解思想

计算机系统通过抽象和分解思想来解决庞杂的任务或者设计巨大复杂的系统,它是选择合适的方式去陈述一个问题,或者是选择合适的方式对一个问题的相关方面建模使其易于处理;它是利用不变量简明扼要且表述性地对要处理的问题进行刻画。通过抽象和分解思想我们可以将一个大型问题拆分成若干子问题,也可以从整体上对众多烦琐的子问题进行抽象和概括以便于理解,使我们能在不必理解每一个细节的情况下就能够安全地使用、调整和影响一个大型复杂系统的信息。抽象和分解思想在计算机数据处理和软件等许多领域中都有重要应用。

1.6.3 计算思维在生活中的应用

计算思维的应用是非常广泛的,几乎可以对我们生活中遇到的任何问题起到指导作用。

例如,我们每天去学校学习、去公司工作需要携带课本、作业和文件等物品,这些物品既不能带的太少,否则难以满足一天的学习、工作需要;但是又不能带的太多,否则就会携带不便,那么究竟带多少物品、带哪些物品是最适合的呢?

又如,主妇们在家里做家务,包括洗衣、擦地、烧水、做饭等,其中有些事情是可以同时完成的,如可在自动洗衣机洗衣的时间擦地,在等待水烧开的时间把洗好的衣服晾干,但是这些事情有的又有先后顺序,主妇们不可能在洗衣服之前就把衣服晾晒好,那么主妇们要如何安排做事的顺序,才能在最短的时间内完成家务,为自己争取一点自由时间呢?

再如,我们去超市购物之后发现每个收银窗口都排了很长的队伍,有的队伍很长,但是队伍中顾客购买的东西相对少一些;有的队伍稍短,但队伍中每个顾客都是购物狂,购买了大量物品,则收银员为每个人收费的时间又会长一些,这种情况下选择哪个队伍才能最快地为购买的东西付款呢?

以上列举的3个问题都是我们经常会遇到的实际问题,虽然它们看起来与计算机无关,甚至你以前从来没有对这些问题进行注意,但是这些问题都可以转化为计算问题,都可以通过计算思维进行求解。可见,理解和使用计算思维可以极大地提高我们生活的效率和质量。

应用计算思维解决实际问题通常需要经过抽象(将问题抽象用数学符号来表示)、理论(寻找或证明与问题相关的理论以便更好地解决问题)、设计(设计并实现算法或系统以解决问题)3个步骤。

小　　结

本章主要介绍了计算机和数字基础知识,包括计算机的分类和使用、数据在计算机中的表示方法及计算机处理数据的流程等,还介绍了计算思维的概念。

通过对本章的学习,读者应能够对信息时代的数字技术有了基本的认识,更加了解自己所拥有的数字设备。

习　　题

第 1 章在线测试题

一、判断题

1. 计算机的英文原词"computer"最初是指从事数据计算的人。　　　　　　　　(　　)
2. 大型机主要用于大量数据和关键项目的计算。　　　　　　　　　　　　　　(　　)
3. 如果两台计算机使用的是同一操作系统,那么它们就是兼容的。　　　　　　(　　)
4. 模拟数据是指转换成离散数字的文本、视频、音频等内容。　　　　　　　　(　　)
5. 十进制中的 10 等同于十六进制中的 10。　　　　　　　　　　　　　　　　(　　)
6. 扩展 ASCII 码使用 8 位二进制数为 256 种字符提供编码。　　　　　　　　　(　　)
7. UTF-8 是以 16 位无符号整数为单位对 Unicode 进行编码。　　　　　　　　(　　)
8. 1KB=8Kb。　　　　　　　　　　　　　　　　　　　　　　　　　　　　　(　　)
9. 多数数字设备的电子元件都固定在主板上。　　　　　　　　　　　　　　　(　　)
10. 操作数可以理解为指令集中的某个指令。　　　　　　　　　　　　　　　　(　　)

二、选择题

1. 使用 7 位二进制数为每个字符进行编码的编码方式是(　　)。
   A. 标准 ASCII 码　　　　　　　　　　B. 扩展 ASCII 码
   C. Unicode　　　　　　　　　　　　　D. 以上都是
2. 用来执行高性能任务的强大桌面计算机被称为(　　)。
   A. 服务器　　　B. 超级计算机　　　C. 工作站　　　D. 大型机
3. 数据传输速率通常以(　　)为单位进行表示。
   A. 位　　　　　B. 字节　　　　　　C. 赫兹　　　　D. 以上均不是
4. (　　)在一次批处理中会转换程序里所有语句,并将生成的指令集存放到新文件中。
   A. 编译器　　　B. 转换器　　　　　C. 解释器　　　D. 指令
5. 指令中的(　　)指定了数据。
   A. ALU　　　　B. 指令码　　　　　C. 操作码　　　D. 操作数
6. (　　)是微处理器用来执行算数运算的部分。
   A. ALU　　　　B. 控制单元　　　　C. 寄存器　　　D. 累加器
7. 二进制数 100 在十进制系统中表示为(　　)。
   A. 100　　　　 B. 2　　　　　　　 C. 4　　　　　 D. 10

8. 十进制数 37 在二进制系统中表示为(　　)。
   A. 100100　　　B. 100110　　　C. 100111　　　D. 100101
9. 二进制数 1011110 在十六进制系统中表示为(　　)。
   A. 5C　　　　　B. 5E　　　　　C. B6　　　　　C. DE
10. 1048576 字节是(　　)。
   A. 1MB　　　　B. 1KB　　　　C. 1GB　　　　D. 8MB

三、思考题

1. 除了本书中所说的计算机的优点和缺点外,你还能想到什么?
2. 个人计算机与工作站、服务器有什么区别?
3. 对于小数,十六进制数和十进制数是如何互相转换的?
4. 在生活中,你还能不能想到一些离散化状态的例子?
5. 有人说英国的巨人计算机(Colossus)是世界上第一台电子计算机,对此你怎么看?
6. 苹果的 iWatch 智能手表算不算是计算机?

第 2 章　计算机硬件

本章介绍计算机硬件相关的知识,包括计算机的数据处理部分、存储部分、输入输出部分和其他外部设备(简称外设),以及影响计算机性能和设备性能的诸多因素。通过本章的学习,读者应能够对计算机硬件系统有一个全面的认识。

2.1　主板、微处理器和内存

本节主要介绍计算机中与数据处理相关的核心部件,即主板、微处理器和内存。

2.1.1　主板

主板又称主机板、系统板或母板,安装在机箱内,是计算机最基本也是最重要的部件之一,如图 2-1 所示。主板一般为矩形电路板,上面安装了组成计算机的主要电路系统。主板是整个计算机系统的通信网,系统的每个元器件都是连接到主板并通过主板进行数据交换的。主板主要由芯片组、扩展槽和对外接口三部分组成。

图 2-1　主板

芯片组是主板的核心部分,按照在主板上排列位置的不同,可分为北桥芯片和南桥芯片。其中,北桥芯片负责 CPU、内存和显卡间的通信;南桥芯片负责硬盘等存储设备和 PCI 总线接口间的通信。北桥芯片起着主导性作用,故也称为主桥。

扩展槽是主板上用于固定扩展卡并将其连接到系统总线上的插槽,也是一种添加或增强计算机功能的方法。有足够多数量的扩展槽意味着设备有较高的可升级性和扩展性。

对外接口主要包括硬盘接口、鼠标键盘接口、USB 接口、打印机接口、声卡接口等。

2.1.2 微处理器

视频讲解

微处理器是用来处理指令的集成电路。当微处理器用作处理通用数据时,称为中央处理器(Central Processing Unit,CPU),如图 2-2 所示,这也是最为人们所知的应用;当微处理器专用于图像数据处理时,称为图形处理器(Graphics Processing Unit,GPU),如图 2-3 所示;当微处理器用于音频数据处理时,称为音频处理器(Audio Processing Unit,APU),等等。因此,微处理器并不完全等同于 CPU。

图 2-2 CPU

图 2-3 GPU

目前,市面上最流行的 CPU 莫过于 x86 兼容 CPU 了。x86 是 CPU 发展早期,英特尔的 8086 芯片产品线的简称——当时的芯片都是以 86 为结尾的,如 8086、80286 和 80386。现代的 CPU 名称早已不再遵循英特尔最初的数字化命名标准,但 x86 作为"8086 产品线继承者"的代称仍被保留下来。目前,英特尔酷睿 i3、i5、i7 处理器,以及 AMD 的速龙处理器和 A 系列的处理器都是 x86 兼容处理器。

微处理器是主板上最大的芯片,是最重要的、通常也是最昂贵的计算机部件。影响微处理器性能的因素有很多,如时钟速度、总线速度、字长、缓存容量、核心数量、指令集及处理技术等。

(1) 时钟速度通常以 GHz(千兆赫兹,即 1s 有 10 亿个时钟周期)为单位,它代表着处理器中指令的执行速度。周期是微处理器最小的时间单位。微处理器执行的每一项指令都以时钟周期来度量。对不同的指令,需要的时钟周期数从一个到多个不等。但需要注意的是,时钟的速度并不等于处理器在 1s 内能执行的指令数目。在很多计算机中,一些指令能在一个周期内完成,但是也有一些指令需要多个周期才能完成。有些微处理器甚至可在单个时钟周期内执行几个指令。例如,Intel core i7 6700k 的主频是 4.0GHz,就是说能在 1s 内运行 40 亿个时钟周期,但不一定能执行 40 亿条指令。

(2) 总线速度是指前端总线的频率。前端总线是用来与微处理器交换数据的电路,其频率的高低直接影响着微处理器访问内存的速度,进而影响着微处理器的性能。目前前端总线的频率为 1000~2100MHz。频率越高代表速度越快。

(3) 字长是指微处理器能够同时处理的二进制数的位数。字长取决于 ALU 中寄存器的大小及与之相连接的线路的容量。例如,32 位处理器 ALU 中的寄存器是 32 位的,可以同时处理 32 位数据。字长越长,意味着处理器以相同的周期可以处理更多的数据。32 位字长的微处理器可以访问最多 4GB 的内存;而 64 位字长的微处理器可以访问最多 8GB 的内存。当前的计算机系统通常使用 32 位或 64 位处理器。

（4）微处理器的缓存是专用的高速内存，微处理器访问缓存的速度要比访问内存快大约 10 倍，大容量的缓存可以提高计算机的性能。CPU 的缓存具有多个级别，三级缓存、二级缓存、一级缓存的访问速度依次提高，但单位容量的成本也依次显著增加。以 Intel Core i7 6700k 为例，其三级缓存为 8MB，二级缓存为 1MB，而一级缓存只有 128KB。

（5）微处理器可以包含多个处理单元电路，即多核处理器。多核处理器可以带来更快的处理速度。例如，双核 i5 2.3GHz 处理器的等效性能为 4.6GHz(2.3×2)，四核的 i7 1.8GHz 处理器的等效性能为 7.2GHz(1.8×4)。所以在其他条件没有限制时，i7 1.8GHz 处理器比 i5 2.3GHz 处理器的性能要更好。

（6）有些指令集中包含有需要几个时钟周期才能完成的复杂指令，拥有这种指令集的微处理器使用了复杂指令集计算机(Complex Instruction Set Computer，CISC)技术。而拥有数量有限且较简单指令集的微处理器使用了精简指令集计算机(Reduced Instruction Set Computer，RISC)技术。RISC 微处理器执行大部分指令的速度相比 CISC 微处理器要快，但完成同样的任务需要更多的简单指令。目前，大多数的台式计算机和笔记本电脑都采用了 CISC 处理器，而移动设备(如智能手机和平板电脑)大多数采用的是高级 RISC 机器(Advanced RISC Machines，ARM)处理器。

（7）微处理器的处理技术可分为串行、流水线与并行 3 种。串行处理技术使得只有完成一条指令的所有步骤后才开始执行下一条指令。流水线处理技术可以使得在某些复杂指令完成前就开始执行下一条指令，以提高资源的利用率。并行处理技术则可以同时执行多条指令。流水线处理技术和并行处理技术都提高了微处理器的性能。

影响微处理器性能的因素也决定了单独进行微处理器升级是不明智的。只有当计算机中所有部件都高速运转时，微处理器才能发挥它最大的功效，而如果只单独对微处理器进行升级，计算机性能可能并不会有显著的提高，甚至还有可能产生相反的结果。

超频(overclocking)是指提高计算机部件(如处理器、显卡、主板或内存)速度的技术。在超频成功后，能将慢速部件的处理能力提升到与速度更快、价格更贵的部件相当。希望榨取计算机所有处理速度的游戏玩家有时会对计算机进行超频。超频是非常有风险的，加在部件上的额外电能也会产生更多的热量。超频过的部件可能会过热，甚至可能引起火灾。为了保持安全的操作温度，超频过的计算机可能需要辅助冷却系统。

关于微处理器的性能，还有一个著名的定律——摩尔定律。

1965 年，Intel 公司的联合创始人戈登·摩尔(见图 2-4)发现自从集成电路发明之后，每平方英尺(约 929.03cm^2)的晶体管数量会每隔两年翻一番。然后，他做出了一个非常著名的预测——这样的晶体管每隔两年翻番的趋势会至少持续 10 年以上。现在看来，已经过了 50 多年，晶体管的密度仍以每隔 18 个月翻一番的速度增加着。因为技术水平的不断突破，摩尔定律比其他的具有创新性的预测影响的时间更为长久。大多数的专家，包括摩尔自己，也希望这样的趋势会继续保持 10 年左右。实际上，英特尔公司已经宣称其技术研发团队的任务就是继续克服困难而实现按照摩尔定律发展的 CPU。

视频讲解

图 2-4　戈登·摩尔

有趣的是,其他的一些计算机元件的发展同样遵循着摩尔定律。例如,硬盘的存储容量大约每隔 20 个月翻一番,芯片的速度每隔 24 个月翻一番。显然,摩尔定律的适用范围已经被扩大并被用来描述一个元件的存储容量或速度翻一倍大约所用的时间长短。很多专家预测,因物理空间的限制,以及以当今的 CPU 制造技术来讲,被塞入芯片中的晶体管数量最终将不再按照摩尔定律中的规律发展。

表 2-1 展示了近些年一些比较流行的微处理器的比较。

表 2-1 近些年一些比较流行的微处理器的比较

年 份	处理器名称	时钟速度	晶体管数量
2019 年	AMD Ryzen Threadripper 3990X	2.9～4.3GHz	400 亿个
	Intel Core i9-10980XE	3～4.6GHz	120 亿个
2018 年	AMD Ryzen Threadripper 2990WX	3～4.2GHz	192 亿个
	Intel Core i9-9980XE	3～4.4GHz	100 亿个
2017 年	AMD Ryzen 1950X	3.4～4GHz	96 亿个
	Intel Core i9-7980XE	2.6～4.4GHz	70 亿个
2016 年	Intel Core i7-6950X	3～3.5GHz	32 亿个
2014 年	Intel Core i7-5960X	3～3.5GHz	26 亿个
2013 年	Intel Core i7-4960X	3.6～4GHz	18.6 亿个
	Intel 6-Core i7-3970X	3.6～3.9GHz	22.7 亿个
	AMD 8-Core FX-8350	4～4.2GHz	12 亿个(单核)
2011 年	Intel Xeon	3.47GHz	23 亿个(单核)
2010 年	Intel Core i7 995X	3.60GHz	7.31 亿个(单核)
	AMD Phenom Ⅱ X6		
2009 年	AMD Phenom Ⅱ	3.2GHz	11.7 亿个(单核)
	Athlon 2	3.0GHz	
2008 年	Intel Core i7	3.1GHz	1.53～2.21 亿个
	Intel Tukwila Quad Core	3.0GHz	4.1 亿个(单核)
		2.66GHz	20 亿个(单核)
		2GHz	20 亿个
2007 年	Intel Core Quad	2.4～2.7GHz	5.82 亿个
2006 年	Intel Pentium EE 840 dual core	3.2GHz	2.3 亿个
2005 年	Intel Pentium 4 660	3.6～3.7GHz	1.69 亿个
	AMD Athlon 64 X2 dual core	2GHz	1.059 亿个
	Intel Itanium 2 Montecito dual core	2GHz	17 亿个
2004 年	IBM PowerPC 970FX (G5)	2.2GHz	5800 万个
2003 年	AMD Opteron	2～2.4GHz	3750 万个
2002 年	Intel Itanium 2	1GHz and up	2.21 亿个
	AMD Athlon MP	1.53～1.6GHz	3750 万个
2001 年	Intel Xeon	1.4～2.8GHz	1.4 亿个
	Intel Mobile Pentium 4	1.4～3.06GHz	5500 万个
	AMD Athlon XP	1.33～1.73GHz	3750 万个
	Intel Itanium	733～800MHz	2540～6000 万个
2000 年	Intel Pentium 4	1.4～3.06GHz	4200～5500 万个
1999 年	Motorola PowerPC 7400 (G4)	400～500MHz	1050 万个

2.1.3 内存

内存是内存储器的简称，又称主存储器。内存用来存放指令和数据，并能由 CPU 直接随机存取。目前使用的内存可分为随机访问存储器（Random Access Memory，RAM）、只读存储器（Read-Only Memory，ROM）、CMOS 及 EEPROM。

1. 随机访问存储器

随机访问存储器存放了等待 CPU 处理的原始数据、程序指令，以及临时存放 CPU 处理后的结果，如图 2-5 所示。除此之外，RAM 中还存放着操作系统的指令，以控制整个计算机系统的基本功能。这些指令在每一次启动计算机时，都被载入 RAM，直到关机才消失。RAM 是随机存取的，即可以直接根据地址存取任一单元中的数据，而不需要按照地址顺序遍历到该地址再进行存取。

视频讲解

RAM 是易失存的，即需要电来存放、维持数据。一旦计算机失去电力供应，存放在 RAM 中的数据就会立刻永久性消失。

在 RAM 中，名为电容（Capacitor）的微型电子器件存放了表示数据的电信号（位）。充上电的电容是"打开"状态，表示"1"位；放过电的电容是"关闭"状态，表示"0"位。每组电容都可存放 8 位（即 1 个字节）的数据。每组电容的 RAM 地址可以帮助计算机按照需求找到要处理的数据。

图 2-5　随机访问存储器

RAM 又可分为 DRAM（Dynamic RAM，动态随机访问存储器）和 SRAM（Static RAM，静态随机访问存储器）。在通电的情况下，SRAM 中的数据可以长久保持，不需要刷新电路，存取速度较快。但 SRAM 的成本较高，主要应用于要求速度快、但容量较小的高速缓存。DRAM 中的数据需要定时刷新才能维持，存取速度较慢，但成本较低。所以一般的 RAM 内存主要选用 DRAM。

随着计算机对内存存取速度的要求不断提高，又出现了 SDRAM（Synchronous DRAM，同步动态随机访问存储器）。SDRAM 具有更快的存取速度，且价格相对低廉。SDRAM 又可进一步分为 DDR1、DDR2、DDR3 等类别。目前，市场上主流的 RAM 采用的是 DDR3 技术。

RAM 的容量一般用 GB 表示。目前，台式计算机和笔记本电脑一般具有 2～8GB 的 RAM。其中，支持操作系统如 Windows 7、Windows 8、Windows 10 的基本运行需要至少 1GB 的 RAM。而要流畅地运行游戏、图像视频处理应用程序的话，往往至少需要 4GB 的 RAM。移动设备通常需要 1～3GB 的内存。

当 RAM 不够用时，操作系统会在硬盘或其他存储介质上分配一块区域存储部分程序和数据，这部分区域称为虚拟内存。通过有选择地交换 RAM 与虚拟内存中的数据，计算机可以有效地获得更大的内存容量。不过由于从硬盘或其他存储介质上获取数据要比从 RAM 中获取数据慢很多（大概 10 万倍），因此虚拟内存在某些情况下会显著地降低计算机的性能。所以，在条件允许时，可以为计算机配置尽可能大的 RAM。

视频讲解

2. 只读存储器

只读存储器(ROM)主要存放系统的引导程序、开机自检程序等,如图2-6所示。这些一般是在计算机出厂前由制造商写入的。ROM中的数据一旦被写入,就只能读,不能被改写了。与RAM的易失存性不同,ROM中的数据是永久的,即使断电也不会消失。

在打开计算机时,RAM是空的,没有任何指令,因此需要ROM。微处理器可以调用ROM中的程序及指令集,以访问硬盘、找到操作系统并加载到RAM中。加载完成后,计算机便能借由RAM正常运行了。

ROM中的指令是永久性的,更改它们的唯一方法是更换ROM芯片。

图2-6 只读存储器

3. CMOS 及 EEPROM

对于计算机运行时需要知道的内存、存储器、显示器的配置等信息,ROM和RAM都不适合存储——关机时RAM会被清空,而ROM中的数据是不可修改的,存放在ROM中意味着不能再更换内存、存储器、显示器等配置。为此需要一种持久性介于ROM和RAM之间的存储器,可供选择的是CMOS和EEPROM。

CMOS(Complementary Metal Oxide Semiconductor,互补金属氧化物半导体)常指保存计算机基本启动信息(如日期、时间、启动设置等)的芯片,它是主板上的一块可读写的并行或串行FLASH芯片,是用来保存BIOS的硬件配置和用户对某些参数的设定。CMOS芯片可通过主板上集成的小型电池供电,因此关机时其存储的信息不会丢失,如图2-7所示。

EEPROM(Electrically Erasable Programmable Read-Only Memory,电可擦除可编程只读存储器)是非易失存的,它不需要电力就能存放数据,如图2-8所示。主板上BIOS ROM芯片大部分都采用EEPROM。EEPROM一般用于即插即用(Plug & Play),常用在接口卡中,用来存放硬件设置的数据,也常用在防止软件非法复制的"硬件锁"上面。EEPROM存放着计算机的配置信息,如日期及时间、硬盘容量等。在更改计算机系统的配置(如添加内存)时,EEPROM上的数据一定会被更新。一些操作系统能识别这种更改并自动完成更新。由于EEPROM不需要电力供应,因此EEPROM正在取代CMOS技术。

图2-7 主板上的CMOS芯片

图2-8 EEPROM

4. 闪存

闪存(Flash Memory)是一种长寿命的非易失性(在断电情况下仍能保持所存储的数据信息)的存储器,数据删除不是以单个的字节为单位而是以固定的区块为单位,区块大小一般为 256KB～20MB。闪存是 EEPROM 的变种,闪存与 EEPROM 不同的是:EEPROM 能在字节水平上进行删除和重写而不是整个芯片擦写,而闪存的大部分芯片需要块擦除。由于其断电时仍保存数据,因此闪存通常被用来保存设置信息,如在计算机的 BIOS(基本程序)、智能手机、数码相机中保存资料等。

视频讲解

5. 内存访问时间

内存访问时间是指处理器从内存中读取数据、指令和信息所花费的时间。计算机的访问时间直接影响着计算机处理速度的快慢。例如,内存中访问数据的速度可达到比硬盘中访问数据的速度快 20 万倍。

视频讲解

2.2 存储设备

本节介绍多种多样的存储设备,包括已经得到普遍应用的存储设备及一些新兴的存储技术,并且比较各种存储设备的优点和缺点。

2.2.1 存储器基础知识

存储器包括存储介质和存储设备两个部分。存储介质是指包含数据的物质,如光盘、磁盘等。存储设备是指在存储介质上读取、写入数据的机械装置,如光驱、硬盘驱动器等。

存储设备通过 RAM 与计算机进行交互:当需要数据时,存储设备会从存储介质上读取相关数据并将其复制到 RAM;数据被处理完后,计算机会选择合适的时间将数据从 RAM 送回存储设备,写入存储介质。存储器存储数据的方式与 RAM 是不同的,它是非易失存的,即使在没电的情况下,也可永久地保存数据。

目前,常用的存储技术可分为磁存储、光存储、固态存储、云存储等,每种存储技术都有其优缺点,衡量存储技术主要从耐用性、可靠性、通用性、容量、速度、花费等方面考虑。

(1) 耐用性是指受环境因素和人为因素影响的大小。一些存储技术相比另外一些更易受损坏而导致数据丢失。

(2) 可靠性可用存储设备的平均故障的间隔时间来衡量,可以理解为两次故障之间的平均时间间隔。

(3) 通用性是指存储设备访问多种介质上数据的能力。例如,DVD 驱动器的通用性就比硬盘驱动器要强,DVD 驱动器可以读取 DVD、CD 等多种介质中的数据,而硬盘驱动器只能读取固定的磁盘盘片。

(4) 容量是指存储在存储介质上的最大数据量,通常用 MB、GB、TB 来衡量。需要注意的是,大多数存储器厂商是以 1000 为倍数而不是 1024 来衡量容量的,即 1GB=1000MB 而不是 1GB=1024MB。所以,如标明容量为 1TB 的硬盘,计算机识别出的容量其实不到 1TB(约 0.91TB)。

(5) 速度可分为访问时间和传输速度。访问时间是指计算机查找存储介质上特定数据并读取该数据所消耗的平均时间。传输速度是指每秒钟存储介质能够传输到 RAM 的数据量，又可细分为读取速度和写入速度等。

（6）花费是指存储介质的价格，往往以每吉字节存储介质的价格为度量。

2.2.2 磁存储技术

磁存储技术通过磁化磁盘或磁带表面的微粒来存储数据。可以通过指定微粒的朝向来表示"0"和"1"的序列（如微粒朝向阳极表示"0"，朝向阴极表示"1"）。

代表性的磁存储技术是机械硬盘。机械硬盘的驱动器由一个或多个盘片及与每个盘片相关的读写头组成。盘片表面覆盖有磁性铁氧化物，硬盘驱动器运行时，盘片会以每分钟数千转的转速绕固定轴旋转。读写头又称磁头，悬浮在每张盘片上方不到一微米处，可以通过磁化微粒写入数据，也可以通过感应微粒的磁极读取数据，如图 2-9 所示。

机械硬盘的存储容量较大，单位容量的成本也较低，是比较经济实惠的选择。但机械硬盘的耐用性较差，受环境因素和人为因素的影响较大：存储在磁介质中的数据可能被外加磁场、温度、灰尘等因素改变。由

图 2-9 机械硬盘的磁头和盘片

于磁头离盘面很近，如果磁头碰到盘面上的灰尘颗粒，或者是硬盘掉到了地上，可能会使磁头碰撞盘面，对部分数据会造成损害。磁介质还会随着时间的推移逐渐失去磁荷，导致数据丢失。因此使用机械硬盘时，最好每隔两年重新复制一下数据，避免数据丢失。

机械硬盘的性能通常以容量、访问时间和转速来衡量。盘片越多，磁微粒的密度越大，硬盘的容量也就越大。目前，主流的机械硬盘有 500GB～2TB 的容量。硬盘的访问时间普遍在 6～11ms。硬盘的转速越快，磁头定位到指定数据的速度也就越快。目前，主流的机械硬盘转速为 5400r/min 和 7200r/min。

视频讲解

机械硬盘的平均数据传输速度大约为 57MBps。

磁带是一种能够以低成本存储大量数据和信息的磁性涂层塑料带。在数字音乐播放器变得普及之前，盒式磁带便是存储音乐的流行介质。如今，磁带早已不再被用作存储的主要方法。然而，有些企业公司仍经常使用磁带进行长期存储和备份。

视频讲解

与传统的磁带录音机相比，磁带机可以直接读写磁带数据。尽管较旧的计算机使用卷轴式磁带机，但当今的磁带机普遍使用磁带匣。磁带匣是一个用于存放磁带的小型矩形塑料盒。而企业通常使用磁带库技术，其中每个独立的磁带匣安装在一个个独立的机柜中。一般来说，磁带机器人会利用位置或条形码标识自动检索这些磁带匣。

视频讲解

2.2.3 光存储技术

光存储技术通过光盘盘片表面的平坦程度来表示数据，盘片表面的平坦区域表示二进

制数"1",不平坦区域(又称凹点)表示二进制数"0"。凹点的直径小于 $1\mu m$,肉眼不可见。读取数据时,光驱动器的激光透镜可将激光束投射到光盘的下面,由于平坦区域和不平坦区域反射光的强度不同,便可读出"0"和"1"表示的二进制数序列。刻录数据则是以更大功率的激光将数据以平坦或不平坦的形式刻在光盘上。

光盘的表面涂有一层塑料,使光盘更持久耐用,不易受到外界环境影响。光盘本身不会受到潮湿、指纹、灰尘、磁场等因素的影响,但光盘表面的划痕可能会影响数据的识别与传输。出现划痕时,使用牙膏对光盘表面进行抛光,便能在不损坏数据的前提下去除划痕。光盘的使用寿命较长,通常都在 30 年以上,部分光盘的理论寿命甚至可以达到 100 年。

目前,常见的光盘可以分为 CD、DVD、蓝光 3 种。

(1) CD(Compact Disc,光盘)起初是为存放音乐设计的,但现在已可存放多种多样的数据。目前,主流的 CD 容量为 650～700MB。CD 驱动器的传输速度以 150KBps 为单位(这是最初的 CD 驱动器的传输速度),以"X 倍速"表示。例如,目前的 52X CD 驱动器的传输速度为 7800KBps。

(2) DVD 在诞生之初是数字视频光盘(Digital Video Disc),是作为录像机的一种替代品而设计的。现在的 DVD 已经用于数据存储,其名称也变成了数字多功能光盘(Digital Versatile Disc)。DVD 的凹点直径更小,存储密度更高,因此容量也更大。普通的 DVD 可存放 4.7GB 的数据,双层 DVD 可存放 8.5GB 的数据。DVD 驱动器的传输速度以 1350KBps 为单位(最初的 DVD 驱动器的传输速度),以"X 倍速"表示。例如,现在的 24X DVD 的传输速度为 32400KBps。

(3) 蓝光(Blu-ray Disc,BD)是一种高容量的光盘存储技术,因利用波长较短的蓝色激光读写数据而得名。普通蓝光光碟的存储容量达到 25GB,双层的蓝光光碟可存放 50GB 的数据。在速度上,蓝光的单倍 1X 速率为 36Mbps,即 4.5MBps,允许 1X～12X 倍速的记录速度,即每秒 4.5～54MBps 的记录速度。市场上蓝光刻录光盘的记录速率规格主要有 2X、4X、6X。

光盘采用的光技术也可分为只读技术、可记录技术和可重写技术 3 种。

(1) 只读技术可将数据永久地存储在光盘上,这种光盘中的数据不能再进行添加和修改,通常是在大规模生产中事先压制的。市场上销售的软件、电影、音乐常采用这种技术。

(2) 可记录技术(Recordable,R)是一种一次写入、永久读的标准。数据一旦被记录就不能再改变(有些刻录工具支持刻录后再追加内容,不过需要刻录前允许多次刻录且光盘还有剩余空间)。与只读技术的压制不同,可记录技术的光盘是用刻录机烧制而成的,市场上销售的空白光盘大多属于这一种。

(3) 可重写技术(Rewritable,RW)采用了相变技术,它能够反复多次地改变盘片上的晶状体结构,因此可以多次地重复写入、修改数据(一般可达几百次)。特别地,对于蓝光光盘,这一技术通常简写为 RE(Rerecordable 或 Re-Erasable)。

根据光盘的分类和所采用的光技术,光盘可分为 CD-ROM、CD-R、CD-RW、DVD-ROM、DVD-R(或 DVD+R)、DVD-RW(或 DVD+RW)、BD-ROM、BD-R、BD-RE 等类别。看似繁杂的类别识别起来并不困难,只需要分别关注前后两个词的含义即可。

光盘的优点是它们的超大容量及便携性,而缺点是它们访问、保存、修改数据的速度较慢。为了提高数据的存储容量,有许多光盘都被制成存储两层数据的圆盘,即双重光盘(也称为双层光盘),因此其存储量几乎翻了一番。为了获取更大的容量,光盘正朝着两层以上发展。光盘也可以双面录制。然而,与硬盘不同,存储在光盘的两面的数据不能同时访问,因此需要访问另一面上存储的数据时,要将光盘翻过来。双面光盘通常用于存储电影或其他预先录制好的内容上,如在 DVD 的一面存储录制好的宽屏电视的节目;另一面存储标准尺寸电视的节目。

与磁盘一样,研究员们不断地努力试图在不增加光盘大小的前提下提升其存储容量。例如,新的 BD 标准(BDXL)使用了更多的层数来提高数据存储容量,大约可以支持 128GB 的数据存储,足以支持 4KB(超 HD)版本的电影。

光盘驱动器可以理解为是向下兼容的,即蓝光光驱向下兼容 DVD、CD;DVD 光驱向下兼容 CD,但不能读蓝光;而 CD 光驱只能读 CD,不能读 DVD 和 BD,如图 2-10 所示。

图 2-10　光盘驱动器

2.2.4　固态存储技术

固态存储器有时也称闪存,通过存储芯片内部晶体管的开关状态来存储数据。固态存储器不需要读写头,也不需要转动,所以耗电量小,且持久耐用——不会受到振动、磁场、高温等的影响。

固态存储器的便携性强、存取速度很快,但单位容量的成本也较高。目前的固态存储器可分为存储卡、固态硬盘和 U 盘等。

(1)存储卡可广泛应用于数码相机、媒体播放器等数码产品中。计算机使用读卡器能够读取并向存储卡中写入数据。多数的计算机内置了读卡器(见图 2-11),这使得计算机和数码产品之间能够互相传输数据。存储卡的类型包括多媒体(Multimedia,MMC)卡、安全数字(Secure Digital,SD)卡、记忆棒等,如图 2-12 所示。

图 2-11　内置读卡器

图 2-12　存储卡

(2)固态硬盘(Solid State Drive,SSD),是一种可以替代硬盘驱动器的设备,它在接口的规范和定义、功能及使用方法上与普通硬盘的完全相同,在产品外形和尺寸上也完全与普通硬盘一致,如图 2-13 所示。固态硬盘的读写速度非常快,功耗低,且工作时没有噪声,广泛用作移动设备(如 iPhone、iPad)的主存储设备,一些笔记本电脑和上网本也开始使用固态硬

视频讲解

盘替代机械硬盘。

（3）U盘（USB Flash Drive）是一种便携式存储设备，它可以使用USB接口与计算机连接，无须驱动器。U盘的核心部分只有拇指大小，但容量很大，适合在计算机之间传输数据。目前，主流的U盘有8GB、16GB的容量，部分U盘容量可以超过128GB甚至达到1TB，如图2-14所示。

图2-13　固态硬盘

图2-14　1TB的U盘

U盘的数据传输速度取决于USB版本。USB 1.0的速度相当慢，USB 2.0可以800Mbps的速度读取数据，而USB 3.0的速度可达到5Gbps，比机械硬盘的数据传输速度要快得多。

2.2.5　云存储技术

云存储是在云计算概念上延伸和发展出来的一个新的概念，是指将网络中大量各种不同类型的存储设备通过应用软件集合起来协同工作，共同对外提供数据存储和业务访问功能的一个系统，如图2-15所示。

图2-15　云存储

云存储可以作为单独的数据存储存在，也可以作为云计算的一部分存在。例如，大部分的云应用（如Google Docs，提供网络相册的分享服务，以及如Facebook那样的社交网站）都可以提供用于其应用的在线数据存储。也有一些网站它们的主要目标就是为用户提供网上数据存储，如Box、Google Drive及Microsoft SkyDrive。通常情况下，云端存储网站拥有密码保护措施，并且允许用户通过电子邮件或链接的方式共享上传的文件。

随着越来越多的应用基于云存储，以及个人用户对于在任何地方任何网络任何设备下，如笔记本电脑、平板电脑或智能手机，获取数据的兴趣的增加，云存储的能力和重要性也在快速地增长。云存储也更广泛地用于数据备份——很多网站有一个自动备份的选项，只要用户的计算机连网正常，用户就可以快速地上传文件到云端账户上。很多网站为个人用户提供免费的云存储服务，但有些网站则收取很少的费用。

云存储技术也可用于商业的目的，如由云计算技术提供的服务，使用户根据自己需要的云存储空间和云数据处理能力支付相应的金额。例如，亚马逊的快捷存储业务（Amazon S3）——商用端存储技术开发的领导者之一，收取的月租费包括每个 GB 的固有租金和本月上传数据的数量产生的费用。这个业务可以被单独使用，也可以结合亚马逊云计算方面的业务亚马逊弹性计算业务（Amazon EC2）使用。除了这些公共的云存储服务之外，企业也可以创建私有云的数据存储。与一般的云存储不同，这种数据存储被设计为只能提供该企业指定的用户访问。

云存储也有其缺点，如黑客可能截获数据，会使数据的安全和隐私受到损害；如果由于各种原因，云存储服务中断了，用户就不能存取数据了。

2.2.6 全息存储技术

全息存储是一种三维存储系统。经过多年的研究，全息存储已经成为现实。全息驱动器通常通过串行连接或光纤通道接口连接到计算机上。全息驱动器将发出的蓝色激光束分成两束（参照光束或称参考光束的角度用于识别存储数据所在的物理位置；数据光束或称信号光束则存储了数据），将数据记录到一个全息光盘或全息盒上。数据光束通过空间光调制器，从由 0 和 1 存储的数据转化成相应的全息图——三维数据的表现形式是一张由参照光束和数据光束交叉组成的棋盘上的明暗像素点集。通过改变介质的光学密度，两道光束交叉而成的全息图的位置在介质中也会相应地变化。

存储在全息介质中的数据被分布到包含 1.5 万位的数据页上。一道光线的一闪，对应一个完整的数据页上的全部数据的存储，如图 2-16 所示。因此全息存储十分快捷。而且由于全息图分布在整个介质的厚度上，在三维空间中，同样大小的全息光盘或全息盒可以比 CD、DVD 或 BD 容纳更多的数据。事实上，数以百计的全息图在介质的相同区域以重叠方式进行存储——全息图之间拥有彼此不同的参照光束的角度或者不同的位置，因此数据的检索操作和读取操作的结果是唯一确定的。读取数据时，包含着所需数据的全息图的参照光束被投射到检测器上，检测器直接读取整个数据页。目前，全息数据存储系统使用的是单个存储容量为 300~500GB 的可拆卸可录制全息光盘。大部分的系统可以容纳多张光盘来增加系统的存储容量。

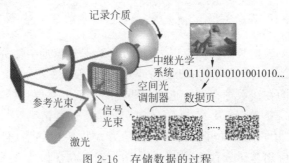

图 2-16 存储数据的过程

由于目前的全息数据存储系统是只读类型的,它们一般会为需要大量数据存储的或快速数据检索的、几乎不修改数据的应用提供存储服务,如商业数据的存档、医疗记录、电视节目和传感器数据等,如图 2-17 所示。与磁盘存储系统和光盘存储系统相比,除了大容量和快速访问的特性之外,全息存储还有存储时间长(至少 50 年)、耗能低(因为全息光盘不经常旋转)的优势。

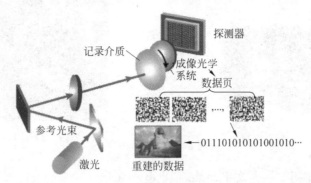

图 2-17　检索数据的过程

2.2.7　存储器比较

每种存储器都有其适用的情况,表 2-2 总结了常用存储器的优点和缺点。

表 2-2　常用存储器的优点和缺点

存储器类型	主流容量	单位容量花费	数据传输速度	可移动性	耐用性	技术
机械硬盘	500GB～2TB	较低	较高	较低	中等	磁存储
CD	700MB	低	低	高	较高	光存储
DVD	8.5GB	低	低	高	较高	光存储
蓝光	50GB	低	低	高	较高	光存储
固态硬盘	120GB～1TB	高	高	较低(内置)/较高(外置)	高	固态存储
U 盘	8～512GB	较低	中等	高	高	固态存储

2.3　输入输出设备

本节介绍计算机常用的输入设备和输出设备,以及一些热门的或新兴的输入输出设备。

2.3.1　输入设备

输入设备是计算机与用户或其他设备通信的桥梁,大多数计算机系统使用键盘和定点设备(如鼠标)进行数据输入。部分笔记本电脑和大部分移动设备配备了触摸屏。而要输入图形,则需要有手写板、扫描仪、相机等设备;输入音乐,则需要麦克风等设备。

(1) 键盘可以分为机械式、薄膜式、电容式等,现在的键盘大多是电容式。键盘可按外形来划分,又可分为普通标准键盘和人体工程学键盘。普通标准键盘的外形四四方方,而人体工程学键盘根据人体工程学原理,添加了手腕托盘,将主键盘区分为两部分等,如图 2-18

所示。对经常进行文字处理工作的人来说，人体工程学键盘能减少操作中产生的疲劳，有利于健康。

（2）定点设备主要用于对屏幕上的指针或其他图形控件进行操作。常见的定点设备有鼠标、触控板、触摸屏、游戏控制器，以及 ThinkPad 上的跟踪点等，如图 2-19 所示。

图 2-18 人体工程学键盘

图 2-19 ThinkPad 上的跟踪点

（3）手写板主要用于输入文字和绘画，也有一部分定位功能，如图 2-20 所示。手写板一般是使用一只专门的笔，或者手指在特定的区域内书写文字。手写板可将笔或者手指走过的轨迹记录下来，然后识别为文字或者图画。对于不喜欢使用键盘或者不习惯使用中文输入法的人来说，手写板是非常有用的，因为它不需要学习输入法。手写板还可以用于精确制图，如可用于电路设计、CAD 设计、图形设计等。

图 2-20 手写板

除了常用的输入设备之外，还有以下一些热门的识别设备。

（1）条码读取器。条形码是通过具有不同宽度或高度的条格来表示数据的光学代码。最常用的两种条形码是 UPC（Universal Product Code，通用产品代码）和 ISBN（International Standard Book Number，国际标准图书编号）。UPC 主要应用于超市和零售商店商品的包装上，而 ISBN 常用于印刷的书籍上。企业和组织也可以创建和使用自定义的条形码，以满足它们独特的需求。例如，航运组织（如联邦快递和 UPS）使用自定义的条形码标记来跟踪包裹；零售商（如 Target 和沃尔玛）通过在用户收据上添加自定义的条形码来为顾客返利；医院使用自定义的条形码将患者的诊断单和药品相匹配；图书馆和音像店使用自定义的条形码录入、检索书籍和电影。事实上，任何企业都可以使用条形码打印机和相应的软件创建自定义条形码，以用于对企业的产品或者企业内部的物品进行分类（如纸张文件、设备）。

常规类型的条形码被称为一维条形码，因为它们仅包含一个方向的数据。新型的二维条形码把信息存储在水平和垂直两个方向，容纳的数据比一维高几百倍。其中，最常见的二维码是 QR（Quick Response，快速反应）码，它用一个小正方形表示数据，如图 2-21 所示。目前，二维条码主要应用于智能手机上。例如，用智能手机的摄像头扫描杂志、报纸、广告、海报或店铺展窗上的 QR 码，可以使智能手机加载相应的网页、发送短信（如参加比赛或进行捐赠）、显示视频短片或照片（存储于二维码中或网上）、下载优惠券和门票

图 2-21 二维码

视频讲解

等。QR 码也可用于保存联系人信息到手机,或者在日历中添加一个事件。

条形码可通过条码读取器进行读取。条码读取器使用反射光技术或者是图像处理技术,将条形码中的条格转换成其所代表的数字或字母。然后,读取出与条形码相关联的典型识别码。例如,具有唯一标识的产品、邮寄的包裹,或者可以被检索的其他产品。固定式条码阅读器经常用于销售点终端。当今,大多数智能手机和媒体平板电脑都具有扫码的能力。这些设备可通过适当的应用程序来读取一维条码和二维条码。

(2) 无线射频识别(RFID)阅读器。无线射频识别(RFID)技术可以存储、读取和传送位于 RFID 标签上的数据。RFID 标签上包含了微型芯片和天线,如图 2-22 所示,它们可以贴到各种物体上,如产品、价格标签、运输标签、身份证、资产(牲畜、汽车、计算机和其他贵重物品)等。使用 RFID 阅读器可以读取 RFID 标签内的数据。每当一个带有 RFID 标记的物品处于 RFID 阅读器范围内[2 英寸(约 5cm)到 300 英尺(约 90m)]或更远,这取决于标签的类型和所使用的无线电频率,标签的内置天线就将 RFID 标签内的信息发送到阅读器。与条形码不同,RFID 标签只需要阅读器在一定范围内(而不是在视线之内)即可完成识别,这使 RFID 阅读器可以同时通过纸板和其他材料读取多个 RFID 标签内的数据,这一点在运输和库存应用中有明显优势。与条形码相比,其另一个优势是附加到每个物体上的 RFID 标签是独一无二的(与 UPC 码不同,如同一种产品具有相同的 UPC 码),所

视频讲解

视频讲解

以每个标记可以被单独识别并且可以根据需要进行更新。目前,RFID 技术对于低成本的产品来说成本依然高昂,然而随着 RFID 技术成本的降低和其使用方法的简化,RFID 的众多优势将使其最终取代商品标签上的条形码。

如今,RFID 技术被应用于许多场合。RFID 最初的一些应用是跟踪物品运动轨迹、管理商铺内的物品、标记宠物和牲畜,这些应用中许多都使用 GPS 技术与 RFID 进行连接,来提供带有 RFID 标签的物体的位置信息。近几年,RFID 技术被用于电子收费(当一个带有 RFID 标签的汽车驶过收费窗口,收费系统将自动从车辆的支付账户中扣除高速公路通行费)。近期的 RFID 技术应用包括在医院跟踪患者、提高效率的票务应用(如火车票、音乐会门票和滑雪缆车票)、在过境点加快识别旅客的过程等。

RFID 芯片的另一个优点是,可以在整个产品生命周期内被更新(如信息产品的运输历史和物品所储存的温度范围)。因为在需要时能进行信息的读取(如在产品的最终目的地),RFID 技术正被药品生产企业所使用以满足政府的要求——药品应该在其整个生命周期内都能被追踪到。RFID 技术也被用于跟踪食品和来源,例如,所有在澳大利亚的牛、绵羊、山羊都要求有 RFID 耳环标记,这样动物就可以从出生到屠宰都可以被追踪到,也可追踪到患病动物所来自的牧场。

各类 RFID 读取器,包括手持式、门式和固定式均可适用于当今的各种 RFID 应用。员工可以使用手持式 RFID 阅读器扫描 RFID 标签,或者在景区入口处扫描使用了 RFID 技术的门票。门式 RFID 读取器适用于当密封包装箱通过门时,同时读取在包装箱中所有产品上的 RFID 标签。固定式 RFID 阅读器适用于收银台、边境口岸,以及需要稳定持续读取 RFID 标签的一些地点。

尽管具有这么多的优点,但是 RFID 在零售行业的发展一直慢于最初的预期。这主要

是因为成本限制和一些隐私和安全问题,如担心其他人能读取自己衣服口袋中的护照或其他私人物品上 RFID 标签中的数据,或者通过智能手机进行欺诈性收费。防范欺诈性使用的措施目前正在制定中。例如,一个 RFID 支付系统在使用时,RFID 标签必须在阅读器的几英寸(1 英寸=2.54cm)范围内,要输入 PIN 码、签名,或者其他类型的授权。

图 2-22　RFID 标签

(3) 生物识别阅读器。生物特征识别是基于可测量的生物学特性来识别个人的科学。生物识别阅读器用于读取一个人的生物特征数据,使得个人的身份可以基于一个特定的、独特的生理特征(如指纹或面部特征)或个人特征(如语音或签名)来验证。生物识别阅读器可独立或内置于计算机、移动设备中,它们也可以被内置到其他硬件中,如键盘、移动硬盘或 U 盘等。生物识别阅读器可用于授权用户访问计算机或存储在存储设备上的数据,也可以用于电子支付、登录到安全网站,或者导入和导出工作中的数据。

随着条码读取器、无线射频识别阅读器、生物识别阅读器等众多新兴识别设备的出现,物联网时代正逐渐向人们走来(参见第 12 章)。

视频讲解

2.3.2　输出设备

输出设备用于接收计算机输出的数据或信息,并将其以字符、声音、图像等形式表现出来。常见的输出设备有显示器、打印机、绘图仪、音响等。

1. 显示器与显卡

显示器是计算机最主要的输出设备,可分为 LCD、LED 等类型。

(1) LCD(Liquid Crystal Display)显示器,也称液晶显示器,通过对显示器内部液晶粒子的排布组成不同的颜色和图像。液晶显示器机身薄、占地小、辐射小,但色彩不够鲜艳、可视角度不够大。

(2) LED(Light Emitting Diode)显示器,也称发光二极管,通过控制半导体发光二极管来显示信息。LED 显示器色彩鲜艳、动态范围广、亮度高、使用寿命长、工作稳定可靠,正在替代 LCD 显示器,应用于社会的很多领域。

一般可以从屏幕尺寸、点距、分辨率、色深、视角宽度、响应速率等方面来评判显示器的好坏。

(1) 屏幕尺寸是指显示器对角线的长度,以英寸为单位(1 英寸=2.54cm)。屏幕尺寸依不同的设备而定,小至移动设备的 4 英寸(约 10cm),大至会议一体机的 70 英寸(约 178cm),但并不总是越大越好。

(2) 点距是指显示器上像素点之间的距离,以毫米为单位,点距越小,意味着图像越清晰。目前,显示设备的点距一般为 0.23~0.26mm。

(3) 分辨率是指显示器上可显示的水平像素和垂直像素的总数目,是非常重要的性能指标。例如,1024×768 的分辨率代表显示器显示的水平像素为 1024 个,垂直像素为 768 个。分辨率的宽高比通常为 4∶3(如 800×600)或 16∶9(如 1920×1080)。日常生活中常说的 720p 是指画面分辨率为 1280×720，而 1080p 则是 1920×1080。需要注意的是，分辨率不是一成不变的，通常可以把个人计算机的显示器的分辨率调低，来达到放大图像的效果。

（4）色深是指显示器可以显示的颜色数量，以二进制位为单位。例如，常说的真彩色为 24 位色深，它可以表示 $2^{24}=16777216$ 种色彩，十分接近肉眼所能分辨的颜色。

（5）视角宽度衡量了站在显示器侧面能看到屏幕图像的程度。170°或更大的视角宽度基本可以保证从多种位置无妨碍地观看屏幕。

（6）响应速率是指一个像素点从黑色变为白色再变回黑色所需要的时间。响应速率较慢的显示器在显示运动物体时会产生拖影现象。10ms 以内的响应速率基本可以保证有清晰的图像，而游戏系统可能需要 5ms 以内的响应速率。

触摸屏是显示器的一种，它既可以用于输入设备，也可以用于输出设备。触摸屏是可以接收触头（包括手指或者胶笔头等）等输入信号的感应式液晶显示或者平板屏幕设备。当接触了屏幕上的图形按钮时，屏幕上的触觉反馈系统可根据预先编程的程序驱动各种链接设备，可用以替换机械式的按钮面板，并借由显示画面制造出生动的影音效果。触摸屏的用途非常广泛，常用于智能手机、平板电脑、提款机等设备。

与显示器息息相关的是显卡。显卡是连接显示器和个人计算机的重要元件，承担着输出显示图形的任务。显卡一般含有图形处理器（Graphics Processing Unit，GPU）和专用的视频内存（称为显存），对于图形设计、三维建模、大型游戏等任务来说，有一个好的显卡十分必要。

显卡可分为核芯显卡、集成显卡和独立显卡 3 种。

（1）核芯显卡可直接将 GPU 和 CPU 整合在同一块基板上，缩减了 GPU、CPU 和内存间的信息传递时间，有效地提升了处理效能，并大幅降低了芯片组的整体功耗，有助于缩小核心组件的尺寸。核芯显卡为笔记本电脑、一体机等产品的设计提供了更大的选择空间。核芯显卡的显存可共享系统内存，系统内存的大小决定了可以共享给显存多大的容量。核芯显卡的缺点是难以胜任大型游戏、三维建模等任务。

（2）集成显卡可将 GPU 以单独芯片的方式集成在主板上，并且动态共享部分系统内存作为显存使用。集成显卡功耗低、发热量少，部分集成显卡的性能已经可以媲美入门级的独立显卡，但仍难以胜任大型游戏、三维建模等任务。

（3）独立显卡是指将 GPU、显存及其相关电路单独制作在一块电路板上，自成一体而作为一块独立的板卡存在，它需占用主板的扩展插槽，如图 2-23 所示。独立显卡无须占用系统内存，有更好的显示效果和性能，且容易进行硬件升级，但其功耗及发热量较大，需要风扇来散热。

衡量一款显卡的好坏，需要同时从 GPU 和显存等方面考虑，而不能只看其显存。建议在购买一个显卡前，先在因特网上搜索其评价。

图 2-23 独立显卡

2．打印机

打印机是常用的输出设备之一，目前流行的打印机一般使用喷墨或激光技术，有时它们还可以胜任扫描仪、复印机和传真机的工作。一些特殊的行业普遍使用针式打印机。

（1）喷墨打印机使用很多个细小的喷嘴将墨滴喷射到纸上。彩色喷墨

视频讲解

打印机的每个喷嘴都有自己的墨盒,分别装有几种不同的色彩(如青色、品红色、黄色、黑色等),这些色彩不同形式的叠加便可生成数千种颜色的输出。

(2) 激光打印机利用激光扫描技术和电子照相技术进行打印。激光打印机的打印速度快、成像质量高,但成本较高,通常用作商用打印机。

(3) 针式打印机是通过打印头中的 24 根针击打复写纸,从而形成字体。在使用中,用户可以根据需求来选择多联纸张,一般常用的多联纸有 2 联、3 联、4 联纸,其中也有使用 6 联的打印机纸。多联纸一次性打印完成只有针式打印机能够快速完成,而喷墨打印机、激光打印机无法实现多联纸打印。对于医院、银行、邮局、彩票、保险、餐饮等行业的用户来说,针式打印机是他们的必备产品之一,因为只有通过针式打印机才能快速地完成各项单据的复写,为用户提供高效的服务,而且还能为这些窗口行业的用户存底。另外,还有一些快递公司,为了提高工作效率,使用针式打印机来取代以往的手写工作,大大提高了工作效率。

一般可以从分辨率、内存、打印速度、忙闲度、打印成本、可联网性、双面功能等方面来评判打印机的好坏。

(1) 打印机的分辨率是指打印时横向和纵向两个方向上每英寸最多能够打印的点数,通常以"点/英寸"即 dpi(dot per inch)表示。一般地,分辨率越高,打印质量就越好,但也依打印纸张而定,如果分辨率过高而纸张质量较差,纸张对墨水的吸收过饱和,墨水连成一片,反而会使打印效果下降。对于文本打印而言,600×600dpi(有时也简写为 600dpi)已经可以达到相当出色的线条质量,达到杂志质量一般需要 900dpi,而要打印画册则最好使用 2400dpi 或更高的分辨率。

(2) 打印机用内存存储要打印的数据。如果内存过小,则每次传输到打印机的数据就很少,就有可能产生各种意想不到的情况,如数据丢失、文字变成了黑色块等。内存也是决定打印速度的重要指标,特别是在处理较大的文档时,更能体现内存的作用。

(3) 打印机的打印速度一般以 ppm(pages per minute,每分钟打印的页数)或 cps(characters per second,每秒钟打印的字符数)来衡量。一般来说,彩色打印的速度要比黑白打印的速度慢,打印文本的速度快于打印图片的,激光打印快于喷墨打印。

(4) 打印机的忙闲度也称为打印负荷,一般以每月可打印的页数来衡量。例如,对一个打印负荷为 9000 页/月的打印机,平均下来每天最好打印不超过 300 页,否则可能会缩短打印机的使用寿命。

(5) 打印成本是指更换打印机部件的成本,如墨盒、调色盒等消耗品的成本都要计算在内。

(6) 可联网的打印机可以便捷地完成网络范围内的打印请求,方便多用户使用。

(7) 双面打印是指当打印机在纸张的一面完成打印后,再将纸张送至双面打印单元内,在其内部完成一次翻转后重新送回进纸通道,以完成另一面的打印工作。双面打印也可手动完成,即打印完一面后手动翻转再送回打印机令其打印另一面,不过这样速度较慢且容易出错。

视频讲解

3. 新兴的输出设备

除了普通的显示器和打印机外,还有下面一些新兴的输出设备或输出形式。

视频讲解

(1) 3D 显示器。传统的显示器是二维的设备,然而最近,由于在平面显示技术和图形处理领域的进步,一些新兴的三维输出设备出现了,如用于计算机的 3D 显示屏幕。传统的 3D 显示器(还有现在大多数的 3D 电视)需要特殊的 3D 眼镜,而最新的三维计算机显示器产品将滤波器、棱镜、透镜组,以及其他技术内置到显示器中来创建三维效果,这样做的好处是不再需要 3D 眼镜。有些 3D 显示器的外观类似于传统的显示器;另外一些形状各异,如圆顶形 PERSPECTA 3D 显示器,这类显示器主要用于医疗成像,如图 2-24 所示。

(2) 可穿戴式显示器。对于大多数显示器,都需要在距离屏幕几英寸远的地方观看。目前,有一些显示器被设计成可穿戴式显示器。可穿戴式显示器通常可将移动设备(如智能手机或平板电脑)的影像投射到内置眼镜中的无线显示屏。通常情况下,该技术能够使用户看到的图像就好像是一个遥远的大屏幕显示器上的图像一样。许多可穿戴式设备可将投影的图像覆盖在用户实时所看到的东西上,以增强现实。例如,谷歌眼镜有一个微小的显示器位于它右侧的镜片上,用户可以在正常看到的画面前看到显示器上的投影内容,如图 2-25 所示。谷歌眼镜可通过蓝牙技术连接到智能手机,然后把内容(如文字信息、地图和导航、视频通话和网页)从手机传输到谷歌眼镜显示屏。谷歌眼镜也有一个内置的 Web 浏览器,并在需要的时候可以直接连接 Wi-Fi 热点。它的右侧边框还有一个用来进行输入的触摸屏,并配备有骨传导音频的输出系统——使音频输出仅能被用户听到。除了具有娱乐、办公应用程序(如能够根据需要获取 GPS 定位或在会议期间来检查 E-mail)的可穿戴式显示器,也有专为士兵和其他移动工作人员设计的可穿戴式显示器。

图 2-24 圆顶形的 PERSPECTA 3D 显示器

图 2-25 谷歌眼镜

(3) 干涉式调制器(IMOD)显示器。另一个新兴的平板显示技术是干涉式调制器(IMOD)显示,最初该技术是为手机和其他移动设备设计的。IMOD 显示器本质上是使用外部光源(如太阳光或房间内的人工光源)来显示画面的一个复杂的镜面。由于 IMOD 显示器是在利用光,而不是像 LCD 显示器那样自己发光,因此即使在阳光直射下,图像依然明亮清晰。而且,由于不使用背光灯,IMOD 显示器的功耗比 LCD 显示器要低得多。事实上,与电子纸类似,除非需要改变图像,否则采用 IMOD 显示器的设备甚至不需要使用电源,这使其能在任何时候都能够保持开机却耗不尽设备的电池。IMOD 最开始被应用于移动设备,但其最终可应用于户外电视屏幕、大型数字标牌和其他一些户外显示设备,它们通常都需要消耗大量的电力。

(4) 3D打印机。当需要3D输出时，3D打印机可以用来打印一些新型建筑物或新型商品的3D模型，如图2-26所示。与打印在纸张上不同，这些打印机通常能够把塑料融化并以一层一层的形式输出，如此反复移动来构建期待中的3D模型。由于材料是逐步添加的，因此这个过程称为加法制造，这与传统的减法制造中那样逐步削减的过程不同。一些打印机可以产生彩色输出；另外一些打印机只有一种颜色，如果想要彩色输出，需通过手工彩绘。3D打印机有各种尺寸，有用来打印手机壳、玩具、珠宝和其他个人物品的个人打印机，也有用来打印产品原型或定制生产部件的专业打印机。3D打印机甚至已经开始使用符合标准的3D材料来打印医疗植入物。3D打印机具有巨大潜力的另一个应用领域是太空探索。为了使宇航员可以打印工具、备件、火箭组件，甚至用塑料线连接的小卫星，NASA（美国航天局）正准备将3D打印机送入太空。

图2-26　3D打印机

2014年7月，我国最大的3D打印机成功制作出一艘小船，并下水试航成功。这个小船长2m，宽0.8m，高0.3m，重35kg，采用尼龙树脂材料，可搭乘两个成年人。

2.4　其他设备

本节介绍与计算机相关的其他设备。

2.4.1　扩展槽和扩展卡

扩展槽是主板上用于固定扩展卡并将其连接到系统总线上的插槽，也是一种添加或增强计算机特性及功能的方法，如图2-27所示。例如，如果不满意集成显卡或核芯显卡的性能，则可以在扩展槽上插装独立显卡以增强显示性能。

视频讲解

扩展卡又称适配卡、控制卡、接口卡、扩展板等，是一种小型的电路板。它可以使计算机具备控制存储设备、输入设备或输出设备的能力。例如，网卡（见图2-28）可以连接计算机到网络、声卡可以记录和回放数字声音、电视卡可以使计算机能够观看电视节目、视频采集卡可以将视频信息数字化等。

图2-27　主板上的扩展槽

图2-28　网卡

2.4.2 接口和连接线

接口,也称端口,是主板边缘留置的用来与外接设备进行信息交流的插口,如图 2-29 所示。台式计算机的接口一般位于主机的背面及正面,笔记本电脑的接口一般位于其侧面。常见的接口如 USB 3.0 接口用来连接多种多样的设备。例如,VGA 接口、DVI 接口、HDMI 接口用来连接显示器,PS2 接口用来连接鼠标、键盘等。

视频讲解

图 2-29 主板上多种多样的接口

对于一些需要很多 USB 接口来满足工作或生活需要的人来说,可以使用 USB 集线器来扩展出更多的 USB 接口。USB 集线器可使用一个插头插到计算机的一个 USB 接口上,而本身可提供多个 USB 接口,从而达到增加接口数量的目的。USB 集线器可分为有电源和无电源两种。无电源的 USB 集线器依靠总线供电,适用于低功率设备,如鼠标、读卡器等;有电源的 USB 集线器依靠外部电源供电,适用于功率较大的设备,如外置硬盘、打印机等。

连接线,也称连接电缆、连接器,可以连通各种设备使之进行信息或能量交流。常见的连接线有 USB 线、VGA 连接线、HDMI 连接线、DVI 连接线,以及各种不同接口之间的转接线等。

2.4.3 总线

总线(Bus)正如其英文名称一样,负责沿着固定的线路来回不停地传输信息。总线是计算机的各种功能部件之间传送信息的公共通信干线,是 CPU 与外部硬件接口的核心。计算机中比较重要的总线有数据总线、扩展总线、主板总线、硬盘总线、通用串行总线(即常说的 USB)、PCI 总线等。

在计算机中,数据从一个部件传输到另一个部件所通过的线路称为数据总线。数据总线中称为局部总线或内部总线的一部分是在 RAM 和微处理器之间进行传输的。外设所连接的那部分数据总线称为扩展总线或外部总线。当数据沿着扩展总线传送时,它们便可以经过扩展槽、扩展卡、端口及电缆。

评价一种总线的性能可从以下 3 个方面考虑。

(1)总线时钟频率,即总线的工作频率,以 MHz 为单位。时钟频率越高,总线的工作速度就越快。

(2)总线位宽,即总线能同时传送的二进制位的位数,如 32 位、64 位。总线位宽越高,每次传输的数据传输量就越大。

(3) 总线带宽或称总线的数据传输速率,是指单位时间内总线上传输的数据量,以 Mbps 为单位。显然,总线带宽=总线时钟频率×总线位宽/8。

2.4.4 托盘

托盘是光驱中负责承载、弹入及弹出光盘的部件,如图 2-30 所示。目前,绝大多数托盘都采用电机驱动——按动光驱的弹出键后,电机收到信号,带动托盘出仓;托盘到位后,会反馈一个电信号给电机,电机便停止工作。

2.4.5 电源

计算机属于弱电产品,部件的工作电压比较低,一般在正负 12V 以内,且是直流电。而普通的市电为 220V 的交流电,所以需要有一个电源部分将市电转换为计算机可以使用的电压。

台式计算机的电源一般安装在主机机箱的内部,如图 2-31 所示;而笔记本电脑除了电池外,还会配有电源适配器,以便通过市电供电。

图 2-30 托盘

图 2-31 台式计算机的电源

2.4.6 风扇、散热管和其他冷却部件

台式计算机中部分产生热量较大的部件,如电源、CPU、显卡等,需要有专门的风扇来为其降温;对大多数的笔记本电脑来说,更需要风扇来为其散热。如果不对热量进行及时疏散,计算机长期在高温下工作,轻则会引起死机、系统崩溃、突然断电,重则会加快计算机老化和报废的速度,甚至烧毁硬件。

笔记本电脑中还配有散热管进行散热,如图 2-32 所示。散热管一般由铜制成,内部冲入适当的液体(如纯水),利用蒸发吸热的原理降温。

除此之外,台式计算机还可使用专门的水冷散热器进行散热,如图 2-33 所示;而笔记本电脑则可以使用带有风扇的散热底座进行辅助散热,如图 2-34 所示。

图 2-32 笔记本电脑的风扇及散热管

图 2-33 水冷散热器

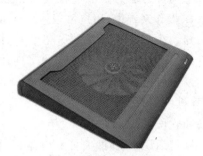
图 2-34 带风扇的散热底座

2.4.7 GPU

为了解决 CPU 在大规模并行运算中遇到的困难,采用数量众多的计算单元和超长流水线的 GPU(Graphics Processing Unit,图像处理器)应运而生。如名字一样,GPU 善于加速图像领域的运算,但 GPU 无法单独工作,必须由 CPU 进行控制调用才能工作。CPU 可单独工作,处理复杂的逻辑运算和不同的数据类型,但当需要大量的处理类型统一的数据时,则可调用 GPU 进行并行计算。近年来,人工智能的兴起主要依赖于大数据的发展、理论算法的完善和硬件计算能力的提升。其中,硬件的发展则归功于 GPU 的出现。

2.4.8 TPU

人工智能是指为机器赋予人的智能,机器学习是实现人工智能的强有力方法。所谓机器学习,即研究如何让计算机自动学习的科学。TPU(Tensor Processing Unit,张量处理器)就是这样一款专用于机器学习的芯片,它是 Google 于 2016 年 5 月提出的一个针对 TensorFlow 平台的可编程 AI 加速器,其内部的指令集在 TensorFlow 程序变化或者更新算法时也可以运行。TPU 可以提供高吞吐量的低精度计算,用于模型的前向运算而不是模型训练,且能效(TOPS/w)更高。在 Google 内部,CPU、GPU、TPU 均获得了一定的应用,相比 GPU,TPU 更加类似于 DSP(Digital Signal Processing),尽管计算能力略有逊色,但其功耗却大大降低。然而,TPU、GPU 的应用都要受到 CPU 的控制。

2.4.9 NPU

NPU(Neural network Processing Unit,神经网络处理器)是指在电路层模拟人类神经元和突触,并且用深度学习指令集直接处理大规模的神经元和突触,一条指令完成一组神经元的处理。相比于 CPU 中采取的存储与计算相分离的冯·诺伊曼结构,NPU 通过突触权重实现存储和计算一体化,从而大大提高了运行效率。NPU 的典型代表有国内的寒武纪芯片和 IBM 的 TrueNorth。

2.4.10 热插拔和即插即用

热插拔是指当计算机还在正常运转时便能连接外设或断开外设连接,是一种 USB 和火线设备所具备的能力。不过在拔下设备(如 U 盘)之前,计算机需要得到通知。例如,在 Windows 操作系统中,用户可以使用任务栏通知区域中的"安全删除硬件"图标来给计算机发出通知。在即插即用(Plug and Play,PnP)技术出现之前,中断和 I/O 端口的分配是由人手工进行的,这样的操作需要用户了解中断和 I/O 端口的知识,并且能够自己分配中断地址而不发生冲突,这样做对普通的用户来说要求比较高。即插即用的作用是自动配置(底层)计算机中的板卡和其他设备,然后告诉对应的设备都做了什么。即插即用的任务是将物理设备和软件(设备驱动程序)相配合,并操作设备,在每个设备及其驱动程序之间建立通信信道。换句话说,即插即用将 I/O 地址、IRQ、DMA 通道和内存段等资源分配给设备。

小 结

本章详细介绍了计算机硬件的相关知识及影响计算机性能和设备性能的诸多因素。

通过对本章的学习,读者应能够了解计算机的基本组成,能够通过参数辨别计算机性能及设备性能的好坏,并能根据自己的需要选择相应的设备来提升计算机的性能。

习 题

第 2 章在线测试题

一、判断题

1. 内存就是 RAM。 （ ）
2. 主板主要由芯片组、扩展槽和对外接口三部分组成。 （ ）
3. 主板一般为矩形电路板,上面安装了组成计算机的主要电路系统。 （ ）
4. 微处理器等同于 CPU。 （ ）
5. 对不同的指令,需要的时钟周期数从一个到多个不等。 （ ）
6. 目前大多数的个人计算机都采用了 RISC 处理器。 （ ）
7. 并行处理技术只有完成一条指令的所有步骤后才开始执行下一条指令。 （ ）
8. 蓝光光驱不能读 DVD 光盘。 （ ）
9. 固态存储器耗电量小,且持久耐用。 （ ）
10. 可以根据显存的大小来衡量一个显卡的好坏。 （ ）

二、选择题

1. （ ）是指微处理器每次能处理的位的数量。
   A. 时钟速度　　　B. 总线速度　　　C. 缓存　　　D. 字长
2. （ ）技术可以增强微处理器的性能。
   A. 流水线　　　B. 并行处理　　　C. 串行处理　　　D. A 和 B
3. （ ）时间是指计算机查找存储介质上特定数据,并读取该数据所消耗的平均时间。
   A. 寻道　　　B. 访问　　　C. 查找　　　D. 识别

4. 以下存储器中,数据传输速率最高的是(　　)。
   A. 机械硬盘　　　B. 固态硬盘　　　C. CD　　　D. DVD
5. 根据摩尔定律,每隔 18 个月,单位面积内晶体管的数量将增加(　　)。
   A. 41%　　　B. 50%　　　C. 70%　　　D. 100%
6. 根据摩尔定律,每隔 18 个月,单位长度内晶体管的数量将增加(　　)。
   A. 41%　　　B. 50%　　　C. 70%　　　D. 100%
7. 计算机的配置信息一般存储在(　　)中。
   A. RAM　　　B. ROM　　　C. EEPROM　　　D. 存储设备
8. 16 位的色深代表显示器可以显示(　　)种颜色。
   A. 16　　　B. 32　　　C. 256　　　D. 65536
9. 若想为计算机增加独立显卡,需要将显卡插在(　　)上。
   A. USB 接口　　　B. 扩展槽　　　C. 总线　　　D. HDMI 接口
10. 若想获得更多的 USB 接口,可以使用(　　)。
    A. USB 转接线　　　B. USB 集线器　　　C. 扩展槽　　　D. 托盘

三、思考题

1. Intel 正在研发 10nm 工艺的芯片,你认为限制摩尔定律的因素是什么?摩尔定律能走多远?
2. GPU 是如何帮助人工智能发展的?
3. 固态硬盘的工作原理是什么?它能够使用多长时间?
4. 衡量一个显卡的好坏需要哪些具体的参数?这些参数意味着什么?
5. 有没有办法为没有独立显卡的笔记本电脑加装独立显卡?
6. 查一查二维码是怎么制作出来的?它的每一个区域都代表着什么?怎样做到涂抹很少的几块(非定位块)就能使二维码无法被识别?

第 3 章　计算机软件

本章介绍计算机软件的基础知识,包括软件的组成与分类、App 和应用程序、常用的应用软件及办公套件,以及如何购买和使用软件。通过本章的学习,读者应能够对计算机软件有一个全面的了解。

3.1　软件基础知识

本节介绍有关软件的基础知识,包括软件的组成及分类。

3.1.1　软件的组成

在生活中,人们一般把软件和程序混为一谈。但实际上,软件是一个更为广义的概念。软件的组成随着人们对其认识的加深而不断被完善。在当下,软件是由计算机程序及与之相关的数据,还包含程序的开发文档和管理文档所组成,如图 3-1 所示。

3.1.2　软件的分类

随着移动互联网的迅猛发展,软件的种类越来越多,而其分类也可依据不同的标准。

软件按照功能来划分,可以分为系统软件、应用软件与开发工具三大类。系统软件包括操作系统、设备驱动与实用程序,其功能是对计算机硬件进行统一的控制、调度

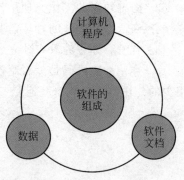

图 3-1　软件的组成

和管理,并为应用软件提供基本的功能支持。例如,系统软件可以进行磁盘清理、连接因特网。应用软件则是用来解决特定领域的具体问题,如远程教育、个人财产管理、影音娱乐、社交网络客户端、文档撰写、编辑照片等。开发工具则被用来编写系统软件与应用软件,常见的开发工具有 C++、Java、Python 等编程语言,PHP、SQL 等脚本语言,以及调试器、负载测试器等质量保证工具。

软件根据运行载体的不同可以分为桌面软件与移动软件。桌面软件运行在台式计算机或笔记本电脑上,其功能一般较复杂,支持多种输入与输出。移动软件也称应用,运行在移动设备(如智能手机、平板电脑)上,功能较简单,且受限于移动性,一般以触摸方式或某个动作作为输入,以文字、图像等形式输出。随着移动设备性能的不断提高,桌面软件和移动软件在功能上的差距也在逐渐缩小。

软件根据其运行地点的不同可以分为本地软件和云软件。本地软件安装在本地的计算

机中,运行时由本地的计算机进行运算与处理。云软件也称云应用,利用因特网上大量的计算资源进行管理和调度,可以理解为在云端运行,用户只需要一个平台(如浏览器)即可进行输入与查看输出,如图 3-2 所示。云软件便于使用、无须下载安装,且可在多种操作系统上使用,可以帮助用户大大降低使用成本,并提高工作效率。

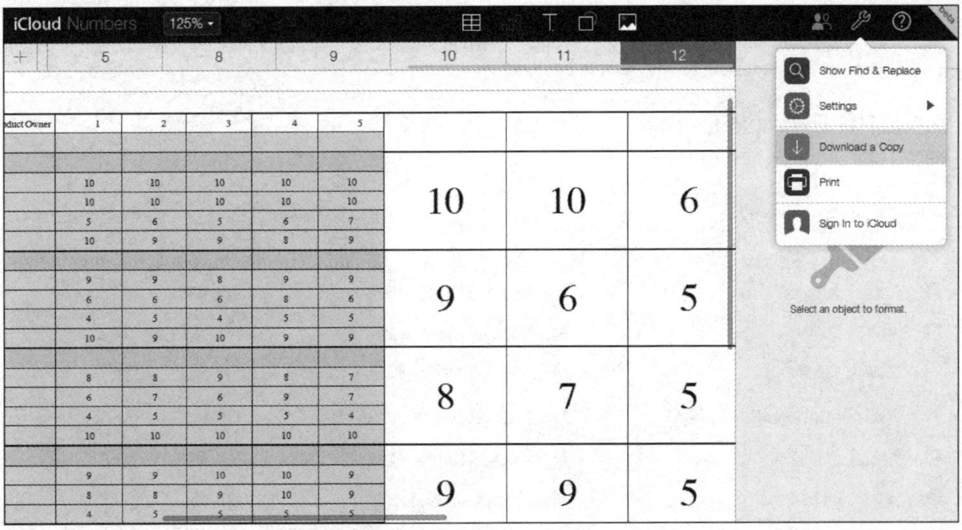

图 3-2　利用云应用编辑文档

3.2　App 和应用程序

本节介绍一些新兴的 App 与应用程序类型。

3.2.1　Web App

Web App(Web 应用)是指能使用浏览器进行访问的一系列软件。与存储在本地的程序文件不同的是,Web App 的代码是随着 HTML 页面而下载下来的,并且在浏览器中被执行。一些 Web App 的项目代码也能在远程服务器中运行。

实际上,Web App 就是移动云计算的一种。读者可能比较熟悉一些经常被使用到的 Web App,如 Gmail、Google Docs 或者 Turnitin,如图 3-3 所示。但 Web App 绝不是仅有这几个,而是有成百上千个。

许多 Web App 常与用户的信息联系在一起,如 Sherwin-Williams 网站中的 Color Visualizer,通过这个 Web App 用户可以使用自己房屋的照片来帮助筛选涂漆颜色,如图 3-4 所示。其他的一些 Web App,如汇率转换器 XE Currency Converter,则有专门的站点,方便用户随时查询汇率信息,如图 3-5 所示。

对于 Chromebook 笔记本电脑的使用者来说,Web App 尤其重要,他们需要用 Web App 来代替在电子世界中几乎用到的所有软件。对其他设备如个人计算机、智能手表等的使用者来说,Web App 也有一定的优势。大多数的 Web App 并不需要在用户的台式计算机或移动设备上进行本地安装,但是用户的设备必须有一个浏览器而且可以连接网络如因

图 3-3 论文相似度检测

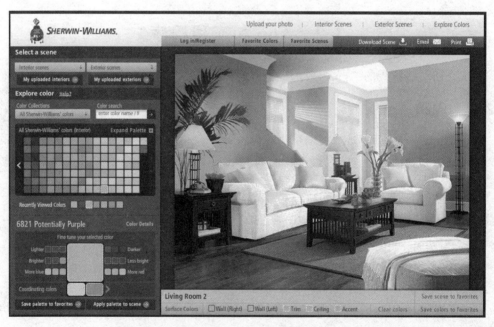

图 3-4 Color Visualizer

特网。

要使用一个 Web App,只需要去它的网站。在使用之前可能需要进行注册,然后使用注册的用户名和密码进行登录,才能访问相应的网站。当使用 Web App 时,浏览器会一直

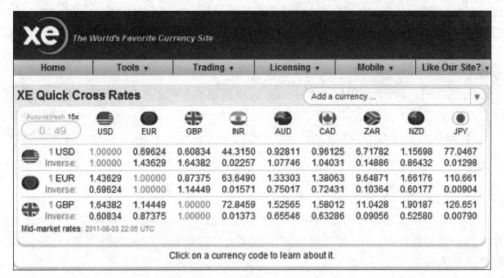

图 3-5　XE Currency Converter

保持工作状态。

　　Web App 特别适合于个人级别的任务，如一些基本的文字处理、表格的创建、照片的编辑、音频记录、视频剪辑、报告设计和个人财务管理等。尽管它们可能没有提供一些专业人士需要的功能，但是 Web App 中精密复杂的功能也在持续增加。除此之外，因为项目文件存储在网站而且很容易被共享，许多 Web App 允许几个人同时编辑同一个项目。

　　但 Web App 也有缺点，如存放数据的网站如果关闭了，就不能访问应用程序或数据了；数据有可能曝光或丢失，所以最好能够做备份。

3.2.2　移动 App

　　虽然几乎每个移动设备都有浏览器，但是当前的流行做法并不是在移动设备上使用 Web App。在苹果公司的影响下，许多移动设备的软件开发者都提供能够在智能手机或者平板电脑上进行本地安装的应用，即移动 App。

　　移动 App 是为某种移动设备而特定设计的，如智能手机、平板电脑或者高级媒体播放器。它们通常都是体积较小且专注于某一特定功能的应用程序，可以通过在线 App 商店获取。

　　大部分的移动设备能够同时使用 Web App 及移动 App。这两者之间的区别在于：Web App 的代码只有在使用的时候才会下载移动，而移动 App 则存储在移动设备中，必须先下载安装后才可以使用。

　　作为折中方案，一些移动 App 如 Yelp 或者 Pandora，开始同时采用 Web App 和移动 App 两种技术。一个较小的客户端可以从应用商店中进行下载，但是在使用中，数据则是从 Web 中获取。这些混合应用只有当网络连接的时候才能够使用，并且常常会耗费大量的手机流量。

　　对于苹果系列产品如 iPad、iPhone 和 iPod 来说，它们只允许从官方 iTunes 应用商店中下载移动 App。当然，App 也可以从其他的来源下载，但是使用它们前需要先对设备软件进行一个非官方的授权变动,这个过程通常被称为越狱。在下载并安装了越狱软件之后,设备便能够安装来自不同应用商店的应用,而不仅仅是官方 iTunes 应用商店的。越狱会持续到用户下一次接受苹果官方的软件更新——更新会清理掉越狱软件,迫使有需求的用户重新越狱。

Android 手机并没有被限制到单一的手机应用商店,所以它们无须通过越狱来使用更多的手机应用。对于 Android 手机来说,一些手机服务提供商可能会预先加入诸多限制(如预装软件、限制用户权限等),对此,用户可以通过一个被称为 root 的过程以突破限制,但是大部分的用户并不需要 root 他们的手机。

3.2.3 本地应用程序

本地应用程序是最传统的应用程序即安装在计算机硬盘中的应用程序。当其运行时,程序代码会被复制到内存中,再被微处理器获取执行。例如,办公套件、大型游戏与一些专业软件都是本地应用程序。

对于苹果 Mac 机中的本地应用程序来说,它们往往以一个单独的可执行文件方式存储,文件扩展名为 .app。但实际上,这个文件内部包含了许多其他的文件和文件夹。对于微软 Windows 中的本地应用程序来说,用户可以直观地看到其包含的诸多文件。其中,主要的可执行文件是以 .exe 为结尾的,如 Photoshop.exe,如图 3-6 所示;其他的文件通常被称为应用程序扩展(如 .dll),用来支持整个程序的运行。

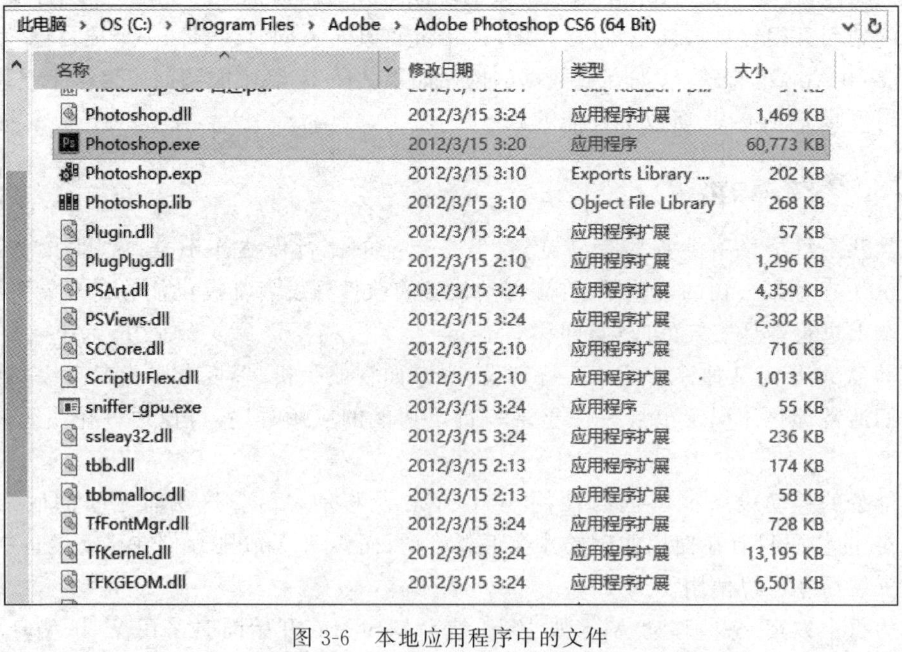

图 3-6 本地应用程序中的文件

3.2.4 便携式软件

尽管整个数字世界正在向云端发展,一些用户仍然对存储在 U 盘中的数据更加有安全感——它们完全掌控在用户的手中,不会在本地计算机或者是因特网中留下任何印记。

针对用户的这种需求,便携式软件应运而生。便携式软件是可以在 U 盘等可移除设备中运行的软件,不在本地计算机上安装,也不会在本地计算机中留下任何配置数据。当包含有便携式软件的 U 盘或移动硬盘被移除后,便携式软件不会留下任何踪迹。

除了隐私安全性上的优点外,便携式软件的另一优点正如其名——便携。现在,越来越多的大型软件被设计成便携式软件的形式,一方面,它们可以以传统方式安装在本地计算机上;另一方面,它们可以被存储在可移除设备中,即"随插随用"。

3.3 常用的应用软件

本节介绍一些日常工作、生活中常用的应用软件。

3.3.1 桌面出版软件

桌面出版软件主要用于生成高质量的印刷品。与文字处理软件相比,桌面出版软件可以更随心所欲地放置图表、设置分栏与双页布局,以达到令人满意的排版效果。

常用的桌面出版软件有消费级的 Microsoft Publisher(见图 3-7)、商用专业级的 Adobe InDesign 及 Quark 公司的 QuarkXPress 等。

图 3-7 使用 Microsoft Publisher 设计宣传单

3.3.2 音乐软件

音乐软件包括音乐播放软件及音频编辑软件。

音乐播放软件种类繁多,如 iTunes。音频编辑软件可以录制、编辑数字音频。常用的消除歌曲中的人声以制作伴奏音乐,就可以通过音频编辑软件完成。常用的音频编辑软件有 Cool Edit 及其升级版 Adobe Audition 等,如图 3-8 所示。

图 3-8　使用 Adobe Audition 编辑音频

3.3.3　图形软件

图形软件可以分为绘图软件和图像编辑软件。

最简单的绘图软件如 Windows 操作系统中自带的"画图"。功能更加复杂的绘图软件如用来绘制矢量图形的 CorelDRAW、Adobe Illustrator,以及用于绘制三维图形的 AutoCAD 等。用这些绘图软件可以做出非常精确的设计图。

图像编辑软件如 Adobe Photoshop 提供了强大的照片编辑、图像修补功能,如图 3-9 所示。这种软件可以通过修改对比度和亮度、应用滤镜、增删图层等方式使图像达到用户想要的效果。

3.3.4　视频软件

视频软件可以分为视频播放软件和视频编辑软件。

大部分操作系统都自带有视频播放软件(如 Windows Media Player),但可能不支持所有格式的视频,这时便需要下载解码包或使用第三方的视频播放软件。

视频编辑软件可以编辑视频、使用原始的连续镜头来制作视频、制作特效等,结合其他软件如图像编辑软件,甚至可以从无到有地制作出用户想要的视频。常用的视频编辑软件有 Corel VideoStudio(会声会影)和 Adobe Premiere(PR)、Adobe After Effects(AE)等,如图 3-10 所示。

图 3-9 使用 Adobe Photoshop 编辑图片

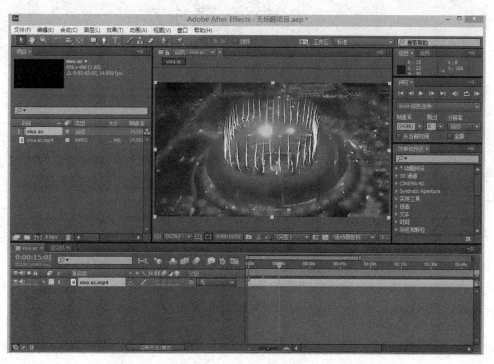

图 3-10 使用 AE 编辑视频

3.3.5 地图和定位软件

地图应用可以显示卫星地图、航拍地图或街道地图,可用于确定位置、搜索两地间的距离及路线等。常用的地图应用有谷歌地图、高德地图、百度地图等。很多其他的地图产品都基于这些地图应用。

定位软件通常用于移动设备或笔记本电脑中,它可以利用GPS等定位工具获取设备的当前位置,将其显示在地图上,并利用该位置向用户提供附近常用设施的位置。部分弱化了地图应用而强化了位置应用的软件(如查找附近的好友、基于位置的广告)可以归类为基于位置的软件。

3.3.6 数学软件

数学软件利用计算机的计算性能为解决各个领域中的数学问题提供了求解手段。数学软件也是组成很多应用软件的基本构件。数学软件可以帮助进行公式处理、数值计算、数学建模等工作。常用的数学软件有MATLAB、Mathematica等,如图3-11所示。

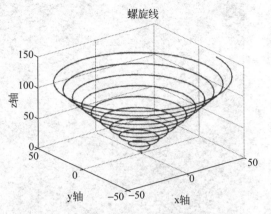

图3-11 利用MATLAB画出的函数图像

3.4 办公套件

本节介绍工作中最常使用到的办公套件,包括文字处理、演示文稿、电子表格、数据库。

3.4.1 办公套件基础知识

办公套件是一整套的方便办公使用的程序,通常包含文字处理、演示文稿和电子表格。部分办公套件还包括数据库、画图、邮件管理等程序。

比较热门的办公套件有Microsoft Office、Apple iWork等。随着移动互联网时代的到来,以及软件产业服务化逐渐深入人心,办公套件也逐渐向免费化或服务化发展,一些办公套件也纷纷提供在线云服务,如Google Docs和Microsoft Office Online。

3.4.2 文字处理

文字处理软件用于计算机中文字的编辑、格式化和排版。文字处理软件的主工作区是一个代表一张白纸的区域,用户可以在上面进行文字编辑。主工作区周围则有各式各样的控件方便用户进行格式控制、文字校对等工作。

文字处理软件可以自动完成很多事情,从而可以使用户的精力集中于文字本身,而不用为繁杂重复的事情消耗过多时间。例如,文字处理软件可以自动换行,对每个新段落可以使用首行缩进,还可以进行文本的批量查找与替换。

文字处理软件还可以提高写作质量。大部分的文字处理软件中都包含语法检查器、拼写检查器,它们在用户进行文本编辑时会自动检查文本中是否有语法或拼写错误并提醒用户。一些文字处理软件中还包含同义词词典,可以找到各种词的同义词,从而使文章富于变化。

常用的文字处理软件有Microsoft Word、Apple Pages等,如图3-12所示。

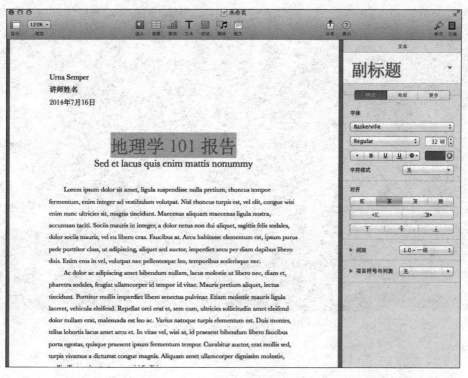

图 3-12　Apple Pages

3.4.3　演示文稿

演示文稿软件可用于制作包含文字、图像、视频、声音等的幻灯片。用户可以在计算机屏幕或投影屏幕上展示这些幻灯片，并利用其进行工作汇报、企业宣传、产品推介、婚礼庆典、项目竞标和管理咨询等工作。

传统的演示文稿软件有 Microsoft PowerPoint、Apple Keynote 等。新型的演示文稿软件如 Prezi，主要是通过缩放动作和快捷动作使想法更加生动有趣，如图 3-13 所示。

3.4.4　电子表格

电子表格软件可以帮助用户制作复杂的表格、进行数据统计与公式计算，还可以将大量枯燥无味的数据转换成可视性极佳、便于理解的图表并打印出来。电子表格软件可以极大地提高人们对数据的分析能力；对于需要大量重复计算的工作（如计算成绩、估算成本），电子表格软件也有很大用处。

一个电子表格是由多张工作表组成的，每张工作表可以理解成一张非常大的表格，表格中的每一个单元称为单元格。电子表格软件提供了大量的默认公式供用户使用（如求和、求平均值、计算日期和时间）。如果没有自己想要的公式，用户还可以创建属于自己的公式。创建公式时，使用等号、单元格引用（如 A1、C3）、数字、运算符号，直接在单元格中输入即可（如＝2＋A1/C3）。如果需要的话，还可以嵌套使用内置公式。

默认情况下，单元格的引用使用的是相对引用，即在工作表被修改后，引用会自动更新。这样可以保证即使数据被移动，公式的计算结果也不会发生变化。例如，若在第三行前插入

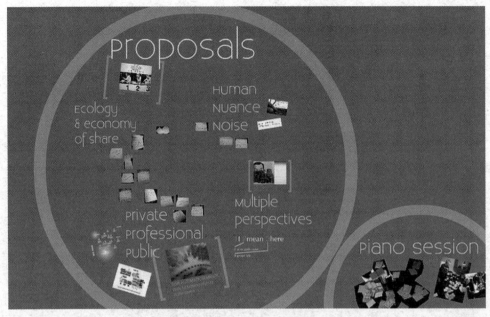

图 3-13 利用 Prezi 制作演示文稿

一行,那么原本的 B4 相对引用会变成 B5。用户也可将单元格引用设置成绝对引用,绝对引用从不改变单元格地址,即不管在何处插入、删除,B4 绝对引用仍然指向 B4 单元格。

电子表格软件可以将数据可视化。只需在表格的一个区域中填写需要被可视化的数据,然后插入一个自己想要的图表(如饼状图、柱形图、折线图、数据透视图),将数据源选定为该区域即可。

常用的电子表格软件有 Microsoft Excel、Apple Numbers 等,如图 3-14 所示。

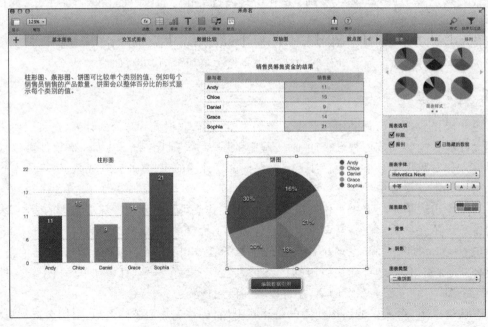

图 3-14 利用 Apple Numbers 制作图表

3.4.5 数据库

一些办公套件中还包含简单的数据库管理软件,如微软 Office 套件中的 Access,如图 3-15 所示。关于数据库的详细知识将在第 11 章中介绍。

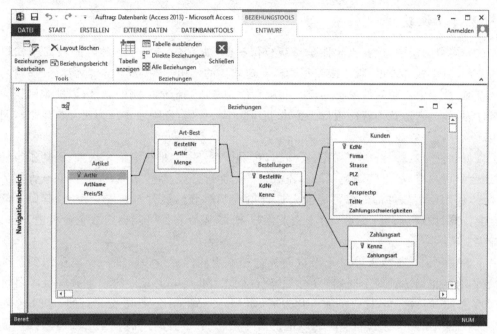

图 3-15　Access 2013 界面

3.5　购买和使用软件

3.5.1　软件付费的方式

下面的几种方式是用户购买(或获取)软件的常见方式。

(1) 一次性购买。这种方式是一旦购买了软件,除非有更新,可一直使用该款软件,直到该款软件退役。

(2) 会员制。这种方式要求用户每个月或每年付月费或年费来使用软件,通常软件的更新和升级是不需要额外付费的。

(3) 试用。通常,这种方式允许用户免费地在一定期限内使用软件,这款软件可能是全功能的,也可能是限制功能的。一旦试用期过后,想要继续使用,就要付费了。

(4) 免费使用。通常,这种方式提供的软件是简易版或基本版,一旦要升级,就需要付费了。

3.5.2　软件的更新与升级

软件发行商为了维持用户对软件的新鲜感或增强用户的使用体验,一般每隔一段时间会发布软件的新版本,对软件进行升级。软件的版本由版本号标识,如 1.0.101,"位数"越高版本号的修改意味着对软件的修改程度越大。例如，从1.0.101升级到1.0.102，可能是对一个小型的处理安全漏洞打了补丁；而从1.0.101升级到1.1.0，可能是对软件的一个模块进行了修改；而如果从1.0.101升级到2.0.0，则很有可能是软件整体发生了翻天覆地的变化。修改程度较小的软件升级，有时也称软件更新或软件补丁。

3.5.3 盗版软件

在大多数国家中，计算机软件是有版权保护的，如图3-16所示。软件版权属于知识产权的一种，对于软件来说，版权限制了购买者对软件的使用方式（如不能传播和修改软件）。

目前，社会上盗版软件大行其道。盗版软件是非法制造或复制的软件，以缺少密钥代码或组件为标志，它违背了软件版权。但由于其低昂的价格，盗版软件行为正变得越来越明目张胆。

盗版软件是威胁软件产业的主要问题，它不仅打击了软件作者的积极性，破坏了市场秩序，还会对用户造成不良影响。首先，盗版软件不能再升级，且没有售后服务，在软件服务化的今天，使用盗版软件的效果可能会大打折扣；其次，盗版软件没有安全保障，其质量低劣甚至会传播计算机病毒；最后，对于企业用户来说，盗版软件可能会窃取企业机密，造成重大损失。

不少用户因为正版软件过于昂贵而去选择盗版软件。一些软件厂商也认识到了这一点，它们有的推出了针对不同用户群体的软件版本（如Adobe套件的学生教师版本可优惠80%）；有的则开始向软件订阅服务化发展（如Microsoft Office 365按年订阅，订阅10年的价格大致相当于购买一套同功能的以前的版本的价格）；有的厂商甚至已经将软件产品完全免费化而只对硬件或服务收费（如Apple对新购买其设备的用户免费提供iWork套件）。所以，这里建议用户购买使用正版软件，以支持软件产业的良性发展。

图3-16 微软的黑屏行动

下面几项是盗版软件的特征。
(1) 网站上销售的软件价格，远低于零售价。
(2) 从第三方网站或Tor服务器作为免费下载的商用软件。
(3) 只用CD-ROM包装盒装着，而没有配套的附属文档、许可证、注册卡或真品证书的软件。
(4) 标示有"OEM"或"仅随新的PC硬件发行"字样的软件。

3.5.4 软件许可证

软件许可证是一种合同,由软件作者和用户签订,用以规定和限制软件用户使用软件(或其源代码)的权利,以及作者应尽的义务。购买软件实际上是购买软件的使用许可。软件许可证按照允许的使用范围来划分,可分为允许单一用户使用的单用户许可证、允许指定多个数量的用户使用的多用户许可证、允许一定数量软件副本同时使用的并行用户许可证、允许特定区域内使用的定点许可证等。常用的软件许可证包括通用公共许可证(General Public License,GPL)、BSD许可证(Berkeley Software Distribution)和私权软件许可证等。

软件许可证可在软件实体产品中、软件的某个程序文件中或软件发行商的网站中找到,如图3-17所示。在软件安装时总会有一个步骤要求用户同意最终的用户许可协议,用户单击"同意"按钮,即相当于签署了要履行协议中所陈述条款的合同;若用户不同意,则会终止安装软件。

软件许可协议

请仔细阅读本协议。本软件的所有或任意部分一经复制、安装或使用,即表示您(下称"客户")接受本协议所规定的全部条款及条件,包括但不限于许可限制规定(第4条)、有限担保(第6条和第7条)、责任限制(第8条),以及特殊规定和例外情形(第16条)。客户同意本协议与其所签署的任何通过谈判订立的书面协议具有同等效力。本协议可对客户予以强制执行。客户如不接受本协议的条款,则不得使用本软件。本协议对客户在本协议生效日期之后使用附加软件具有约束力。此类附加软件应参照本协议的条款。约束软件先前版本的最终用户许可协议也可纳入本协议以供参考。

客户可与Adobe直接订立另一书面协议(如批量许可协议),以补充或取代本协议的全部或任何部分。本软件只在遵守本协议各项条款的情况下供许可使用,不得出售。使用本软件所包含的或通过本软件访问的某些Adobe和非Adobe材料与服务,可能会受到附加条款和条件的约束。有关非Adobe材料的声明,可访问 http://www.adobe.com/go/thirdparty_cn 进行获取。

2.1.2 许可证类型
2.1.2.1 无序列号软件
在许可期限内未提供序列号的本软件或其某些部分,仅可出于演示、评估和培训目的,作为组织部署计划的一部分,在许可期限内于任意数量的兼容计算机上安装和使用,这种使用所产生的任何输出文件或其他材料只能用于内部的非商业和非生产用途。无序列号软件按"原样"提供。访问和使用此类无序列号软件创建的任何输出文件的风险完全由客户承担。

2.1.2.2 评估版软件
本软件或其某些部分如果在提供时附带指明"评估用途"的序列号或其他类似字样,如在单独协议中作为"EVAL(评估)"提供的软件或序列号,则只能出于演示、评估和培训目的,在许可期限内于授权数量的兼容计算机上安装和使用,这种使用所产生的任何输出文件或其他材料只能用于内部的非商业和非生产用途。评估版软件按"原样"提供。访问和使用此类评估版软件创建的任何输出文件的风险完全由客户承担。

2.1.2.3 订阅版
对于订阅型软件("订阅版"),客户仅可在许可期限内,于授权数量的兼容计算机上安装和使用。在使用订阅版的计算机符合授权数量的情况下,Adobe可能允许客户在许可期限内,于同一计算机上安装并使用订阅版的前一版本和当前版本。客户同意Adobe可随时更改订阅版中所包含的软件类型(如特定组件、版本、平台、语言等),且不因此类更改对客户承担任何责任。继续访问订阅版的要求:①再次连接因特网以激活、更新和验证许可证;②Adobe或其授权代理商收到再次订阅的费用;③客户接受 http://www.adobe.com/go/paymentterms_cn 上的订阅条款和其他附加条款及条件,或者于购买时接受上述条款及条件。如果Adobe未收到再次订阅的费用或无法定期验证许可证,则在Adobe收到费用或验证许可证之前,本软件可能会在未另行通知的情况下无法使用。

图3-17 Adobe软件许可协议

按照许可证的不同,软件又可分为公共软件和专有软件。

(1) 公共软件不受版权保护(作者放弃版权或版权已到期),可不受限制地使用(如复制、转卖,但不可申请版权)。

(2) 专有软件受版权和许可证保护,又可细分为商用软件、免费软件、试用软件、共享软件和开源软件等。

① 商用软件是厂商出于商业目的所出售的软件产品,部分商用软件会先以试用软件的形式分发。

多数商用软件都是以单用户许可证的形式发行的,这说明一次只允许一个用户使用软件。但一些软件发行商也为学校、组织和企业提供了定点许可证和多用户许可证。

定点许可证一般是统一定价并允许特定区域内的所有计算机使用软件。多用户许可证是按照每个副本来定价的,它允许指定数量的副本可同时被使用。

② 免费软件则可以免费使用软件的全部功能,受版权保护,可以使用、复制和传播,但不能修改和出售。常见的免费软件包括网络游戏、实用程序、驱动程序等。

③ 试用软件可以免费运行,但主要功能或运行时间(如30天以内或最多运行60分钟)等受到限制,用户如果想不受限制地使用,便需要付费购买。

④ 共享软件是指在"购买前试用"的策略下销售的具有版权的软件。与功能或时间受到限制的试用软件不同的是,共享软件通常是全功能软件。

⑤ 开源软件提供了软件的源代码,在发行和使用上没有限制,可以进行销售和修改,但依旧受版权保护。

在购买软件之前,用户需要确定软件许可证是否允许用户按照自己希望的方式使用软件。如果用户计划将软件安装到多台计算机上,或者对软件进行修改,就需要先确定软件许可证是否允许用户进行这样的行为。

例如,安全软件之类的某些商用软件需要每年续费。如果用户不想每年都付费,那么可以考虑用免费的安全软件或开源的安全软件作为替代。对信息有充分了解的用户通常能做出更明智的购买选择。要强调的是,软件多种多样,通常具有相似功能但许可条款各有不同的软件比比皆是。

3.5.5 软件激活

软件激活通常是为了保护软件不受非法复制,一般在软件安装时、软件使用前或是在试用期结束后要求用户进行软件激活。软件激活的一般方式是输入密钥或激活码,也有部分软件要求拨打一个电话号码按要求激活,如图3-18所示。

有些软件还支持反激活。反激活后,软件不能再被使用(若要使用需再次激活)。激活码可以用于激活其他机器上的相同软件。反激活一般用于更换机器或系统后重新激活相应的软件。

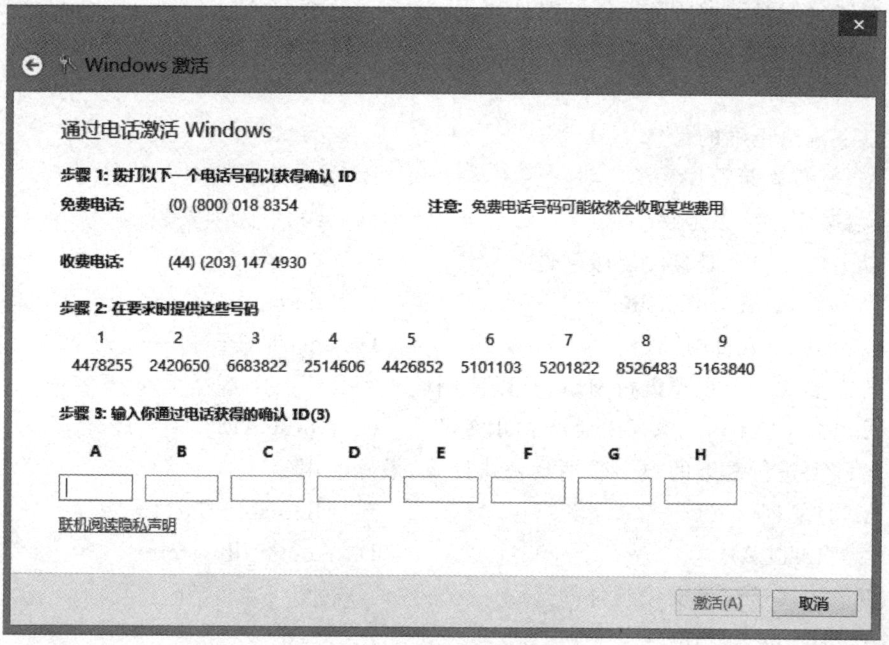

图 3-18　通过电话激活软件

小　　结

本章主要介绍了计算机软件的基础知识,包括软件的定义与分类、App 和应用程序、常用的应用软件及办公套件,以及购买和使用软件。

通过对本章的学习,读者应能够学习到与软件有关的基础知识,并了解多种多样的软件。

习　　题

第 3 章在线测试题

一、判断题

1. 软件根据运行载体的不同可以分为桌面软件与移动软件。　　　　　　　(　　)
2. 桌面出版软件与文字处理软件没有什么区别。　　　　　　　　　　　　(　　)
3. 图形软件可以分为绘图软件和图像编辑软件。　　　　　　　　　　　　(　　)
4. 大部分的文字处理软件中都包含语法检查器和拼写检查器。　　　　　　(　　)
5. 电子表格软件可以将数据可视化。　　　　　　　　　　　　　　　　　(　　)
6. 便携式软件无须经过安装过程,只需要把软件文件复制到需要运行的介质上即可。
　　　　　　　　　　　　　　　　　　　　　　　　　　　　　　　　(　　)
7. 软件就是程序。　　　　　　　　　　　　　　　　　　　　　　　　　(　　)
8. Web 应用的代码是随着 HTML 页面而下载下来的,并且可在浏览器中被执行。
　　　　　　　　　　　　　　　　　　　　　　　　　　　　　　　　(　　)

9. 大部分的移动设备都能够同时使用 Web App 及移动 App。（   ）

10. 便携式软件可以保护用户隐私。（   ）

二、选择题

1. 以下说法正确的是（   ）。
   A. 软件就是程序　　　　　　　　B. 移动软件就是云软件
   C. 操作系统不是软件　　　　　　D. 云软件无须安装

2. 以下（   ）不是桌面出版软件。
   A. Microsoft Publisher　　　　　B. Microsoft Word
   C. Adobe InDesign　　　　　　　D. QuarkXPress

3. 若需要对一个视频进行剪辑，可以使用（   ）。
   A. Cool Edit　　B. CorelDRAW　　C. AutoCAD　　D. AE

4. 若需要进行复杂的数学建模及公式计算，最好使用（   ）。
   A. 计算器　　　　　　　　　　　B. Microsoft Excel
   C. MATLAB　　　　　　　　　　D. Adobe Illustrator

5. 以下不属于演示文稿软件的是（   ）。
   A. Microsoft PowerPoint　　　　B. Prezi
   C. Apple Keynote　　　　　　　D. Adobe Premiere

6. 以下属于 Web App 的有（   ）。
   A. Gmail　　　B. Google Docs　　C. Turnitin　　D. 以上都是

7. 对于苹果公司的产品，如果要从其他来源下载 App，需要（   ）。
   A. 越狱　　　B. root　　　C. 无法下载　　　D. 无须任何操作

8. Mac 机中的本地应用程序的扩展名为（   ）。
   A. .exe　　　B. .iso　　　C. .app　　　D. .dat

9. 便携式软件可以安装在（   ）上。
   A. 计算机主硬盘　　B. U 盘　　C. 移动硬盘　　D. 以上均可

10. 应用程序扩展的扩展名可能是（   ）。
    A. .dll　　　B. .exe　　　C. .app　　　D. 以上均是

三、思考题

1. 云应用或 Web 应用都有哪些优点和缺点？

2. 除了 GPS 等卫星定位系统以外，还可以通过什么进行定位？

3. 不同的地图应用（如谷歌地图和百度地图）所表示的同一点的地理位置坐标一样吗？为什么？

4. 为什么软件包中一般包含很多文件？

5. 盗版软件产生危害的例子有哪些？怎样鉴别盗版软件？

6. 软件激活的原理是什么？破解软件的原理是什么？有没有更好的保护正版软件的方法？

第 4 章　操作系统和文件管理

本章主要介绍操作系统和文件的基础知识，包括操作系统的功能、分类、加载过程及与其相关的实用程序和驱动程序，以及文件管理的方法与技巧和文件的物理存储模型。通过对本章的学习，读者应能够更好地对计算机进行管理。

4.1　操作系统的基础知识

本节介绍操作系统的相关知识，包括操作系统的功能、分类、加载及其相关的应用程序和驱动程序，以及虚拟机，使读者能对操作系统有一个整体的了解。

4.1.1　操作系统的功能

操作系统（Operating System,OS）是计算机最基本的系统软件,它直接运行在计算机的"裸机"上,是系统中所有活动的总控制器,任何其他的软件都需要有操作系统的支持才能运行。

视频讲解

在一些数字设备中,如智能手机和电子书阅读器,整个操作系统小到足以可以存储在ROM中。对于大多数的其他计算机来说,因为操作系统程序太大,所以操作系统程序的大部分都存储在机械硬盘或固态硬盘中。大多数操作系统的功能都差不多,都包含开机关机、提供用户交互界面、管理其他程序、提供内存和文件管理服务、支持多任务协作和设备管理、使用网络通信等其他与设备或介质相关的任务,并进行自我更新。某些操作系统甚至提供用户用于网络管理与超级管理员权限的功能或接口。

操作系统的功能可以分为控制计算机资源和提供用户界面两大类。

1. 控制计算机资源

操作系统控制着计算机的资源并使其有序地为用户进行服务。

（1）处理器资源。微处理器的每个周期都是一种计算资源。在计算机运行时会有很多进程（即程序的执行过程）去竞争使用处理器的计算资源,这时便需要由操作系统来协调控制,如图 4-1 所示。

现代操作系统可以使用多任务、多线程、多重处理等多种技术来保证处理器的资源能够得到充分利用。其中,多任务提供了进程和内存管理服务,它允许两个或多个任务、作业、程序同时运行；多线程是指允许一个程序分为多个部分（称为线程）运行,如一个线程可以等待用户输入,而其他线程可进行后台的运算处理；多重处理则可将计算任务平均分配到多核处理器的每个处理单元上。这些技术可以使得每个程序都能在可允许的时间范围内获得处理器的计算资源。

（2）内存资源,如图 4-2 所示。内存可以为程序提供运行空间,微处理器所需要处理的数据和指令都存放在内存中。操作系统会为每个程序在内存中分配合适的空间,如果程序

图 4-1 查看当前正在运行的进程

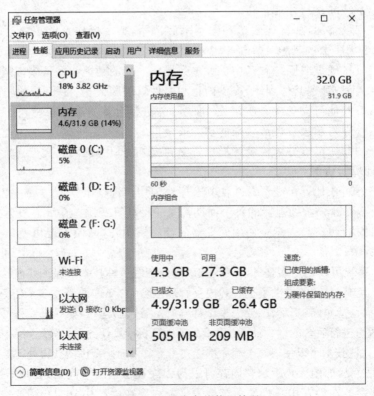

图 4-2 监视内存的使用情况

需要更大的内存空间,还可以向操作系统再次申请(前提是不超过物理的内存及虚拟内存的上限)。如果内存资源不足,有些程序不能获得足够的空间,它们便会运行得很慢甚至无法运行。还有一种情况是内存泄露,即程序使用完的内存没有被及时释放从而供其他程序使用,久而久之会耗尽所有的内存,这时就需要终止相应的程序或重启计算机才能解决问题。

（3）存储器资源,如图4-3所示。存储器类似于一个档案馆,存储着用户的所有文件。操作系统则类似于档案管理员,它会对每个文件记录其文件名、存放地点、文件大小等信息,以便在用户需要的时候将其找出。操作系统还可对多而繁杂的文件进行"整理与归类"以获得更多的存储器空间。当用户要放入新的文件时,操作系统还会为其提供合适的存放地点。

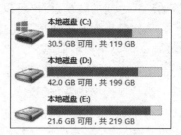

图4-3　存储器资源使用程度示例

（4）外围设备资源,如图4-4所示。与计算机连接的设备都可视为输入或输出资源。操作系统通过与该设备配套的驱动程序进行与设备的通信,以保障设备的正常使用。

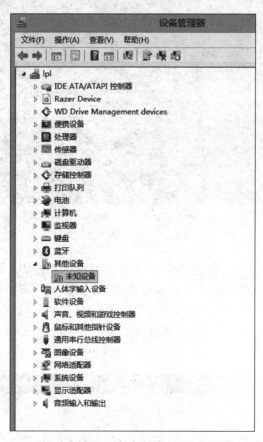

图4-4　查看连接到计算机的所有设备

计算机的操作系统会确保输入和输出是以有序的形式处理的,并可在计算机忙于其他任务时使用"缓冲区"来收集和存放数据。例如,通过使用键盘缓冲区,无论用户敲击键盘的速度有多快,或者计算机同时还在做其他事情,计算机都不会漏掉用户按下的任何一个键。

2. 提供用户界面

用户界面是操作系统与用户进行交互的媒介,它实现了信息的内部形式与便于人们理解的形式之间的转换,用户可以通过用户界面实现几乎所有的操作。

早期的操作系统使用的是命令行界面,它通常不支持鼠标,用户需要通过键盘输入指令(这通常需要用户提前熟记),操作系统接到指令后予以执行。现代的操作系统使用简便易用的图形用户界面,通过对屏幕上显示的图像进行操作,用户可以方便地使用计算机。

多数现代操作系统仍然允许用户访问命令行界面,通过命令行界面可以快捷地对计算机进行系统维护和故障检查,如图 4-5 所示。一些有经验的程序员也喜欢使用命令行界面来进行环境配置、系统控制与自动化等操作。

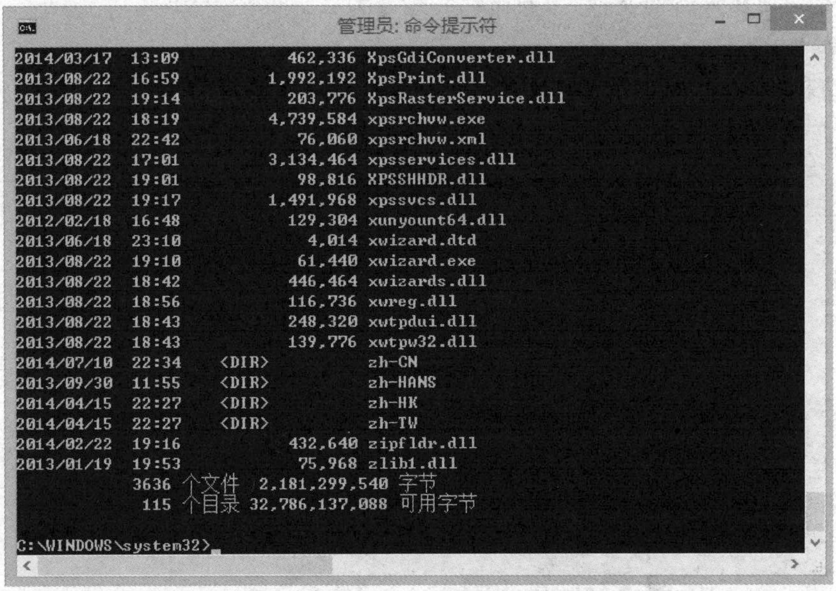

图 4-5 Windows 系统提供的命令行界面

尽管现代操作系统的种类多种多样,但其图形用户界面的组成元素是大体相同的。

(1)桌面。桌面是人机交互的主要入口,一般由常用图标、背景图片、任务栏等组成。

(2)图标。图标代表着程序、文件或硬件设备,一般可双击图标打开其对应的内容。

(3)窗口。窗口是容纳程序、控件或数据的矩形工作区。

(4)任务栏。任务栏一般显示正在运行的程序及一些系统控件,如图 4-6 所示。

图 4-6 Windows 系统任务栏

(5)菜单栏。大多数软件都包含一个菜单栏,为软件的大多数功能提供功能入口。一些软件采用下拉菜单方式;另外一些则采用功能区方式(如 Microsoft Word),如图 4-7 所示。

(6)工具栏。工具栏包含各种方便用户快捷使用的工具,工具栏和功能区的差别正逐

图 4-7　菜单栏和功能区

渐缩小,如图 4-8 所示。目前,微软公司的很多新产品都用功能区替代了工具栏。

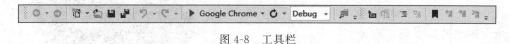

图 4-8　工具栏

(7) 按钮多数存在于任务栏、菜单栏、工具栏、功能区中,用户单击按钮可调用相应的程序或控件。

(8) 对话框。对话框提供了各种按钮和选项,供用户进行选择、设置或确认,如图 4-9 所示。

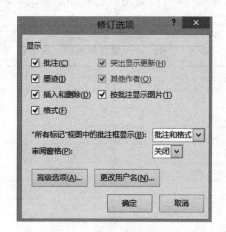

图 4-9　"修订选项"对话框

4.1.2　操作系统的分类

视频讲解

操作系统按其应用领域来划分,可分为桌面操作系统、移动操作系统、服务器操作系统等。

(1) 桌面操作系统。桌面操作系统是为台式计算机或笔记本电脑设计的个人使用的操作系统。它能够实现个人对计算机的几乎所有的需求。在桌面操作系统中,用户可以同时运行多个程序并且在大屏幕与定点设备的支持下实现无缝转换。常见的桌面操作系统有 Windows、Linux、UNIX、macOS、Chrome OS 等。

(2) 移动操作系统。移动操作系统是为移动设备(如智能手机、平板电脑)设计的,移动操作系统更加关注于操作的便捷性和应用的扩展性。常见的移动操作系统有 Android、iOS 等。

(3) 服务器操作系统。服务器操作系统一般安装在 Web 服务器、数据库服务器、应用服务器等大型计算机上,具有很高的稳定性和安全性,处于每个网络的心脏部位。常见的服务器操作系统有 Windows Server、macOS Server、UNIX、Linux 等。

以下对几款比较常用的操作系统进行简单介绍。

1. Microsoft Windows

Microsoft Windows 桌面操作系统是全球用户量最大的桌面操作系统,Windows 操作系统(包括 Windows XP、Windows Vista、Windows 7、Windows 8、Windows 8.1、Windows 10)占有了全球约 89.73% 的市场份额。2022 年 5 月全球操作系统市场份额如图 4-10 所示。

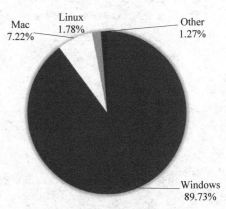

图 4-10 全球操作系统市场份额

Windows 操作系统的发展历程如表 4-1 所示,最新的 Windows 版本是 Windows 10,如图 4-11 所示。Windows XP 已经于 2014 年 4 月 8 日正式退役,但仍有大量的用户在使用。Windows 7 于 2020 年 1 月 14 日已停止支持,但仍然有大量的用户在使用。Windows 一般使用 Intel 处理器或与 Intel 兼容的微处理器,最新的 Windows 支持 64 位的运算。

表 4-1 Windows 操作系统的发展历程

年 代	Windows 版本	年 代	Windows 版本
1983 年	Windows 诞生	1999 年	Windows 98 SE
1985 年	Windows 1.0	2000 年	Windows 2000
1987 年	Windows 2.0	2000 年	Windows Me
1987 年	Windows 386	2001 年	Windows XP
1988 年	Windows 286	2002 年	Windows XP SP1
1990 年	Windows 3.0	2003 年	Windows Server 2003
1991 年	Windows 3.0a	2004 年	Windows XP SP2
1992 年	Windows 3.1	2007 年	Windows Vista
1992 年	Windows for Workgroups	2008 年	Windows Server 2008
1993 年	Windows NT	2008 年	Windows XP SP3
1993 年	Windows 3.11	2009 年	Windows 7
1995 年	Windows 95	2012 年	Windows 8
1996 年	Windows CE	2013 年	Windows 8.1
1998 年	Windows 98	2015 年	Windows 10

Windows 易于上手使用,且随着不断的版本更新,外观正变得越来越漂亮。在 Windows 上可运行的软件数量远大于其他操作系统,大部分游戏软件更是只能运行在 Windows 平台上。Windows 庞大的用户群使得其非常便于学习,书店中有大量的 Windows 基础教程,遇到了问题可以在网络上找到大量的相关解决方案,这是 Windows 的优势所在。

Windows 的劣势在于其可靠性与安全性较差。Windows 相较于其他操作系统经常会出现蓝屏或死机现象(Windows 8 之后这些现象的出现频率有了显著降低,前提是正版系统),在运行中还会弹出各种错误信息,使得用户在等待中浪费了大量时间。Windows 还是

图 4-11　Windows 10 操作系统

公认的最容易受到计算机病毒与安全漏洞侵扰的操作系统,不过这可能是由其庞大的用户群所产生的利益诱惑引起的。

2. macOS

macOS 是运行在苹果 Macintosh 系列计算机(也称 Mac 机)上的操作系统,它是由苹果公司自行开发的基于 UNIX 内核的图形化操作系统。macOS 操作系统的发展历程如表 4-2 所示,最新版的 macOS 操作系统是 macOS 13(Ventura),如图 4-12 所示。

表 4-2　macOS 操作系统的发展历程

年　代	macOS 版本	年　代	macOS 版本
1978 年	Apple DOS 3.1	2007 年	Mac OS X 10.5 (Leopard)
1984 年	System 1	2008 年	Mac OS X 10.6 (Snow Leopard)
1985 年	System 2	2010 年	Mac OS X 10.7 (Lion)
1986 年	System 3	2012 年	OS X 10.8 (Mountain Lion)
1987 年	System 4	2013 年	OS X 10.9 (Mavericks)
1988 年	System 6	2014 年	OS X 10.10 (Yosemite)
1991 年	System 7	2015 年	OS X 10.11 (El Capitan)
1997 年	Mac OS 8	2016 年	mac OS 10.12 (Sierra)
1999 年	Mac OS 9	2017 年	mac OS 10.13 (High Sierra)
2001 年	Mac OS X 10.0 (Cheetah)	2018 年	mac OS 10.14 (Mojave)
	Mac OS X 10.1 (Puma)	2019 年	mac OS 10.15 (Catalina)
2002 年	Mac OS X 10.2 (Jaguar)	2020 年	mac OS 11 (Big Sur)
2003 年	Mac OS X 10.3 (Panther)	2021 年	mac OS 12 (Monterey)
2004 年	Mac OS X 10.4 (Tiger)	2022 年	mac OS 13 (Ventura)

图 4-12　macOS 13(Ventura)

由于架构不同(macOS 采用 EFI 引导而不是普通 PC 的 BIOS 引导),因此普通的 PC 不能直接安装 macOS。但 Mac 机上可以安装 Windows 操作系统,通过 Mac 机上提供的 Boot Camp 双启动实用程序,用户可以安装 Windows,并在 macOS 和 Windows 间自由切换。

macOS 的优势在于其易用性、可靠性和安全性。macOS 是最早在商业领域获得成功的图形用户界面操作系统,即使是毫无使用经验的用户在经过短暂的摸索后也可熟练使用。苹果公司产品的设计也始终走在整个计算机设计领域的前列。

由于继承了 UNIX 中很强的安全基础,且包含了工业级的内存保护功能,macOS 的可靠性和安全性非常高。在计算机病毒的数量方面,针对 macOS 的病毒远远少于针对 Windows 的。

macOS 的劣势在于其可用的软件相对于 Windows 较少。虽然一些主流的、常用的或是热门的软件会有 macOS 版本,但其数量仍远远不如 Windows 平台的可用软件数。这一劣势在网络银行、大型游戏等领域体现得更加明显。

3. UNIX 和 Linux

UNIX 支持多种处理器架构,是一个强大的、多用户与多任务的操作系统,它是 1969 年由 AT&T 公司的贝尔实验室开发的。UNIX 一般用于大型计算机中。

Linux 是一款免费使用和自由传播的类似 UNIX 的操作系统,它是在 1991 年由芬兰学生 Linus Torvalds 开发的。Linux 是开源系统,其代码允许被修改,因此目前有许多种类的 Linux 发行版本,它们都包括了一个 Linux 内核和其他的程序、工具及图形界面。最流行的 Linux 发行版本有 Ubuntu(见图 4-13)、Fedora、openSUSE、Debian、Mandriva、Mint、PC Linux OS、Slackware、Gentoo、Cent OS 等。

Linux 保留了 UNIX 的许多技术特点,如多用户和多任务;Linux 的安全性和可靠性也很高。不过 Linux 较难上手,需要更多的专业知识,且可用的软件数量有限。Linux 一般作为服务器操作系统使用。

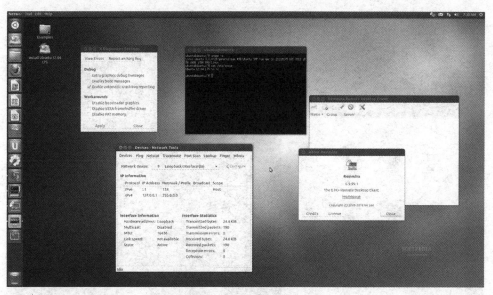

图 4-13　Ubuntu

4. DOS

　　DOS(Disk Operating System,磁盘操作系统)是微软公司开发的命令行界面下的操作系统,曾经占有着举足轻重的地位,如图 4-14 所示。现在,DOS 虽然已经让位给了图形用户界面的操作系统,但在某些情况下仍有其用处。Windows 操作系统将 DOS 的功能保留到了命令提示符中。

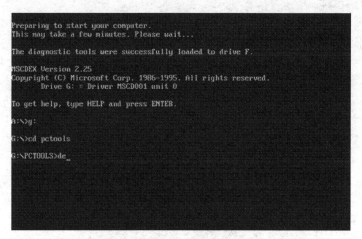

图 4-14　DOS 系统界面

5. Chrome OS

　　Chrome OS 是 Google 在 2009 年开始研发的基于 Linux 的一款操作系统,主要用于上网本等轻量级计算机或移动设备,如图 4-15 所示。它被定位为是一款瘦客户端——在瘦客户端中运行的各种应用实际上都是在远程服务器中进行处理的,而瘦客户端只是用来显示处理的结果,并且尽可能地接近本地运行的效果。Chrome OS 的理念是"浏览器即操作系统",所有操作都可通过浏览器来完成。

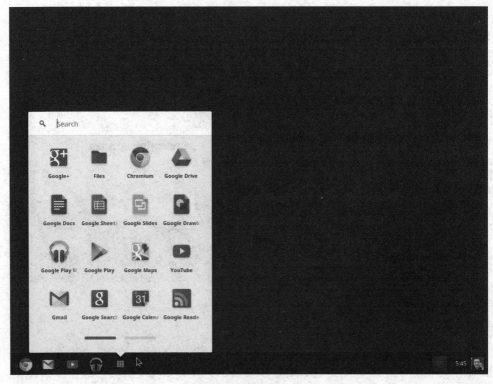

图 4-15　Chrome OS

6. 移动操作系统

在移动设备和许多消费类电子产品上的操作系统称为移动操作系统,这个系统存在于固件中。移动操作系统一般包含或者支持以下功能:日志和联系人管理、收发短信、发送电子邮件、触控屏、加速度计(这样就能翻转屏幕)、数码相机、多媒体播放器、语音识别、GPS导航、大量第三方应用、浏览器,以及无线连接如蜂窝数据、无线网络和蓝牙。

据 2022 年 5 月统计,移动操作系统中,Android、iOS 占据着比较大的市场份额,如图 4-16 所示。

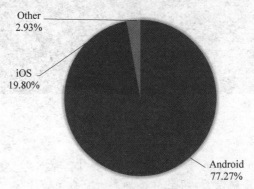

图 4-16　移动操作系统的市场份额

(1) Android 也称安卓操作系统,是谷歌公司为移动设备(如平板电脑、智能手机、电子书阅读器)开发的基于 Linux 的开源操作系统。由于安卓的高度开放性,诸多厂商特别是国内厂商对其进行了各种定制,这在带来好处的同时也产生了兼容性和碎片化的问题,谷歌正在寻求途径统一安卓平台的用户体验。安卓是为 ARM 处理器设计的。安卓应用程序一般使用 Java 语言进行开发。Android 的发展历程如表 4-3 所示,最新版本的 Android 是 Android 12,如图 4-17 所示。

表 4-3 Android 的发展历程

年 代	Android 版本	年 代	Android 版本
2008 年	Android 1.0	2016 年	Android 7.0
2009 年	Android 2.0	2017 年	Android 8.0
2011 年	Android 3.0	2018 年	Android 9.0
2011 年	Android 4.0	2019 年	Android 10.0
2014 年	Android 5.0	2020 年	Android 11
2015 年	Android 6.0	2021 年	Android 12

图 4-17 Android 12

(2) iOS 是苹果公司开发的移动操作系统,用于 iPhone、iPad 和 iPod Touch 等移动设备。iOS 来源于同样是 macOS 基础的 UNIX 代码。iOS 是开放平台,可以安装第三方应用程序。iOS 将对应用程序的选择限制在在线苹果应用程序商店提供的范围内。iOS 应用程序可使用 Objective-C 或 Swift 语言进行开发。iOS 的发展历程如表 4-4 所示,最新版本的 iOS 是 iOS 16,如图 4-18 所示。

表 4-4 iOS 的发展历程

年　代	iOS 版本	年　代	iOS 版本
2007 年	iPhone OS 1	2015 年	iOS 9
2008 年	iPhone OS 2	2016 年	iOS 10
2009 年	iPhone OS 3/iOS 3	2017 年	iOS 11
2010 年	iOS 4	2018 年	iOS 12
2011 年	iOS 5	2019 年	iOS 13
2012 年	iOS 6	2020 年	iOS 14
2013 年	iOS 7	2021 年	iOS 15
2014 年	iOS 8	2022 年	iOS 16

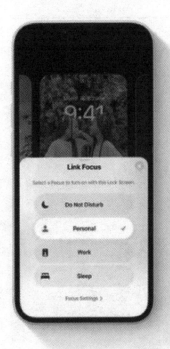

图 4-18　iOS 16

4.1.3　虚拟机

人们常常倾向于认为操作系统是数字设备中不可变的一部分：PC 总是运行着 Windows 操作系统，Mac 机总是运行着 macOS 操作系统，三星的手机则总是在运行着 Android 操作系统。有没有可能在 Mac 机上运行 Windows，或者在台式计算机中模拟出一个 Android 设备呢？答案是肯定的——虚拟机。

视频讲解

虚拟机(Virtual Machine)可以通过软件模拟出具有完整硬件系统功能的、运行在一个完全隔离环境中的完整计算机系统。它可以利用一台计算机的资源模拟出多台计算机,虚拟出来的每台计算机都可以运行与之平台相兼容的软件。

流行的虚拟机软件有 VMware Workstation 和 Parallel Desktop,它们可以安装在绝大多数使用了 Intel 微处理器的计算机中。用户可以通过虚拟机软件安装体验不同的操作系统,并可在它们之间无缝切换,如图 4-19 所示,无须担心本机的操作系统会受到影响。

图 4-19　实现 Windows 和 macOS 的无缝切换

4.1.4　操作系统的加载

对于大多数计算机而言,操作系统存储在硬盘上。在计算机开机时,需要从硬盘上加载操作系统到内存中,并进行相应的处理,计算机才可以正常工作。这个从计算机开机到计算机准备完毕的过程,称为引导过程或引导计算机。

在引导过程中,操作系统的内核(即提供核心服务的部分)会被加载到内存。在计算机运行时,内核会一直保留在内存中,而操作系统的其他部分则只在需要的时候才会被加载到内存。

引导过程是由存放在 ROM 中的引导程序完成的,可分为以下几个步骤。

(1) 通电。电源开始给计算机的电路供电。

(2) 启动引导程序。微处理器开始执行 ROM 中的引导程序。

(3) 开机自检。计算机对系统的关键部件进行诊断与测试。

(4) 识别外围设备。计算机会尝试识别与之相连的外围设备(如外接的鼠标、键盘等)，并检查其设置。

(5) 加载操作系统。计算机将操作系统的内核从硬盘加载到 RAM 中。

(6) 检查配置文件，对操作系统进行定制。微处理器会读取配置文件，并执行相应操作(如启动用户自定义的开机自启动程序)。

引导过程完成后，用户便可以正常地使用计算机了。

4.1.5 实用程序与驱动程序

系统软件除了操作系统外，还包括实用程序。实用程序专门处理以计算机为中心的任务，可以帮助用户对计算机硬件、软件、数据或操作系统进行分析、配置、优化或维护。

操作系统一般自带有一套实用程序。在 Windows 中，实用程序大多包含在"控制面板"中，macOS 的实用程序则在"系统偏好设置"中，而移动操作系统一般可以在"设置"按钮中找到实用程序。

常用的实用程序包括杀毒软件、备份软件、剪贴板管理器、加密与解密程序、压缩软件、数据同步软件，以及磁盘检查、磁盘清理、磁盘碎片整理、磁盘分区、文件管理、内存测试、二进制文本编辑器、网络设置、注册表清理、截屏、软件卸载、音量设置、键盘设置、电源监控等实用程序。这些一部分可能由操作系统自带的实用程序提供，如图 4-20 所示；另一部分则需要借助第三方的实用程序。

图 4-20　Windows 系统中的部分实用程序

除了实用程序外，驱动程序也与操作系统息息相关。驱动程序负责在操作系统和外部设备之间建立通信，可以说是操作系统和外部设备之间的接口。驱动程序至关重要，如果没有合适的驱动程序，操作系统便无法识别对应的外部设备；如果驱动程序没有被正常安装或受到了损坏，对应的外部设备也就无法正常工作了。

操作系统安装时会安装一些自带的驱动程序，以保证硬盘、显示器、光驱、键盘、鼠标等基本硬件的正常运行，但其他硬件，如显卡、声卡、扫描仪、摄像头、网卡等，或者是功能较多的鼠标、键盘等，就需要另外安装对应的驱动程序。这些驱动程序通常可以从随设备附带的光盘或设备厂商的官网上获得。

驱动程序可以通过 Windows 的"设备管理器"进行管理,如图 4-21 所示。

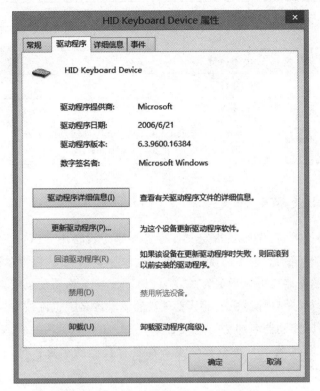

图 4-21　Windows 的设备管理器

4.2　文件基础知识

本节介绍与文件有关的知识,包括文件的内部构造、文件格式与扩展名的关系。

4.2.1　文件名和扩展名

计算机文件(简称文件)被定义为位于如机械硬盘、CD、DVD 或 U 盘等存储介质上的已命名数据集。文件可以包括一组记录、文档、照片、音乐、视频、电子邮件或计算机程序。

文件实质上是一段数据流。在操作系统中,文件的命名需要有一定的规范。

文件的名称包括文件名和扩展名。文件名可以帮助用户区分不同的文件,而扩展名代表着文件的格式。扩展名通常由一个"."与文件名分开,放在文件名的后面。例如,"工作报告.txt"中,工作报告是文件名,txt 是扩展名,代表这是一个文本文件。

文件名需要符合文件命名规范。不同的操作系统有不同的文件命名规范,如 Windows 操作系统和 macOS 操作系统规定整个文件的路径(包括驱动器名、文件夹名、文件名、扩展名及它们之间的连接符号)不能超过 255 个字符,而且还对文件名中可以使用的字符做出了限制。更详细的文件命名规范如表 4-5 所示。

表 4-5　不同操作系统文件命名规范(部分)

文件命名规范	操作系统	
	Windows 系统	macOS 系统
是否区分大小写	不区分	不区分
是否允许空格和数字	允许	允许
禁止出现的字符	*　\　:　<　>　|　"　/　?	:
保留字(即禁止使用的文件名)	aux、com_、con、lpt_、prn、nul(对任意的大小写组合均禁止,_代表 0~9 中的任意一位数字)	

4.2.2　文件目录和文件夹

要指定文件的位置,首先必须指定文件存储在哪个设备中。PC 的每一个存储设备都是以驱动器名来进行识别的。主硬盘驱动器一般是"驱动器 C"。通常在驱动器名后会有一个冒号,那么硬盘驱动器就可以指定为"C:"。但 CD、DVD、移动硬盘或 U 盘的驱动器名却不是标准化的。例如,一台计算机上的移动硬盘的驱动器名字也许被指定为 D,而另一台计算机上的移动硬盘的驱动器名却被指定为 E。

Mac 机不使用驱动器名。每个存储设备都具有自己的名称。例如,主硬盘就被称为"Macintosh HD"。

文件目录是计算机对文件建立的索引,操作系统可以通过文件目录找到磁盘上对应的文件。文件目录是一个多级树形结构,可以分为根目录和子目录,子目录通常也称文件夹。在 Windows 中,每一个磁盘驱动器都有一个根目录,如 C 盘的根目录是"C:\"(Windows 使用\分割目录,而其他操作系统使用/分割目录)。根目录中可以包含若干文件和子目录,而子目录还可进一步包含若干下一级的文件和子目录。

操作系统通过路径来定位一个文件。路径包含从驱动器到文件夹再到文件的定位路线,其中文件夹和文件名之间用特定的分隔符区分,如路径"C:\Windows\System32\cmd.exe"中,"C:\"代表 C 盘的根目录,第一级文件夹是"Windows",第二级文件夹是"System32",文件名是"cmd",扩展名是"exe"。通过路径可以便捷地从海量文件中找到自己需要的文件。

磁盘分区是指硬盘驱动器上被当作独立存储单元的区域。多数计算机都会只配置一个硬盘分区存放操作系统、程序和数据。但还是可以创建多个硬盘分区。例如,PC 用户可能会为操作系统文件设立一个分区,而为程序和数据设立另一个分区。有时多分区的设置可以在计算机遭受恶意软件攻击时加快杀毒过程。

分区需要指派驱动器名。例如,操作系统的文件分区可能被指定为驱动器 C;而程序和数据文件的分区可能被指定为驱动器 D。分区和文件夹是不同的。分区更为持久,需要使用特定的实用程序才能创建、修改或删除分区。

4.2.3 文件格式

文件格式代表了存储在文件中的数据的组织排列的方式。不同的数据类型(如音频和视频)采用了不同的文件格式,同一种数据类型也会有多种文件格式(如图像可以存储为BMP、PNG、JPEG等格式)。

文件格式通常包括文件头和数据,还可能包括文件终止标记。文件头处于文件数据流的开头,包含了文件的一些诸如文件类型、文件大小、创建时间、修改时间等信息;数据是文件的主题内容;文件终止标记则代表着文件的结束。

每一种文件格式通常会有一种或多种扩展名用来识别,但也可能没有扩展名。扩展名可以帮助应用程序识别文件格式,但文件格式与扩展名并不相同。扩展名可以人为地修改,而文件格式是固定不变的。扩展名被修改并不能改变文件格式,但可能导致文件不能被正常识别与打开。

操作系统通过文件的扩展名来选取合适的程序打开文件,因此一个正确的扩展名十分重要。例如,对于"工作报告.docx",操作系统通过识别"docx"扩展名找到可以打开它的Microsoft Word,但如果将其重命名为"工作报告.mp3",操作系统则会通过音频播放器来打开,此时音频播放器很有可能会报错,因为这个文件的文件格式并不与"mp3"的扩展名对应,从而无法解析该文件。但由于文件格式没有改变,此时仍可以通过Microsoft Word强制打开"工作报告.mp3"来获得完全不变的文本内容。

当文件无法被打开时,除了上面说到的扩展名不匹配外,还有以下两种可能。

(1) 文件已损坏。这可能是由于传输错误或存储介质上数据的丢失所导致的。

(2) 有些文件格式有多种变体,一些软件只能识别这种格式的一些特定变体,对于另外一些变体则无能为力。这时可换用其他软件尝试打开。

表4-6列出了部分常用的文件扩展名。

表 4-6 部分常用的文件扩展名

文 件 类 型	扩 展 名
DOS下的可执行文件	exe、com、bat
文本	txt、rtf、docx、pages
声音	wav、mp3、aac、mp4
图像	jpg、bmp、png、tif、gif
视频	swf、avi、mpg、mp4、mov、wmv
网页	html、aspx、php
压缩文件	rar、zip
其他	xlsx(Excel)、pdf(Acrobat)、pptx(PowerPoint)

用户可以通过程序的"打开"对话框来查看其可以打开的文件格式,如图4-22所示。由于扩展名只是一个指引,没有固定的标准,人们在设计属于自己的程序或特定的文件格式时,完全可以使用自己喜欢的扩展名(如把程序的更新文件扩展名命名为UPDATE)。

尽管文件格式相对于扩展名来说固定不变,但也可以通过特定的方式转换文件格式。常用的转换方式是找到一个能同时处理原文件格式和目标文件格式的软件,用其打开原文

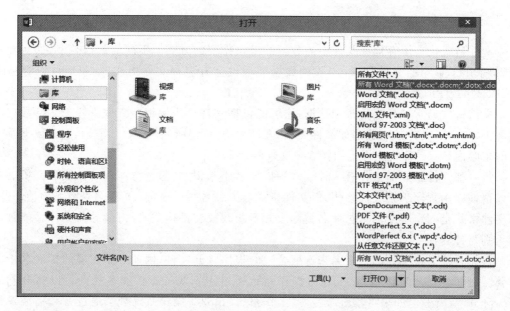

图 4-22 文件格式

件,另存为或导出为目标文件格式即可。更复杂的格式转换则需要借助于专业的格式转换软件。文件格式转换实际上是对整个文件的数据流进行重新编码与排布。

4.3 文件管理

本节介绍文件管理的相关知识,包括文件的逻辑存储模型和物理存储模型,使读者能够熟练、有效地对文件进行管理。

4.3.1 基于应用程序的文件管理

大多数应用程序提供了打开和保存文件的方法。这些方法不仅可以完成存储器和程序之间的数据交流,还可以对文件进行操作,如复制、删除、重命名等。一些程序还可以为文件提供更多的描述信息,如图 4-23 所示。

大多数的应用程序都提供了"保存"和"另存为"这两种方式对文件进行存储。其中"保存"是对原文件的简单覆盖,用文件的最新版本替代旧版本;"另存为"则是选择新的位置和文件名对文件进行存储,还可以进行文件格式转换。

4.3.2 文件管理隐喻

文件管理隐喻是对计算机存储模型的形象化描述,也可称为逻辑存储模型。关于文件管理有以下两种隐喻。

(1) 文件柜式。计算机的存储设备相当于文件柜的一个个抽屉。文件夹放在抽屉中,文件则放在文件夹中或放在文件夹的外面。

(2) 树状结构。树代表了存储设备,树干相当于根目录,树枝相当于子目录。树枝还能

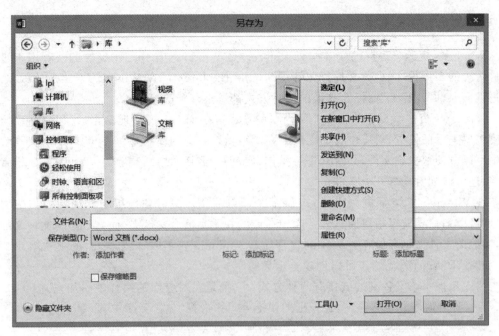

图 4-23 提供更多的描述信息

分出更小的树枝代表多级子目录,树枝上的叶子代表文件。树状结构可以从 Windows 资源管理器中形象地看出来,如图 4-24 所示。

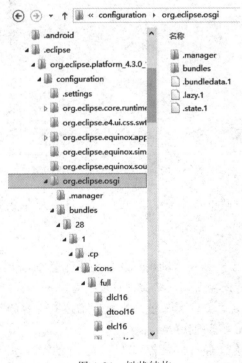

图 4-24 树状结构

4.3.3 Windows 资源管理器

Windows 资源管理器(Windows Explorer)是 Windows 操作系统提供的一种用来进行文件管理的实用程序,也称文件资源管理器(File Explorer)。在 Windows 7 之后的版本中,通过桌面上的"计算机"图标及其他的多种方式都可打开资源管理器。

Windows 资源管理器的特点是其窗口的左边有一个树形的导航窗格,可以用来快捷地转到想要查看的位置,对应位置的文件会显示在窗口右边的窗格中。在 Windows 资源管理器中可以方便地找到文件,并对其进行操作,如复制、剪切、粘贴、删除、移动、重命名、设置属性等,还可以同时处理几个文件。

在 Windows 7 之后的版本中,提供了"库"以使用户更方便地组织和访问同类的文件夹,库可以通过导航窗格快捷进入。库中存储的并不是整个文件夹,而只是一个文件夹的链接,实际的文件夹仍存储在它原来的物理位置。Windows 7 默认创建了"视频""图片""文档"和"音乐"4 个库,用户还可以创建自定义的库。

为库添加一个文件夹的链接有两种方式:一种是在对应库的属性中添加,如图 4-25 所示;另一种是右击对应文件夹,在弹出的快捷菜单中选择"包含到库中"命令。

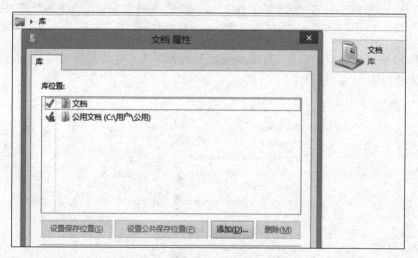

图 4-25 对"库"操作添加文件夹位置

当然,库也可以直接存储单一的文件,不过此时文件就是真正地物理存放在库中了。

4.3.4 文件管理技巧

操作系统提供的各种工具只能帮助用户进行文件管理,而要使文件井然有序地存储,在需要的时候可以快速找到,还需要用一些文件管理技巧。

(1) 使用合适的文件名。文件名尽量采用可以描述其内容的名称,而不要使用不常用的缩写,或者"a""111"等无意义的代号。

(2) 显示文件的扩展名。通过扩展名可以得知文件的类型,便于选用正确的软件打开。显示扩展名还可在一定程度上保护计算机的安全。

（3）将文件分类存储到文件夹中。例如，众多的音乐文件可以分类为"内地""港台""欧美"等。将文件有序地分装在不同的文件夹中，可以在需要的时候按其分类快速找到。

（4）使用文件夹的树形结构。多级的文件夹有利于进行分类与查找，如图4-26所示。例如，"欧美"音乐可进一步分成"摇滚""管弦""民歌"等，"摇滚"又可进一步分成"朋克""金属"等。

（5）不要在根目录中存储文件。根目录中尽量只放置文件夹。

（6）定期备份。对重要的文件要定期进行备份，减小数据丢失的可能性。

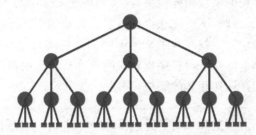

图4-26 文件采用树形结构存储

4.3.5 物理文件存储

文件管理的文件柜隐喻和树状隐喻只是为了方便用户的理解与使用。实际上，文件在存储器上的存储远比这要复杂。文件的物理存储模型描述了文件在磁盘或光盘上的存储方式。

磁盘由很多盘片组成，操作系统在初次使用磁盘时，会先将其格式化。格式化过程会把盘片分成很多轨道，再进一步把轨道分为扇区，如图4-27所示。通常情况下，每个扇区的容量是512B。磁盘驱动器以扇区为单位向磁盘读取和写入数据。磁盘存储模型的轨道是同心圆式的分布；光盘的存储模型与磁盘类似，但轨道是从中心向外螺旋分布的。

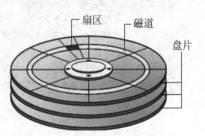

图4-27 磁盘的存储模型

在磁盘上，操作系统是以"簇"为单位为文件分配磁盘空间的。硬盘的簇通常为多个扇区，这取决于磁盘的容量与操作系统处理文件的方式。每个簇只能由一个文件占用，即使这个文件只有几个字节，它也会占用一个簇的全部。当一个簇不够存放整个文件时，如果相邻的簇中没有数据，文件的剩余部分就会存储到相邻的簇中；如果相邻的簇不可用，操作系统会寻找其他的簇以存放文件的剩余部分。

操作系统使用文件系统来管理存储介质中的文件。不同的操作系统使用不同的文件系统，如Windows使用NTFS，macOS使用HFS+，而Linux主要使用Ext3fs。文件系统会为每个磁盘维护一个索引文件。索引文件中包含了磁盘上所有文件的名称和存放位置，还记录了哪些簇是空的，哪些簇是不可用的。有了索引文件，磁盘读写的过程就可分为查看索引文件、移动读写头到对应簇、进行读写3个步骤。索引文件至关重要，如果索引文件遭损坏,那基本上就无法访问磁盘了,所以备份数据很重要。

在保存文件时,PC 的操作系统会查看索引文件,确定哪些簇是空的。它会从中选择某个空的簇,将文件数据记录在那里,然后去修改索引文件,使索引文件里包含这个新文件的名称和位置。

当删除文件时,操作系统实际上只是把索引文件中的对应的文件信息抹去了,而文件的数据仍旧存留在磁盘中(前提是没有被其他数据覆盖),这也就是被删除的文件之所以可以还恢复的原因,只要借助专用的软件就能将索引文件中的信息恢复。要想彻底地删除磁盘上的数据,则需要借助专用的文件粉碎软件,向文件所在的簇中写入随机的 0 或 1 序列。

计算机向磁盘写入文件时,文件往往会被分散在磁盘的不同簇中,这大大降低了磁盘的性能(读写头需要来回移动去寻找存放了文件不同部分的簇)。所以每隔一段时间,就需要使用 Windows 自带的磁盘碎片整理程序或其他的碎片整理实用程序,这些程序可以重新排列磁盘上的文件,使它们存储在相邻的簇中,如图 4-28 所示。

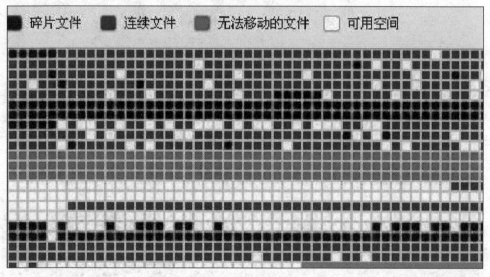

图 4-28　磁盘整理实用程序中的碎片文件

小　结

本章主要介绍了操作系统和文件的基础知识,包括操作系统的功能、分类、加载过程及其相关的实用程序与驱动程序,以及文件管理的方法和技巧及物理文件存储等。

通过对本章的学习,读者应能够更好地对计算机进行管理,并且能对一些系统报错进行理解与尝试性的修复。

习　题

第 4 章在线测试题

一、判断题

1. 多线程是指允许一个程序分为多个线程运行。　　　　　　　　　　　　　　　(　　)

2. 内存泄露时需要终止相应的程序或重启计算机。（　　）
3. 多数的现代操作系统都不再提供命令行界面。（　　）
4. Windows 10 是服务器操作系统。（　　）
5. iOS 程序可使用 Objective-C 或 Swift 语言进行开发。（　　）
6. 操作系统自带了一些实用程序。（　　）
7. 扩展名为"bat"的文件是图像文件。（　　）
8. 人们在设计属于自己的程序或特定的文件格式时,完全可以使用自己喜欢的扩展名。（　　）
9. 库中存储的并不是整个文件夹,而只是一个文件夹的链接,实际的文件夹仍存储在它原来的物理位置。（　　）
10. 在磁盘上,操作系统是以"簇"为单位为文件分配磁盘空间的。（　　）

二、选择题

1. （　　）技术将计算任务平均分配到多核处理器的每个处理单元上。
   A. 多任务　　　　B. 多线程　　　　C. 多重处理　　　　D. 多核
2. 操作系统通过（　　）与外围设备进行通信。
   A. 驱动程序　　　B. 应用程序　　　C. 实用程序　　　　D. USB接口
3. 以下操作系统可以用于服务器的是（　　）。
   A. iOS　　　　　 B. UNIX　　　　　C. Windows 8.1　　 D. Java
4. （　　）是 Windows 的优势。
   A. 安全性　　　　B. 可靠性　　　　C. 历史悠久　　　　D. 用户数量庞大
5. iOS 操作系统的优势是（　　）。
   A. 用户数量大　　B. 应用众多　　　C. 邮件服务　　　　D. 都不是
6. 操作系统的引导程序一般存放在（　　）中。
   A. RAM　　　　　B. ROM　　　　　C. EEPROM　　　　　D. 微处理器
7. 在 Windows 中,以下的文件名可以使用的是（　　）。
   A. Question?　　 B. from→to　　　C. lpt7　　　　　　D. com11
8. 扩展名是（　　）的文件格式可以用 Word 正常打开。
   A. bat　　　　　 B. rtf　　　　　 C. tif　　　　　　 D. mpg
9. 若一个"test.docx"文件被重命名为了"delete.mp4",则（　　）。
   A. 文件已被损坏且无法打开
   B. 文件可以通过播放器打开
   C. 文件未被损坏但无法打开
   D. 文件未被损坏且可通过 Word 打开
10. 如果操作系统的一簇是 4KB,一个文件的实际大小是 6144B,则它对存储空间的利用率是（　　）。
    A. 50%　　　　　B. 75%　　　　　C. 100%　　　　　　D. 150%

三、思考题

1. 人们常说对一些移动操作系统"越狱"或"刷 root",为什么要这样做？这样做有什么风险与危害？

2. 寻找一下操作系统中的实用程序,看看它们都有什么功能?
3. 为什么文件命名规范中会有禁止出现的字符和保留字?
4. 磁盘格式化的原理是什么?因为磁盘格式化而被删除的数据还能恢复吗?
5. 不同的文件系统有什么区别?
6. 如果磁盘中的一些磁道被损坏了,可能会产生什么影响?如果可能的话,需要如何修复?

第 5 章　局　域　网

本章主要介绍局域网的相关知识,包括局域网的分类、局域网的构成、局域网采用的通信协议、有线局域网和无线局域网,以及一些局域网的应用。通过本章的学习,读者应能够对局域网有一个全面而深刻的理解。

5.1　网络构建基础

本节主要介绍局域网的基础知识,包括其分类、构成与通信协议,同时分析局域网的优点与缺点。

5.1.1　网络的分类

网络可将万物连接在一起。网络是通过传输设备和传输介质连接在一起的计算机和设备的集合。通信网络(也称通信系统)可将许多设备连接在一起,以便在这些设备之间共享数据或信息。

计算机网络通常可以按照其规模和地理范围分为以下几类。

(1) 个人网(Personal Area Network,PAN)是在个人的工作或生活的地方把属于个人使用的电子设备(如笔记本电脑、智能手机、平板电脑)通过无线技术连接起来,因此也称无线个人局域网。个人网的覆盖范围约 10m。

(2) 局域网(Local Area Network,LAN)用于连接有限的地理区域之内的个人计算机,可以采用多种有线和无线技术。例如校园局域网,很多学校一般为笔记本电脑、台式计算机连入局域网提供有线方式;而对平板电脑、智能手机连入局域网提供无线方式。很多家庭中还有自己的小型局域网。局域网的覆盖范围一般小于 10km。

(3) 城域网(Metropolitan Area Network,MAN)可以在一座城市的范围内进行数据传输。本地的因特网服务提供商、电话公司等一般使用城域网。城域网的覆盖范围为 10~100km。

(4) 广域网(Wide Area Network,WAN)可以跨越国界、洲界,甚至是全球范围。因特网是世界上最大的广域网。

对于公司来说,还可以组建内联网(Intranet)与外联网(Extranet)。内联网是面向公司内部员工的局域网,员工可以通过内联网进行合作与信息共享。外联网则是面向公司外部的授权访问者,如消费者和商业合作伙伴,授权访问者可以通过外联网获取自己想要知道的与公司有关的信息。

覆盖范围更大的网络连通了较小型的网络,如图 5-1 所示,如城域网通常连接着政府机构局域网、医院局域网、公司企业局域网等。近年来,物联网逐渐兴起,但物联网很难归类为上述四种网络之一。关于物联网的知识将在第 12 章中介绍。

本章主要关注于日常生活中常需要用到和配置的局域网。

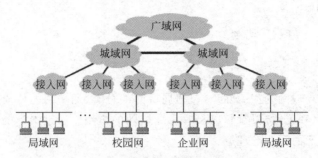

图 5-1 不同覆盖范围网络之间的关系

5.1.2 网络的体系结构

网络上的计算机、设备和介质的配置有时被称为网络体系结构。客户机/服务器和 P2P 就是网络体系结构的两个例子。

1. 客户机/服务器

在客户机/服务器的网络体系中,一台或多台计算机作为服务器,网络上的其他计算机从服务器请求服务,如图 5-2 所示。一台服务器,有时称为主机,控制着对网络上的硬件、软件和其他资源的访问,并且可为程序、数据和信息提供集中式的存储区域。网络上的其他计算机和移动设备称为客户机,它们要依赖服务器提供的资源。例如,一台服务器可能存储了一个组织的电子邮件。网络上的客户机,包括任一用户连接到网络的计算机和移动设备,都可以读取服务器上的邮件。有线网络和无线网络都可以配置为客户机/服务器网络。

虽然客户机/服务器网络可以连接数量较少的计算机,但它通常在连接 10 台或更多计算机的时候效率是最高的。因为大部分客户机/服务器网络的规模比较大,所以需要有人来充当网络管理员。

2. P2P

P2P(Pee-to-Peer,点对点)网络通常是一种连接少于 10 台计算机的、简单的、廉价的网络体系结构。每台计算机或移动设备都被称为一个 peer,它们具有相同的责任和功能,与 P2P 网络上的其他计算机和移动设备共享硬件设备(如打印机)、数据或信息,如图 5-3 所示。P2P 网络允许用户分享位于计算机上的资源和文件,也允许访问网络中其他计算机中的共享资源。P2P 网络没有一般的文件服务器,但所有的计算机都可以使用网络中其他计算机上的所有可用资源。例如,可以在 Android 平板电脑和 Windows 笔记本电脑之间建立 P2P 网络,这样它们就可以使用蓝牙来共享文件,或者可以在平板电脑上下达打印的指令,将其发送到网络上任何设备都可访问的打印机。有线网络和无线网络都可以配置成 P2P 网络。

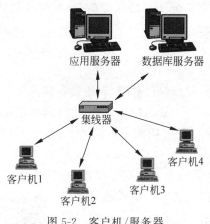

图 5-2 客户机/服务器

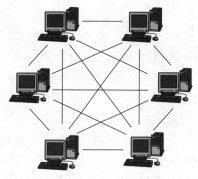

图 5-3 P2P 网络

5.1.3 局域网的优点和缺点

局域网可以为一定范围内的设备提供连接,通常在家庭的房屋、办公大楼、企业或学校内提供网络连接。局域网可以使用与因特网一样的网络技术,只不过规模要小得多;局域网具有拓扑结构。局域网使用通信协议来传送包,并且需要通信线路(如电缆或无线信号)。局域网中还包含有数据通信设备,如路由器和调制解调器。局域网可通过协议来进行分类,可分为以太网和 Wi-Fi。

通过局域网可以轻松地进行设备之间的信息与资源共享。局域网显著地改变了人们的生活方式。在局域网普及以前,人们一般需要将信息打印出来以便进行传播,而打印机也只能连入一台或少数几台计算机;但如今只需要鼠标的轻轻一点就可达到相同甚至更好的效果。

局域网具有以下优点。

(1) 支持协同工作。局域网可以使多人同时编辑一个文档、讨论一个项目或一起玩游戏。局域网缩短了人们交流的地理隔阂。

(2) 支持共用硬件、软件。通过局域网可以共享使用同一份软件副本、同一个硬件设备。例如,只要把打印机连入局域网,局域网中的所有人都可方便地进行打印。

(3) 支持共享数据。如果没有局域网,传递数据可能需要用 U 盘等便携设备间接传递,移动设备的信息传递会更加不便。局域网使得数据的共享变得非常简单,大大提高了效率。

(4) 更方便地使用外部设备和服务。局域网允许多个设备、多个用户通过一个因特网连接来访问因特网。局域网还使得设备之间的相互操控不用再拘泥于形式,如通过一些特定的软件,可以利用智能手机来控制电视、显示器或扬声器播放的内容。

局域网带来便利的同时,还有以下缺点。

(1) 过于依赖网络互联设备如路由器。在无线局域网中,一旦路由器发生故障,所有的局域网连接都将被中断。一旦唯一的因特网连接中断,局域网中的所有设备也将无法通过局域网访问因特网。

(2) 不安全性。局域网的不安全性表现在两个方面:其一,由于无线信号的覆盖范围不可控,可能被覆盖范围内的计算机窃听,甚至不受限制地访问局域网中的内容;其二,如果接入因特网的局域网受到外来攻击,局域网中的所有设备也将受到影响。

总体来说,局域网的优点大于缺点,在计算机有安全工具的保护时,局域网受到入侵的风险是很小的。

5.1.4 网络节点

在计算机网络中,每一个连接点称为节点,节点可以是计算机、网络设备或网络化外设。

计算机接入局域网需要网卡(Network Interface Card,NIC)。网卡也称网络适配器,通常集成在计算机的主板中,或者以类似于独立显卡的方式插在主板插槽上。部分便携式网卡还可直接插在 USB 接口上。

网络设备是用于传播网络数据或放大网络信号的电子设备。常用的网络设备有集线器、网桥、网关、网卡、交换机、调制解调器、路由器等。其中,集线器可通过添加额外端口的方式扩展有线网络,网桥可以连接两个类似的网络,网关可以连接两类不同的网络(如局域网和因特网),交换机可以协助网络中多个设备进行通信,调制解调器可在数字信号和模拟信号之间进行转换,路由器则是连接因特网中各局域网、广域网的设备,是网络的枢纽,另外,路由器可以计算出最佳路径并通过此路径将信息传输到指定的节点。

视频讲解

网络化外设是可以直接连接到网络的设备。最新带有网络功能的打印机、扫描仪等都可看成网络化外设。网络化外设还包含网络附加存储(Network Attached Storage,NAS),它是一种可以直接连接到网络的存储设备,如图 5-4 所示。

视频讲解

图 5-5 描述了以路由器为中心的小型局域网模型。

图 5-4 网络附加存储

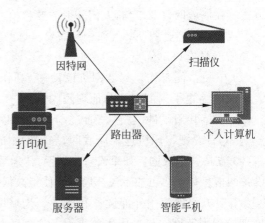

图 5-5 以路由器为中心的小型局域网模型

5.1.5 网络拓扑结构

计算机网络的通信线路在其布线上有不同的结构形式,而网络拓扑结构指的就是计算机网络中节点和链路所组成的几何图形。网络拓扑结构的类型,如图 5-6 所示,每种网络拓扑结构都有其优缺点,所以不能说哪一种网络拓扑结构是最好的。例如,总线型拓扑结构的链路长度较短,但在高峰时段的冲突情况可能更频繁;而全互联型拓扑结构链路较长,但发生冲突的情况比较少。最常用的两种网络拓扑结构是星形和互联型。星形拓扑结构可将多种设备连接到一个中心设备；互联型拓扑结构可将多种设备彼此互联，或者是部分互联型，或者是全互联型。不常用的网络拓扑结构是总线型，这种拓扑结构将设备以线性的顺序进行连接。在实际应用中可以根据不同的指标，例如可靠性、安全性、容量、可扩展性、可控制性、可监控性等来选择使用最适合的网络拓扑结构。

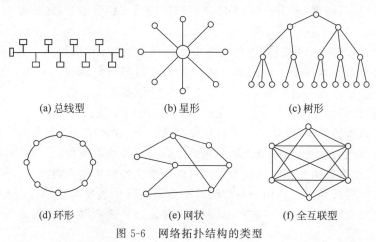

图 5-6 网络拓扑结构的类型

5.1.6 网络连接

有线局域网通过电缆连接各个节点，使数据在电缆中进行传输。

网络电缆也称双绞线，是用 4 对铜线缠绕而成的，线的末端接有 RJ45 接头，如图 5-7 所示。常用的网络电缆包括五类线（CAT5）、超五类线（CAT5e）和六类线（CAT6），它们最长支持 100m 的传输长度。

在城域网和广域网中，信号是在光缆中传输的。光缆由细如头发的光导纤维制成，数据在其中可以以光速传播。随着人们对网络速度的要求日渐提高，"光纤入网"已经成为发展趋势。

无线网络可以不通过电缆或电线，将数据从一个设备传输到另一个设备。无线网络的规模各异，从个人区域网到局域网和广域网，都能使用无线电信号、微波或红外线等的无线技术。

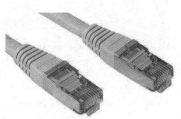

图 5-7 RJ45 接头

人们用带宽来衡量网络的数据传输能力，带宽是指单位时间内可传输的最大数据量。数字数据的带宽常用比特/秒（bps 或 b/s）度量，而模拟数据的带宽则用赫兹（Hz）来度量。例如，百兆网的带宽是 100Mbps。带宽较高的通信系统称为宽带，带宽较低的称为窄带。宽带和窄带的划分标准并不是固定的，目前常以 4Mbps 为分界线进行划分。

5.1.7 通信协议

数据在网络节点间传输时，需要遵守一系列的通信协议。通信协议可以理解为计算机之间进行相互会话所使用的共同语言，它定义了数据的编码解码方式、传输顺序、电压高低、纠错方式等内容,以确保数据能够顺利地传输。最常用也是最著名的通信协议是 TCP/IP 协议,它是管理因特网数据传输的协议,且也已成为局域网的标准。

视频讲解

在数据传输过程中,计算机间需要多次地"握手"来建立连接。通信电路建立之后,计算机通过"握手"确定要使用的通信协议及相应参数,之后数据才开始传输。

数据通常是以电磁信号的形式在网络中传输的,传输过程中可能会碰到干扰(称为噪声),使得一部分数据被改变。这时通信协议有责任对其进行修复。例如,若用+5V 代表二进制数 1,用 0V 代表二进制数 0,如果某个噪声将原本代表 1 的+5V 变成了+4V,接收设备会对其进行判断,选择最接近的电压(+5V 相对 0V 更接近+4V)来修复错误。

在实际的数据传输中,整体的数据会被分割成一个个的"包",以包为单位进行传输。每个包上都写有发送者地址、目的地地址和包的序列号。接收设备收到所有的包后,再对其进行纠错、拼装以获得整体数据。以包为单位可以使大文件的传输变得简单,而且可以产生稳定的数据流。不同的包可以共用一条线路而不会阻断其他数据的传输,这种技术称为包交换技术。与之对应的是线路交换技术,这种技术传输整体的数据,会占用整条线路而不能进行其他数据的传输。

能够使设备连接到局域网的电路称为网络接口控制器(Network Interface Controller,NIC),也称为网卡。网卡内嵌在大多数数字设备的电路板中,它也可以作为附加组件电路板和 USB 设备来使用。

在网络中,最常用的地址是 MAC 地址和 IP 地址。包可以通过这些地址来进行定位发送。

每个网卡中都含有唯一的介质存取控制(Media Access Control,MAC)地址,用来唯一地标识局域网中的每个设备。MAC 地址通常是由数字设备的生产厂商所分配的,它们是嵌入在硬件当中的。

在局域网中,MAC 地址可以结合 IP 地址一起起作用。局域网中的每个设备都有一个MAC 地址(有时也称为 Wi-Fi 地址或物理地址)。DHCP(动态主机配置协议)可将一个 IP地址分配给一个设备,并将此 IP 地址与这个设备的 MAC 地址进行链接。

通过 Windows 命令提示符可以查询本机的 MAC 地址,如图 5-8 所示。MAC 地址是由 12 位十六进制数组成的。

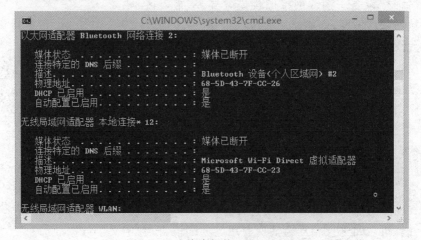

图 5-8 查询本机的 MAC 地址

5.2 有线网络

本节介绍有线网络的相关知识,以及最普遍的有线局域网——以太网。

5.2.1 有线网络基础知识

有线网络通过实体的电缆连接网络设备,使信息在电缆中传输。固定电话和有线电视接入都是有线网络广泛应用的例子,部分局域网也采用有线网络进行搭建。

有线网络有以下优点。

(1) 有线网络很容易进行配置。

(2) 有线连接速度较快,下载或传输大文件时,优势很大。

(3) 有线网络更安全,不用像无线网络一样担心网络覆盖范围内有人窃听。

但由于有线网络通过电缆进行信息传出,这也带来了以下缺点。

(1) 电缆限制了设备的移动性,连接了电缆的笔记本电脑只能在小范围内移动。

(2) 不是所有设备都有可供电缆插入的接口,一些移动设备要连入网络只能通过无线方式。

(3) 如何布设电缆也需要考究。电缆布设不好,轻则影响美观、积聚灰尘;重则产生安全隐患(如穿过供电线路、供暖管道等)。可以使用卡线钉对网线进行固定,如图5-9所示。

图 5-9　使用卡线钉对网线进行固定

5.2.2 以太网

以太网(Ethernet)是符合 IEEE 802.3 标准的有线局域网组网技术,它是当今局域网采用的最通用的通信协议标准。以太网很容易进行理解、实现与维护,且兼容性和灵活性较好。例如,它可以兼容 Wi-Fi 无线网络,以使得一个网络中可以混合接入有线设备和无线设备。

以太网会将数据包同时发向网络范围内的所有设备,但只有符合数据包上目的地址的设备才能够接收。

现在的以太网局域网通常都是以星形拓扑结构部署的,即将计算机用电缆与包含在先进的路由器中的中心交换电路进行连接。网络中的计算机所发送的数据,被传送到路由器,然后由路由器将数据发送到网络节点。

按照带宽和采用标准的不同,以太网可分为以下几类。

(1) 标准以太网,采用了 IEEE 802.3 标准,带宽为 10Mbps。目前的标准以太网通常为 10Base-T 以太网,即单段网线长度小于 100 米的标准以太网。

(2) 快速以太网,采用了 IEEE 802.3u 标准,带宽为 100Mbps。

(3) 千兆以太网,采用了 IEEE 802.3z 标准,带宽为 1000Mbps。

(4) 万兆以太网,采用了 IEEE 802.3ae 标准,带宽为 10Gbps。

(5) 40G/100Gbps 以太网,采用了 IEEE 802.ba 标准,带宽为 40Gbps 或 100Gbps。

多数笔记本电脑及台式计算机都内置了以太网端口用以接入以太网。若没有以太网端口,可以使用以太网适配器(也称以太网卡或网卡),将其安装在计算机主板的扩展槽中;或者使用 USB 以太网适配器,将其插在计算机的 USB 接口上。

可以在操作系统提供的设备管理实用程序或网络连接实用程序中查看计算机的以太网适配器的速度,如图 5-10 所示。

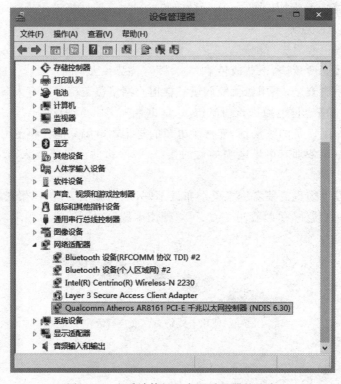

图 5-10 查看计算机以太网适配器的速度

5.3 无线网络

本节介绍无线网络的相关知识,以及两种常用的无线局域网技术——蓝牙和 Wi-Fi。

5.3.1 无线网络基础知识

无线网络可以采用射频信号、微波或红外线等多种数据传输技术,大多数无线网络通过射频信号(Radio Frequency Signal,RF Signal)传输数据。射频信号通常也称无线电波,可由无线电收发器(即无线网卡)进行发送和接收。

无线网络有以下优点。

(1) 可移动性。支持无线网络的设备可在网络覆盖范围内随意移动。

(2) 减少了线缆的使用数量,可以使工作空间更整洁。

但由于无线网络的信号是在空气中进行传播的,这也带来了以下缺点。

(1) 速度较慢。无线网络信号很容易受到一些常用设备的干扰,如微波炉、无绳电话等。一旦信号被干扰,数据就需要重新传输,即耗费更多的时间。

(2) 覆盖范围易受限制,且信号强度会随距离的增加而减弱,网速也会因此变慢。大型的障碍物尤其是金属制品会显著降低无线网络的覆盖范围。

(3) 安全隐患。由于无线信号的覆盖范围不可控,可能被覆盖范围内的计算机窃听(如从房屋外入侵房屋内的无线网络),甚至不受限制地访问局域网中的内容。

(4) 为避免影响诸如电视和无线电广播等信号的传播,无线网络只能使用特定的公用频率,如 2.4GHz、5.8GHz 等。众多无线网络挤在狭小的频率范围内会产生安全风险。常用设备如微波炉的工作频率恰恰也是 2.4GHz,可能会产生信号干扰。

尽管无线网络的缺点看上去较多,但只要进行合理的配置与使用,无线网络依然可以方便地满足人们的轻量级网络需求(如浏览网页、文件共享等)。

目前比较流行的无线网络技术有蓝牙、Wi-Fi 等。

5.3.2 蓝牙

视频讲解　　视频讲解

蓝牙(Bluetooth)源于 10 世纪的丹麦国王 Harald Bluetooth,将其首字母 H、B 用古北欧字母表示并结合起来,就是蓝牙标志,如图 5-11 所示。这是一种短距离的无线网络技术,可在两个具有蓝牙功能的设备间建立连接。蓝牙通常不用来建立局域网,而是主要用来将鼠标、键盘、耳机等设备连接到计算机,从而省去它们之间的连接线。

也可通过蓝牙进行计算机之间的数据传输。但典型的蓝牙 3.0 规范的数据传输速度只有 24Mbps,覆盖范围只有 10m,因此只适合于小文件的近距离传输。蓝牙 4.0 规范将覆盖范围提升到了约 100m,不过还未普遍商用。

图 5-11　蓝牙标志

蓝牙通过一个名为"配对"的过程建立连接。具有蓝牙功能的设备可以被设置为发现模式。两个处于发现模式的设备可以互相发现对方并进行配对。配对过程中会交换一个认证码,当双方都通过后就会建立起持续的连接,如图 5-12 和图 5-13 所示。

蓝牙使用 2.4GHz 频段,目前绝大多数计算机都内置了蓝牙功能。如果计算机没有蓝牙功能,可以在 USB 端口插入蓝牙适配器以获得蓝牙功能。

5.3.3 Wi-Fi

Wi-Fi(Wireless Fidelity,无线保真)是在 IEEE 802.11 标准中定义的无线网络技术,通常使用 2.4GHz 或 5GHz(5GHz 是专为 Wi-Fi 预留的频段)的频率进行数据传输。Wi-Fi 兼容以太网,因此可以在一个网络中同时使用这两种技术。

建立 Wi-Fi 的方式有以下两种。

(1) 采用无线点对点协议(Wireless Ad-hoc Protocol),即处于网络中的所有设备都会直接向其他设备广播网络信号,如图 5-14 所示。无线点对点网络的安全性较差。

图 5-12 蓝牙配对过程(发送请求方)

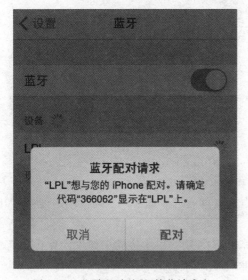

图 5-13 蓝牙配对过程(接收请求方)

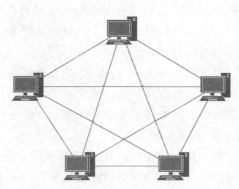

图 5-14 无线点对点网络

(2) 采用无线集中控制协议(Wireless Infrastructure Protocol),它使用一个中心设备(如路由器)对信息进行中转传输,如图 5-15 所示。

Wi-Fi 可分为 6 代,每一代的标准和支持的最高速度都不尽相同。

(1) 第一代采用 802.11 标准,工作频率为 2.4GHz,最高传输速率为 2Mbps。

(2) 第二代采用 802.11b 标准,工作频率为 2.4GHz,最高传输速率为 11Mbps。

(3) 第三代采用 802.11g/a 标准,其中 802.11a 工作频率为 2.4GHz,802.11g 工作频

率为5GHz,最高传输速率为54Mbps。

（4）第四代采用802.11n标准,可在2.4GHz和5GHz两个频段工作,目前业界主流传输速率为300Mbps,理论上最高传输速率为600Mbps。

（5）第五代采用802.11ac标准,工作频率为5GHz,理论最高传输速率可达3.6Gbps。

（6）第六代采用802.11ad标准,工作频率为60GHz,理论最高传输速率可达7Gbps。

Wi-Fi标准中的最高传输速率只是理论上的最大值,实际应用中由于有各种干扰因素,数据传输速率与信号覆盖范围都会受到影响。可以采用多入多出（Multiple-Input Multiple-Output,MIMO）路由器来增强信号的传输速率和覆盖范围,如图5-16所示。

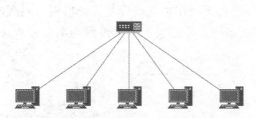

图5-15 控制网络进行Wi-Fi搭建

图5-16 具有MIMO功能的路由器

Wi-Fi信号可距离路由器高达90m。厚水泥墙、钢梁和其他的环境障碍物都会显著地减小这个范围,在封闭的区域内,这个范围为30～45m。

大部分计算机都内置了Wi-Fi功能。如果没有Wi-Fi功能,或者内置的Wi-Fi速度较慢,可以使用Wi-Fi适配器来进行配置或升级。Windows用户可以在设备管理器中查看计算机是否支持Wi-Fi和蓝牙,如图5-17所示。

图5-17 查看计算机是否支持Wi-Fi和蓝牙

5.4 局域网的应用

本节介绍一些局域网的应用,包括文件共享、网络服务器及网络诊断和修复。

5.4.1 文件共享

文件共享使得计算机可以访问局域网内其他设备上的共享文件,并对其进行操作(查看、复制甚至修改)。

要查看网络中的共享设备,需要先开启网络发现功能。网络发现功能一般是默认开启的,如果需要关闭,可以在操作系统提供的网络实用程序中进行设置。开启网络发现功能后,可以在 Windows 的网络面板或 macOS 的 Finder 中查看当前局域网中的共享设备,如图 5-18 所示。

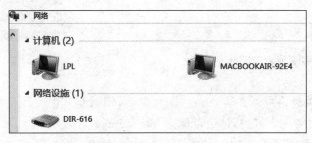

图 5-18　查看当前局域网中的共享设备

要共享计算机上的文件,需要先开启文件共享功能。可以在 Windows 的"网络和共享中心",或者 macOS 的"系统偏好设置"中开启,如图 5-19 和图 5-20 所示。

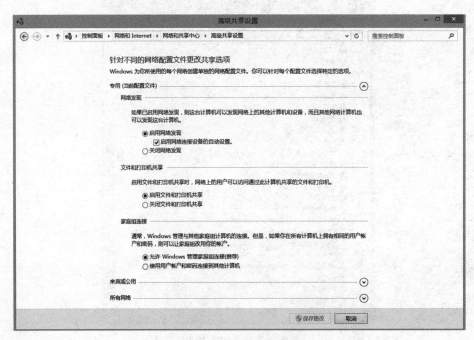

图 5-19　开启文件共享功能

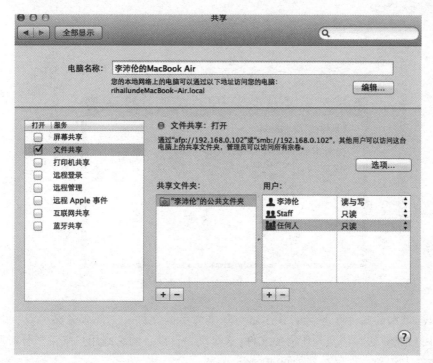

图 5-20　共享设置

开启文件共享功能后,在 Windows 下可以通过如下方法对任意文件夹进行共享。

(1) 右击文件夹,在弹出的快捷菜单中选择"共享"命令,在弹出的子菜单中选择要共享的用户。

(2) 右击文件夹,在弹出的快捷菜单中选择"属性"命令,在弹出的对话框中选择"共享"选项卡进行设置。

(3) 单击文件夹,在窗口上方的功能区中,选择"共享"选项卡进行设置。

在 macOS 下,可以通过如下方法共享任意文件或文件夹。

(1) 在共享设置中添加需要共享的文件夹。

(2) 把对应文件直接拖入用户的共享文件夹。

为了保护文件和系统的安全性,需要限制文件的访问权限,如"不允许访问""只读""只写""读写均可"等。文件的访问权限可以在 Windows"共享"选项卡下的"高级安全"中、对应文件夹属性的权限设置中,或者 macOS 的共享设置中进行设定。设置文件的访问权限后,用户的某些行为会受到限制,如图 5-21 所示。

针对文件共享,Windows 还提出了"家庭组"的概念。家庭组中的计算机可以自动共享文件和文件夹。

5.4.2　网络服务器

网络服务器通常不配备显示器和键盘,只由微处理器、内存、大容量硬盘和网络适配器组成。目前,家庭中较常用的网络服务器是文件服务器。文件服务器既可以是专业的服务器,也可以是淘汰了的旧计算机。

图 5-21 设置文件的访问权限

接入局域网的文件服务器能够存储与分享大量的文件。文件服务器可以长时间地工作，所以用户能够随时访问到所需的文件，这对有多台设备的家庭用户来说十分实用——只需要把文件上传到文件服务器即可进行分享。

文件服务器还可以提供备份功能。可以将多个设备的备份统一放在文件服务器中，而不用再为每个设备单独购买备份介质。

5.4.3 网络诊断和修复

在使用局域网的过程中不免发生各种网络问题。发生问题时，可以先尝试自己进行诊断和修复，如不成功再请求专业人员的帮助。

网络发生问题时，先要分析故障的来源。

(1) 检查信号强度。信号强度过小时，网络连接可能不通畅，这时把设备移到离路由器较近的地方即可。

(2) 检查密码是否正确。一些设备可能会记住局域网密码以自动连接，如果修改了局域网密码，这些设备便不能自动连接了。

(3) 检查开关是否打开。开关分为物理开关与软件开关。物理开关如路由器电源开关等，软件开关如智能手机的无线网络开关等。

(4) 查看是否有干扰。无绳电话、微波炉等都可能干扰到局域网。

(5) 查看网络设备的有线连接是否稳固，查看路由器的工作指示灯是否在收发数据。

(6) 如果只有一个有线连接的设备无法访问局域网，有可能是电缆发生了损坏，从其他设备上更换一条进行排查即可。

(7) 检查网络设置，确保网络已启用，确保驱动安装正常。

操作系统也提供了一些实用工具进行网络故障的诊断与修复，如 Windows "网络和共享中心"中的"疑难解答"和 macOS 中的"网络实用工具"，如图 5-22 所示。在 Windows 下，还可以在命令提示符中使用 ping、netstat、ipconfig 等命令进行网络故障排查。

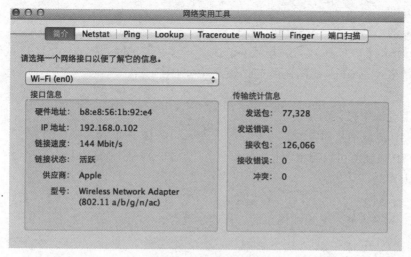

图 5-22　网络实用工具

除此之外，还可以使用第三方提供的网络诊断和修复的实用程序。一些网络问题可以通过重启网络来解决，而另外一些问题如硬件故障就不是这么容易解决了。

小　　结

本章主要介绍了局域网的相关知识，包括局域网的分类、结构、协议，有线局域网和无线局域网，以及一些局域网的应用。

通过对本章的学习，读者应能够了解生活中常用的局域网，并利用局域网的优势使生活更加便捷。

习　　题

第 5 章在线测试题

一、判断题

1．城域网可以在一座城市的范围内进行数据传输。　　　　　　　　　　　（　　）
2．如果接入因特网的局域网受到外来攻击，局域网中的所有设备也将受到影响。
　　　　　　　　　　　　　　　　　　　　　　　　　　　　　　　　　（　　）
3．在计算机网络中，节点只能是计算机。　　　　　　　　　　　　　　　（　　）
4．网络电缆采用 RJ45 接头。　　　　　　　　　　　　　　　　　　　　（　　）
5．在数据传输过程中，计算机间只需一次"握手"即可建立连接。　　　　（　　）
6．无线网络可以使用任意频率进行传播。　　　　　　　　　　　　　　　（　　）
7．路由器是网络设备。　　　　　　　　　　　　　　　　　　　　　　　（　　）
8．网络只能以总线型拓扑结构布设。　　　　　　　　　　　　　　　　　（　　）
9．网络服务器通常不配备显示器和键盘，只由微处理器、内存、大容量硬盘和网络适配器组成。　　　　　　　　　　　　　　　　　　　　　　　　　　　　　（　　）
10．无绳电话、微波炉等不会干扰到局域网。　　　　　　　　　　　　　（　　）

二、选择题

1. 本地的电话公司一般使用（　　）。
   A. 个人网　　　　　B. 局域网　　　　　C. 城域网　　　　　D. 广域网
2. 通常来说,2Mbps 的网速属于（　　）。
   A. 宽带　　　　　　B. 窄带　　　　　　C. 百兆网　　　　　D. 千兆网
3. 以下说法中错误的是（　　）。
   A. IP 地址不是固定的　　　　　　　　　B. IP 地址不是唯一的
   C. IP 地址不可以用来定位　　　　　　　D. MAC 地址对每个网卡唯一
4. 以太网是（　　）。
   A. 有线网　　　　　B. 无线网　　　　　C. 因特网　　　　　D. 都不是
5. 以下频率可能不是无线网络的工作频率的是（　　）。
   A. 5GHz　　　　　　B. 2.4GHz　　　　　C. 5.8GHz　　　　　D. 120MHz
6. （　　）使用一个中心设备对信息进行中转传输。
   A. 无线点对点网络　　　　　　　　　　B. 无线集中控制网络
   C. MIMO　　　　　　　　　　　　　　　D. NAS
7. 以下属于网络设备的是（　　）。
   A. 集线器　　　　　B. 网桥　　　　　　C. 交换机　　　　　D. 以上都是
8. 以下网络拓扑结构中,链路最短的可能是（　　）。
   A. 全互连型　　　　B. 树形　　　　　　C. 环形　　　　　　D. 网状
9. 以下访问权限比较安全的是（　　）。
   A. 完全控制　　　　B. 修改　　　　　　C. 特殊权限　　　　D. 读取
10. 以下不适合用于 Windows 的命令提示符中以进行网络故障排查的是（　　）。
    A. ping　　　　　　B. dir　　　　　　　C. netstat　　　　　D. ipconfig

三、思考题

1. 五类线、超五类线、六类线等几种网线有什么区别？
2. 带宽的两个单位赫兹和比特/秒间有什么联系？
3. 查一查 IPv4 中,哪些范围是可以使用的？哪些范围是不可以使用的？它们分别代表什么？
4. 为什么许多设备都使用 2.4GHz 频段？有什么可行的解决方法？
5. 为什么 WEP 协议的安全性较差？
6. 应该如何使用 ping、ipconfig、netstat 等命令？

第 6 章　因　特　网

本章主要介绍因特网的相关知识,包括因特网的发展历程、基础设施、协议、地址、域名、连接速度,以及诸多因特网的接入方式和因特网服务。通过本章的学习,读者应能够选择适合自己的因特网接入方式,并享受更加丰富的因特网服务。

6.1　因特网基础知识

本节主要介绍因特网的基础知识,包括因特网的发展历程,基础设施,数据包,因特网协议、地址和域名,以及因特网的连接速度。

6.1.1　因特网背景

因特网(Internet)又称互联网,是世界上最大的广域网。因特网始于1969年的美国,美国国防部高级研究计划署(Advanced Research Projects Agency,ARPA)建立了只有4个节点(加利福尼亚大学洛杉矶分校、加州大学圣巴巴拉分校、斯坦福大学、犹他州大学)的名为ARPANET(又称阿帕网)的网络。最初的 ARPANET 主要用于军事研究目的。

1986 年,美国国家科学基金会(National Science Foundation,NSF)利用 ARPANET 发展出来的 IP 通信,在 5 个科研教育服务超级计算机中心的基础上建立了 NSFNET 广域网。由于 NSF 的鼓励和资助,很多研究机构纷纷把自己的局域网并入 NSFNET 中,形成了一个"internet"。而随着这种网络在世界范围内的持续发展,它的名称逐渐变成了"Internet",即我们现在所说的因特网。

因特网发展到如今已经异常庞大了,如图 6-1 所示。2018 年,因特网用户数量突破 40 亿,占全球总人口超过 52%。因特网中的数据量正在以指数级别增长,从地球起源到 2003 年,人类社会只产生了 5EB(1EB=1048756TB)的数据,而如今,每天都有 2.5EB 的数据被生成。2012 年,整个因特网的数据量是 2.8ZB(1ZB=1024EB,1EB=10.74 亿 GB);而到 2015 年,这个数据已变成 7.9ZB;预计 2020 年时,将会达到惊人的 40ZB。因特网已经成为数据的海洋,而数据则成为信息时代的"石油"。

因特网不属于任何个人、公司、组织或者政府机构。因特网上的每一个组织都仅仅为维护其自身的网络负责。

因特网名称与数字地址分配机构(The Internet Corporation for Assigned Names and Numbers,ICANN)是一个非营利性的国际组织,成立于 1998 年 10 月,是一个集合了全球网络界商业、技术及学术各领域专家的非营利性国际组织,负责在全球范围内对因特网唯一标识符系统及其安全稳定的运营进行协调,包括因特网协议(IP)地址的空间分配、协议标识

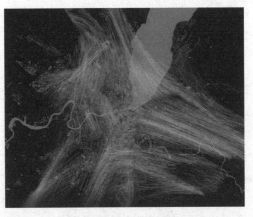

图 6-1 因特网(数据来源：villevivante.ch)

符的指派、通用顶级域名(gTLD)与国家和地区顶级域名(ccTLD)系统的管理，以及根服务器系统的管理。这些服务最初是在美国政府合同下由因特网号码分配当局(Internet Assigned Numbers Authority,IANA)及其他一些组织提供。现在,ICANN 行使 IANA 的职能。

6.1.2 因特网基础设施

因特网的结构可以理解成是一个繁杂而庞大的公路网，其中，有城市中的普通公路，有乡间小路，还有连接城市之间的高速公路。因特网主干网类似于高速公路，它由高性能的路由器和光纤通信链路组成，为不同的子网络进行高速的数据交换。

视频讲解　视频讲解

主干网链路和路由器是由网络服务提供商(Network Service Provider,NSP)维护的。每个 NSP 都有自己的主干网，不同的主干网之间通过网络接入点(Network Access Point,NAP)连接来进行数据交流。

NSP 为大的因特网服务提供商(Internet Service Provider,ISP)提供因特网连接。ISP 再向普通用户、企业或较小的因特网服务提供商提供因特网接入。例如，在国外，比较知名的 NSP 有 AT&T、British Telecom、Sprint、T-Mobile、Verizon 等，比较知名的 ISP 有 Earthlink、AOL、Comcast 等；在中国，NSP 和 ISP 的区分并不是特别明显。

ISP 维护有自己的路由器、通信设备和其他网络设备，用于在用户和因特网间传输数据。ISP 还可能会提供多种服务，如电子邮件服务器、域名服务器、文件服务器等。

要连接到 ISP 提供的网络，需要使用调制解调器，或者有调制解调功能的路由器。调制解调器可以将信号在计算机需要的数字信号和通信传输需要的模拟信号间进行转换。调制解调器有多种类型，需要根据 ISP 提供的因特网接入类型进行选择。

总体来说，数据从因特网主干网到用户计算机需要经过如下的路径：因特网主干网→NSP 路由器→ISP 路由器→用户调制解调器→用户局域网路由器→局域网内的用户计算机。

6.1.3 数据包

在因特网中，信息都是被分成许多小块，以数据包(Packet)的形式来传输的。每个数据包都包含有发送者地址、接收者地址、包序号及所包含的信息。当数据包到达目的地时,它们会按照包序号的顺序重新组合起来。

这种通过将数据分成小块分别进行传输的方式称为分组交换(Packet Switching)。分组交换的优点是可以提高网络线路的利用率,同时避免某一因特网连接长时间占据整个网络线路。如果不将数据分成小块而是将整个数据文件统一传输,那么大体积数据文件的传输将会长时间占用整个网络线路,从而影响其他因特网用户的正常使用。

6.1.4 因特网协议、地址和域名

因特网可以使用多种协议进行不同形式的数据传输,生活中常见的因特网协议有以下几种。

(1) TCP(Transmission Control Protocol,传输控制协议),负责创建连接并交换数据包。

(2) IP(Internet Protocol,因特网协议),为每个接入因特网的设备提供唯一的地址。

(3) HTTP(HyperText Transfer Protocol,超文本传输协议),主要用于浏览器和服务器之间的数据传输

(4) FTP(File Transfer Protocol,文件传输协议),负责在用户计算机和服务器之间传输文件。

(5) POP(Post Office Protocol,邮局协议),将电子邮件从服务器传送到客户端。

(6) SMTP(Simple Mail Transfer Protocol,简单邮件传输协议),将电子邮件从客户端传送到服务器。

(7) VoIP(Voice over Internet Protocol,因特网语音传输协议),负责传输语音消息。

(8) BitTorrent(比特流),在分散的客户端之间传输文件。

在众多的因特网协议中,TCP/IP 协议是最基本的。TCP/IP 是一个协议簇,包括 TCP、IP、FTP、SMTP、UDP、ICMP、RIP、TELNET、ARP、TFTP 等许多协议。简单来说,TCP 负责数据传输并发现传输中的问题,IP 负责为每个设备分配一个唯一的 IP 地址。

IP 地址也可以用来进行网络上设备的定位。IP 地址是可变的,但其在固定时间唯一。

IP 地址一般由系统管理员或网络服务提供商分配,分配的 IP 地址是半永久的,即每次启动计算机时都保持一致;也可使用 DHCP(Dynamic Host Configuration Protocol,动态主机配置协议)来自动向 DHCP 服务器申请 IP 地址,通过此方式获得 IP 地址仅限此次联网使用,断网后重新获得的 IP 地址很有可能是不同的。

目前,常用的 IP 地址有两类:IPv4 和 IPv6,如图 6-2 所示。

(1) IPv4 采用了 32 位 4 字节二进制数表示地址,但通常它们是写成十进制数的形式,而且被句点分为 4 个 8 位组,如 192.168.0.1。理论上 IPv4 的范围为 0.0.0.0~255.255.255.255,但实际上有一些范围是不能被使用的。即使按可表示的最大数量算(2^{32} 约为 43 亿),IPv4 也

图 6-2 IP 地址的类型比拟

远远不能满足地球上众多人口的需要。

（2）IPv6是下一代的IP协议，它采用128位地址，通常写作8组，每组为4个十六进制数的形式，如FE80：0000：0000：0000：AAAA：0000：00C2：0002。IPv6最多可以表示2^{128}个不同的地址，完全可以满足地球上所有人的需求。

由于IPv4的容量过小，IP地址是动态的，只在用户需要时分发，以减少IP地址用尽的可能性。但也有一些IP地址是静态的。静态IP地址固定不变，一般用于ISP、网站、服务器等，它们需要一直使用相同的IP地址以避免不必要的麻烦。

每个ISP都能支配一组唯一的IP地址，在用户需要连接因特网时，ISP的DHCP服务器会发给用户一个临时的IP地址；当用户断开因特网连接后，这个IP地址会被"回收再利用"。因此，用户每次连接因特网获得的IP地址几乎不可能是完全相同的。一些ISP甚至还会在用户连网时随机改变其IP地址，这也使得用户很难在自己的计算机上架设网站或服务器。

有些IP地址只能在一定的范围内使用，如学校的网络。这样的IP地址称为专有IP地址。专有IP地址是由网络分配的，不需要来自ICANN的监管。但是这样的地址是不能在因特网上发送数据的，因为地址不能路由。

可能出现的情况是：一些较小的ISP可供支配的IP地址较少，而同时连接因特网的用户大于其可供分配的IP数量，这时便有一些用户因为无法获得IP地址而无法连接到因特网。

在人们访问网站时，更多使用的是域名而不是网站的IP地址，如表6-1所示。域名的全称是完全限定域名（Fully Qualified Domain Name，FQDN），是网页地址和电子邮件地址的关键部分。例如，在网址 www.microsoft.com/download 和邮件地址 msbop@microsoft.com 中，域名是 microsoft.com。

表6-1 顶级域名及其含义

顶级域名	含义	顶级域名	含义
com	商业机构	net	网络服务机构
org	非营利组织	gov	政府机构
edu	教育机构	biz	商业机构
info	信息提供	cn	中国
us	美国	uk	英国
hk	中国香港	tw	中国台湾
mo	中国澳门	gu	关岛
li	列支敦士登	公司/网络/中国等	中文顶级域名

域名由两个或两个以上的词构成，中间用"."分开。其中，最右面的词称为顶级域名，顶级域名标示这个域名的所属国家或所属分类。

需要注意的是，网站的顶级域名与网站的功能并不一定是一致的。例如，个人也可注册net域名，即并不是所有的net域名都是网络服务机构。还有一些顶级域名可以有特殊的含义，如列支敦士登的"li"可以代表中国的姓氏"李"，一些人会申请li域名来建设能够表示自己姓名的个人网站。

网络浏览、电子邮件和聊天等日常网络行为都无须有自己的域名,但如果想建设属于自己的网站,就需要有域名了。域名是由 ICANN 管理的。ICANN 监管着一些盈利性质的授权域名注册机构(Accredited Domain Registrars),可以通过这些机构按年付费注册域名。新网(见图 6-3)和万网是中国两个比较大的授权域名注册机构。按顶级域名的不同,每年价格为 30~500 元不等,如图 6-4 所示。

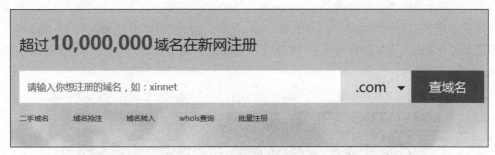

图 6-3　新网的域名注册

域名		首年注册 多年注册价格	续费 单年续费价格	转入 含一年续费价格
.com	全球注册量第一,注册首选	55	60	45
.cn	中国企业和个人的互联网标识	29	35	29
.net	为企业树立全球化商业品牌	62	66	52
.xin	网络诚信专属域名	88	88	88
.shop	购物/商店、电商专属域名	39	180	180
.ltd	有限公司简称,公司专属域名	11	29	29
.link	即刻链接世界	8	58	58
.store	网上超市、便利商店的专属域名	9	40	40

图 6-4　万网的域名注册价格(部分)

用户在浏览器地址栏中输入的域名需要被翻译成 IP 地址才能进行访问。每个域名都对应有唯一的 IP 地址,这一对应关系存储在域名系统(Domain Name System,DNS)中。而存储有域名系统的服务器就称为 DNS 服务器或域名服务器。

从用户输入网址到网页被返回的操作步骤如下。

(1) 用户输入网址如 http://www.baidu.com(这种形如"协议://域名"的地址称为 URL,即统一资源定位符)。

(2) ISP 将 http://www.baidu.com 路由到 DNS 服务器。

(3) DNS 服务器对 URL 进行解析,向 ISP 返回对应的 IP 地址,如 220.181.111.86。

(4) ISP 向用户返回 220.181.111.86,之后这个 IP 地址就会被附加到数据包上用于对网页的请求等。

ISP 会缓存热门的域名对应的 IP,所以通常访问的网站一般不需要等待 DNS 服务器的解析,但访问一些冷门的网站就需要借助 DNS 服务器了。这表现在网页的打开速度上,热门网站的打开速度较快;而冷门网站需要等待一段时间才能打开。

需要注意的是,尽管 IP 地址和网站地址很相似,都用"."分隔,但并不是说 IP 地址和网站地址是分段对应的(如 192 对应 http、168 对应 www),IP 地址和网站地址是作为一个整体互相对应的。

DNS 是因特网的核心,但由于因特网过于庞大,需要有很多台 DNS 服务器才能完全覆盖,这一点会造成同步性的问题,即一个网站的 IP 地址更改会花上几个小时甚至一两天的时间才能扩散到因特网中所有的 DNS 服务器,在这之前,一些区域对网站的 IP 地址解析可能仍旧是原来的 IP 地址。Windows 用户可以通过命令提示符的"ping"命令查看网站的 IP 地址,如图 6-5 所示。

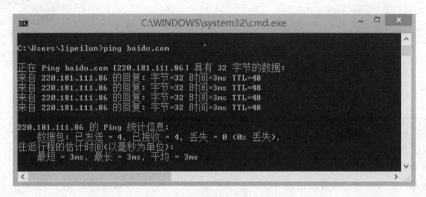

图 6-5　查看网站的 IP 地址

6.1.5　因特网的连接速度

因特网的连接速度可以用延迟和网速来衡量。

延迟是指数据从起点传输到终点,再传输回起点所用的时间。一般来说,200ms 以内的延迟可以保证大多数因特网应用的正常运行。而网络游戏的延迟最好不要超过 100ms。延迟还与数据的通信距离有关,如国内的数据通信延迟一般较小,而国际间的数据通信(如中国和美国的因特网用户进行视频聊天)延迟会显著增加。

网速是指单位时间内在用户计算机和 ISP 之间所能传输的数据量,一般用 Kbps、Mbps 衡量。网速与因特网接入类型有很大关系,如拨号连接网速最快为 56Kbps,而宽带连接可以达到 20Mbps,甚至更高。

网速还可分为上行速度和下行速度。上行速度是指用户计算机向 ISP 上传数据的速度,下行速度是指将数据从 ISP 下载到用户计算机的速度。一般来说,常用家庭因特网连接的上行速度远比下行速度要慢,这可以阻止用户架设网络服务器。ISP 广告上说的网速是指下行速度。

当上行速度与下行速度不同时,称因特网连接为非对称因特网连接;反之,称为对称因特网连接。

可以使用 ping、tracert 等命令查看网络延迟情况与包丢失情况,如图 6-6 所示。对于网速,可以使用第三方提供的网速检测实用程序进行自我检查。

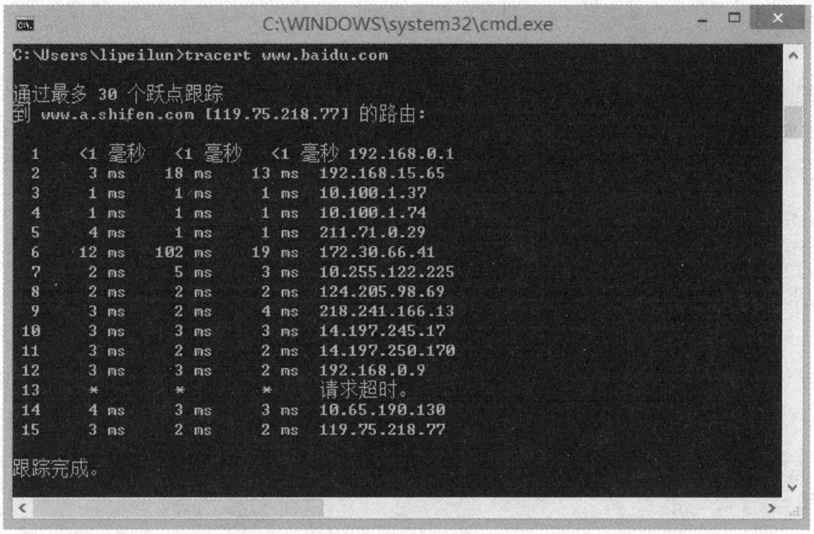

图 6-6 记录包的往返路径和速度

6.2 固定因特网接入

本节主要介绍固定因特网接入方式,包括拨号连接和 ISDN、DSL、FTTH、有线电视因特网服务、卫星因特网服务、固定无线因特网服务,以及它们之间的比较。

6.2.1 拨号连接和 ISDN

拨号连接是使用标准电话线和语音频带调制解调器进行数据传输的固定因特网接入方式。语音频带调制解调器使用 1070Hz 的音频表示二进制位 0,使用 1270Hz 的音频表示二进制位 1。拨号连接是非对称因特网连接,网速很慢,下行速度最高只有 56Kbps。但由于电话线和调制解调器质量的限制,通常只能达到 44Kbps,上行速度通常在 35Kbps 以下。

拨号连接时,语音频带调制解调器实际上是给 ISP 拨打了一个电话,ISP 接听后,用户计算机就和 ISP 建立起了连接。所以在拨号连接时,可能会听到一些类似于电话"嘟嘟"声的高低不同的音调,这组音调就相当于输入了 ISP 的"电话号码"。在"嘟嘟"声之后,可能还会有一些尖啸声和嘶嘶的声音,这是调制解调器在和 ISP 商谈通信协议。协商完成后,一切声音消失,就可以进行数据传输了。随着拨号连接逐渐被淘汰,这些声音已经成为一代人的怀念与记忆,如图 6-7 所示。

ISDN(Integrated Services Digital Network,综合业务数字网)使用数字电话网络进行数据传输。ISDN 的速度通常为 128Kbps,虽然比拨号连接要快,但仍远远不能满足人们的需求。随着 DSL 技术的成熟与推广,ISDN 已被 DSL 取代。

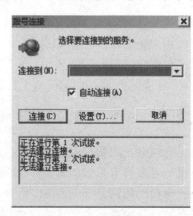

图 6-7 拨号连接的界面

6.2.2 DSL

DSL(Digital Subscriber Line,数字用户线路)也采用数字电话网络进行数据传输,它能将数字信号附加到普通电话线中未使用的频谱上,从而可以同时传输语音和数据。由电话线传出的语音信号和数据信号会在本地的电话交换站中分离,其中语音信号会被路由到普通的电话系统中,而数据信号被路由到 ISP 中。

DSL 可分为 ADSL(Asymmetric DSL,非对称数字用户线路,即上行速度慢于下行速度)、SDSL(Symmetric DSL,对称数字用户线路,即上行速度等于下行速度)、HDSL(High-Rate DSL,高速数字用户线路)、VDSL(Very high-rate DSL,极高速数字用户线路)等类型。DSL 速度较快,下行速度随具体类型的不同可达 6M~55Mbps,但其会受与电话交换站距离的影响。DSL 信号会随着距离的增加而衰减。一般来说,连接点到本地电话交换站距离不宜超过 5km。

DSL 网络通常需要有 DSL 调制解调器(见图 6-8)和 DSL 滤波器。

尽管在数字电话网络中,无须再有数字信号和模拟信号的转换,但仍需要将信号在计算机中的数字信号和 DSL 线路可传输的数据信号之间进行转换,进行这一转换就要使用 DSL 调制解调器。

DSL 滤波器可防止语音信号干扰 DSL 信号,如图 6-9 所示。并且可以将所有使用电话线的设备都连接到 DSL 滤波器上。

图 6-8　DSL 调制解调器

图 6-9　DSL 滤波器

6.2.3 FTTH

顾名思义,FTTH(Fiber To The Home,光纤入户)就是使用光纤连接到用户的家中,而不是使用传统的同轴电缆或双绞线,如图 6-10 所示。FTTH 是非对称的,速度很快,下行速度可达 1000Mbps,上行速度可达 100Mbps。

图 6-10　光纤

6.2.4 有线电视因特网服务

有线电视因特网服务(Cable Internet Service)利用有线电视网络进行数据传输。有线电视的电缆具有足够的带宽,可以同时传输电视信号及多个上行数据信号和下行数据信号。有线电视因特网是非对称的,速度很快,下行速度可达 150Mbps,上行速度可达 10Mbps。但有线电视因特网会受区域内的用户数量影响。因为电缆只有固定的带宽,当一个区域内

（如小区）用户数过多时，在高峰时段网络速度就会显著降低。有线电视因特网用户经常会发现这样的问题：他们的网速在白天通常较快，到了晚上就会变慢，而到了周末的晚上就几乎没有什么网速了。

通过有线电视线路接入因特网，实际上是连接到了有线电视网络的一个有线局域网中，再通过这个局域网统一进行因特网访问。一个有线电视局域网覆盖了邻近地区的很多用户，这些用户甚至可以通过有线电视线路进行一些局域网的操作（如文件共享）。

要使用有线电视因特网服务，需要有电缆调制解调器，它可以将计算机的数字信号转换成可以在有线电视线路中传输的信号。出于安全的考虑，目前多数有线电视公司使用兼容DOCSIS(Data Over Cable Service Interface Specification，有线业务接口数据规范)技术的电缆调制解调器来阻止局域网内用户之间的数据传输。

6.2.5 卫星因特网服务

卫星因特网服务通过个人的碟形卫星天线在计算机和同步卫星（位于赤道上方）之间进行数据传输。卫星因特网服务适合于偏远地区的用户使用，它是非对称的，下行速度一般为1~3Mbps，极限可达15Mbps，上行速度一般为100~400Kbps。卫星因特网服务的不足有以下3点。

(1) 不良天气会减慢甚至阻断网络连接。

(2) 由于信号需要长距离的传送（同步卫星距赤道高度约为36000km），网络延迟会很长。一般会有1s甚至更长的网络延迟。

(3) 卫星的带宽也是所有用户共享的，用户越多，网速越慢。

接入卫星因特网除了需要碟形卫星天线外，还需要有卫星调制解调器，它能够将计算机的数字信号转换成能传输到碟形卫星天线的频带，再由碟形卫星天线转换成能传输到卫星的频率并将其放大发送。

需要注意的是，碟形卫星天线不支持电视信号和因特网信号的共同传输。即如果用户既想享受卫星电视服务，又想享受卫星因特网服务，那么至少需要两个碟形卫星天线。

6.2.6 固定无线因特网服务

固定无线因特网服务（也称无线宽带服务）可以通过广播数据信号向大范围内的用户提供因特网接入。固定无线因特网服务适合于 DSL 和有线电视网络不可用（距离电话交换站较远、没有有线电视线路）的地区，且其网络延迟比卫星因特网服务要短，适合于偏远地区需要高速上网的用户。

目前最流行的固定无线因特网服务是 WiMax（Worldwide Interoperability for Microwave Access，全球微波互联接入）和 LTE。

WiMax 符合 IEEE 802.16 标准，因此也称 802.16 无线城域网。WiMax 使用架设在发射塔上的 WiMax 天线收发数据。一个发射塔可以为方圆5km内的非视距范围内的设备提供信号，5km外的设备则需借助视距天线，信号覆盖范围最远可达50km。

WiMax 可以是对称的，也可以是非对称的，其理论速度可达300Mbps，但在实际生活中，理想速度只有70Mbps，且还会受到距离、障碍物、天气和用户数量的影响，一般能达到10Mbps就很不错了。

通过WiMax接入因特网需要有无线调制解调器，距离发射塔较远的用户可能还需要架设视距天线。

由于各个国家的频谱分配不一等原因，因此WiMax在中国发展受限。

6.2.7 固定因特网连接比较

从以下几个方面来衡量几种固定因特网连接的优缺点，如表6-2所示。

表6-2 几种固定因特网连接的优缺点

	拨号连接	DSL	有线电视	卫星	固定无线
最大下行速度	56Kbps	6～55Mbps	150Mbps	15Mbps	70Mbps
最大上行速度	35Kbps	1～20Mbps	10Mbps	400Kbps	70Mbps
实际下行速度	44Kbps	1～50Mbps	3～10Mbps	3Mbps	10Mbps
网络延迟	100～200ms	10～20ms	10～20ms	1～3秒	10～50ms
需要条件	电话线、语音频带调制解调器	电话线、DSL调制解调器、距电话交换站5km以内	有线电视线路、电缆调制解调器	碟形卫星天线、卫星调制解调器、南方天空无遮挡(指向赤道方向)	无线调制解调器、视距天线(5km外)
安装支出	无	较便宜	较便宜	中等	较便宜
每月使用费用	便宜	中等	中等	中等	中等

6.3 便携式和移动因特网接入

本节首先区分便携式和移动因特网的概念，接下来介绍便携式和移动因特网接入方式，包括Wi-Fi热点、便携式WiMax和移动WiMax、便携式卫星服务、蜂窝数据服务。

6.3.1 移动因特网

随着越来越多的人拥有移动设备，因特网也开始"移动"起来。其中，便携式因特网接入可以方便地从一个地点携带到另一个地点，它主要强调的是设备的便携性。Wi-Fi、便携式

视频讲解　视频讲解

视频讲解

WiMax和便携式卫星服务都是常见的便携式因特网接入。

与便携式因特网接入不同，移动因特网接入强调的是因特网覆盖范围内的设备移动性。用户可以在网络覆盖区域内自由移动，而网络连接不会被中断，且当用户从一个网络覆盖区域移动到另一个网络覆盖区域时，网络连接依然保持。Wi-Fi、移动WiMax和蜂窝数据服务是常见的移动因特网接入。

由于便携式因特网接入和移动因特网接入的差别并不是很大(Wi-Fi甚至同属于两类)，以下对其进行综合性的介绍。

6.3.2 Wi-Fi热点

Wi-Fi热点是指提供了覆盖有Wi-Fi网络的区域，用户可以在区域范围内通过Wi-Fi网络访问因特网。Wi-Fi热点常用于家庭、商店、学校、咖啡

视频讲解

厅、机场等场所。

接入 Wi-Fi 热点的方式与接入无线局域网的方式相同,都是选择对应 Wi-Fi 的 SSID 并输入其网络安全密钥;不同的是:有些公众场所的 Wi-Fi 并没有设置网络安全密钥。

Wi-Fi 热点的因特网访问速度与所采用的固定因特网接入方式、信号强度及登入的用户数有关。一般来说,其速度可达 2~8Mbps。

在公共场所登入 Wi-Fi 热点需要有强烈的安全保护意识,因为窃听者很有可能会轻易获取网络访问数据,如图 6-11 所示。所以,尽量不要使用公共场所的 Wi-Fi 热点登入关键而不设防的账户。但可以进行访问安全性较高的网站如网上银行、网上支付网站,这些网站以 HTTPS 开头,窃听者一般无法获取信息。

Wi-Fi 的便携式很强,路由器可以很方便地进行移动,但 Wi-Fi 的移动性较差,用户只能在覆盖范围内(通常为 45m)进行因特网访问,一旦出了覆盖范围就会导致网络访问中断;即使用户从一个 Wi-Fi 热点移动到另一个 Wi-Fi 热点且设备能自动进行切换,切换时也会有短暂的网络中断。

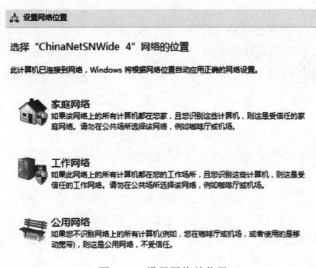

图 6-11 设置网络的位置

6.3.3 便携式 WiMax 和移动 WiMax

便携式 WiMax 是指集成了天线的非视距调制解调器可以在发射塔覆盖范围内移动,从而可以达到在覆盖范围内的任何区域都可使用 WiMax 接入因特网的效果。而装有 WiMax 电路和天线的笔记本电脑甚至不需要调制解调器就可直接在覆盖范围内访问因特网。

移动 WiMax 是由 ISP 和手机运营商部署的,它能够在不同的发射塔覆盖范围内提供无缝的因特网接入。

尽管便携式 WiMax 和移动 WiMax 都很方便,但由于 WiMax 在中国发展受限,支持便携式 WiMax 和移动 WiMax 的设备很少。

6.3.4 便携式卫星服务

便携式卫星服务通过便携的碟形卫星天线提供因特网接入,适合于远行到人烟稀少的区域时使用,如图6-12所示。碟形卫星天线通常可以架设在车辆上,只要调整好其朝向(需要指向赤道上方卫星对应的位置)就可访问因特网了。部分高端的便携式卫星系统还可以自动调整朝向以找到卫星信号。

便携式卫星服务与固定卫星服务类似,其因特网连接速度也受天气等因素影响。一般下行速度可达5Mbps,上行速度可达500Kbps,且其网络延迟很长。

6.3.5 蜂窝数据服务

图6-12 碟形卫星天线

蜂窝数据得名于其基站覆盖范围有如蜂窝状的正六边形分布。蜂窝数据服务是移动设备常用的因特网接入方式。

蜂窝技术目前可分为以下5代。

(1) 1G(第一代)采用了模拟技术,只可以进行语音通信。模拟数据传输速度最高可达14.4Kbps。

(2) 2G(第二代)用数字技术替代了模拟技术,能够进行窄带的数据通信(如短消息服务和文本消息服务)。常用的2G无线通信协议有CDMA,以及基于TDMA发展出来的GSM两种。2G的因特网访问速度较慢,一般下行速度不超过240Kbps,上行速度不超过160Kbps。

(3) 3G(第三代)在2G的基础上发展了高带宽的数据通信(如多媒体消息服务),并提高了语音通话的安全性。常用的3G标准有WCDMA、CDMA2000、TD-SCDMA等。3G的因特网访问速度较2G大幅度增加,一般下行速度可达3Mbps(WCDMA可达14.4Mbps),上行速度可达2Mbps(WCDMA可达5.76Mbps)。

(4) 4G(第四代)的目标是为移动中的设备提供100Mbps的峰值数据传输速率,或者是在设备静止时提供1Gbps的数据传输速率。4G主要有IEEE 802.16(WiMax)和LTE这两种技术;LTE使用的比较广泛。4G LTE可分为TD-LTE和FDD-LTE。目前,全世界绝大部分国家的运营商采用的是FDD-LTE,而中国首先采用的是TD-LTE。TD-LTE的下行速度可达100Mbps,上行速度可达50Mbps;FDD-LTE的下行速度可达150Mbps,上行速度可达40Mbps。

(5) 5G(第五代)是不久的将来所要使用的蜂窝技术。那时,带宽会比4G有极大的改善。而且,针对可穿戴式设备,可提供人工智能的功能。有关5G的更详细知识可参见第12章。

除了以上标准的5代外,还有介于它们之间的GPRS(相当于2.5G)、EDGE(相当于2.75G)等。总体来说,从1～5G,其因特网的访问速度逐代提高。

除了可以在移动设备上使用蜂窝数据服务访问因特网外,其他设备也可通过以下方法受惠于蜂窝数据服务。

(1) 利用移动设备的个人热点功能,可以将移动设备作为Wi-Fi热点,这时其他设备便可连接到其生成的无线局域网或直接通过有线方式连接到移动设备,通过移动设备的蜂窝数据服务访问因特网。

(2) 笔记本电脑等设备可以使用蜂窝服务提供商提供的无线调制解调器,从而通过蜂窝数据服务访问因特网。无线调制解调器一般可插到USB接口中,如图6-13所示。

图6-13　无线调制解调器

6.4　因特网服务

本节介绍因特网中主流的或新型的服务,包括云计算、社交网络、网格计算、FTP、对等文件共享。

6.4.1　云计算

云计算是一种商业计算模型,也是一种概念但不是具体的技术。云计算由位于网络上的一组服务器把其计算、存储、数据等资源以服务的方式提供给请求者,同时服务器管理者可以以最优利用的方式动态地把资源分给众多的请求者,以达到最大效益。

在云计算中,因特网中的服务器不再是单独的个体,而是被统一起来,形成一个"云",以云为整体进行服务。云中的资源就像日常生活中的水、电一样,在请求者看来是可以无限扩展与随时获取的,请求者可以按需使用并按使用量付费。云计算的出现如从古老的单台发电机模式转向了电场集中供电模式,计算资源由此可以作为商品流通,这对请求方和服务方都有好处。

云计算包括以下几个层次的服务。

(1) 基础设施即服务(Infrastructure as a Service,IaaS),即消费者可以从因特网的计算机基础设施中获得服务,如硬件服务器租用。一些大的IaaS公司包括Amazon、Microsoft、VMware、Red Hat、Rackspace等。

(2) 平台即服务(Platform as a Service,PaaS),是将软件研发的平台作为一种服务,如虚拟服务器和操作系统。一些大的PaaS提供者有Google App Engine、Microsoft Azure等。

(3) 软件即服务(Software as a Service,SaaS),是指消费者通过因特网从云中获取软件,这些软件通常是基于Web的,可以用浏览器打开。

云计算的按需使用模式非常方便企业用户的使用,如图6-14所示。计算资源可以按需签约,并在不需要的时候解除合约,这能够让企业节省开支。网站管理员也无须再因偶尔的访问高峰更换更强大的服务器,它们只需要在高峰时多购买一些计算资源就可以了。

图6-14　使用云服务进行企业计算

云计算的更多知识还将在第 12 章中介绍。

6.4.2 社交网络

提到社交网络,社交网站是最为常见的方式。社交网络的功能就像是一个由因特网在线用户组成的团体。通过网站的形式,这种在线团体的成员可以分享共同的兴趣爱好、宗教信仰、政治观点及另类的生活方式。一旦加入了社交网络,用户就可以开展社交活动。这种社交活动包括阅读其他用户的个人信息页面或者直接联系他们。

交友只是在线社交网站的诸多益处之一。社交网络的另一个好处就是多样性,因为因特网允许世界各地的人们都可以接入社交网络。这意味着尽管人们在中国,也同样可以与美国、丹麦或印度的居民建立在线的友谊。在这种情况下,人们收获的将不仅是友谊,还可以学到新的文化及新的语言。

正如上文所提到的,社交网络总是能将特定的个人或团体组织到一起。尽管有些社交网站有着特定的兴趣方向,其他的则不是这样。那些没有特定兴趣方向的网站,通常就是所谓的"传统"社交网站,一般都开放了会员制度。这意味着任何人都可以成为这个网站的一员,无论他们的爱好、信仰及观点是否相同。一旦你处于这个在线团体中,就可以开始经营自己的朋友圈,并且清除那些与你兴趣爱好、奋斗目标不同的成员。

因特网中有成百上千个不同的社交网络,每个社交网络的兴趣方向都不尽相同,可以通过网络搜索的方式来确定适合自己的社交网络。关于社交网络的更多知识将在第 8 章中介绍。

6.4.3 网格计算

网格计算系统是指将网络上分布的计算机联系起来,组成一个超级虚拟计算机以执行一些大型任务。网格管理软件会将大型任务分成很多个小任务发送给网格中的计算机,网格中的每台计算机都运行有网格客户端软件,它们可以利用计算机的空闲资源来处理这些小任务,处理后计算结果会发给网格管理软件进行合并。

网格计算可以是公共的,也可以是私有的。普通人也可以通过安装网格客户端软件来使他们的计算机成为网格计算网络的一部分,用以对一些庞大的科学计算任务做出小小的贡献。

6.4.4 FTP

FTP(File Transfer Protocol,文件传输协议)使得基于任一 TCP/IP 网络(如局域网或因特网)中的计算机可以传输文件,或者对远程的文件进行操作。FTP 的目的是使上传和下载计算机文件变得容易,不必与远程计算机的操作系统或文件管理系统打交道。可以使用 FTP 授权远程的用户更改文件名称或删除文件。在用户从网站上下载音乐、文档或其他程序时,实际上都是 FTP 在起作用。

FTP 服务器会监听本机的 20 和 21 端口(是计算机的虚拟接口),以响应来自其他计算机的请求。当服务器接收到请求后,会检查用户的权限以防止非法访问;如果用户有足够的权限,服务器就会将其请求的文件封包传输给用户计算机,或者对相应的文件进行修改。

可以通过浏览器或 FTP 客户端软件访问 FTP 服务器,如图 6-15 所示,Windows 的资源管理器也可以直接访问 FTP 服务器,如图 6-16 所示。其中,通过浏览器只能从 FTP 服务器上下载文件,如果想要上传文件到 FTP 服务器,则需要借助 FTP 客户端软件或 Windows 资源管理器。FTP 服务器的地址通常以 ftp 开头,而不是以 www 开头。

图 6-15　通过 FTP 客户端软件访问 FTP 服务器

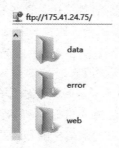

图 6-16　Windows 资源管理器直接访问 FTP 服务器

一些 FTP 服务器支持匿名 FTP 客户端软件,即用户可以在不注册的情况下,利用账号"anonymous"和任意密码(通常是用户的 E-mail 地址以便于系统管理员进行记录)下载文件。并不是所有的 FTP 服务器都支持匿名 FTP 客户端软件,这需要系统管理员的设置。

6.4.5　对等文件共享

对"等"文件共享允许因特网上的用户之间相互转发文件,常见的文件共享协议是 BitTorrent。

BitTorrent(简称 BT)是一种能够使文件服务器的作用分布于所收集的分散的计算机上的文件共享协议。BT 协议允许每个下载者在下载的同时不断向其他下载者上传已下载的数据。在 FTP 协议或 HTTP 协议中,下载者之间没有数据交互,只是从服务器获取数据,但当非常多的用户同时访问或下载服务器中的文件时,由于服务器处理能力和带宽的限制,下载速度便会急速下降,有些用户可能根本访问不了服务器。而在 BT 协议中,服务器会将文件分成许多片,将这些文件片发送到众多下载者的计算机中,一旦所有文件片都发送完毕，服务器的工作就结束了，可以继续处理其他请求；而文件片会继续在下载者形成的"群"中进行互相的传输与转发，直到所有下载者都下载完完整的文件(使用对等技术)。由于每个下载者都将已下载的数据提供给其他下载者，充分利用了用户的上行带宽，因此下载的人数越多，下载速度越快。

视频讲解　　视频讲解

常用的支持 BT 协议的软件有 uTorrent 等。

6.5 物联网

讨论因特网的未来却不探讨物联网(Internet of Things, IoT)是不完整的，这种网络有时也被称为工业网络。

因特网技术广泛应用于计算机、电器、汽车、医疗设备、公共事业系统、各种类型的机械装置，甚至衣服上——几乎所有可以装备传感器的东西，来收集信息、连接因特网，并且用数据分析软件进行数据分析。物联网建立在现有技术(如射频识别技术)的基础上，并且随着低成本传感器的可用性增加、数据存储费用的降低、可以处理万亿数据的"大数据"分析软件的发展及允许为所有新设备分配因特网地址的 IPv6 技术的实现，使物联网逐步成为可能。对于物联网的研究和资助，主要由欧盟、中国(遥感地球)及美国的公司(如 IBM 的智慧地球计划)来带领。尽管在物联网完全实现之前，挑战还是存在的，但现在已经越来越接近成果了。

如今，物联网还在初级阶段，主要用于远距离监视事物。例如，农场主通过牛身上的传感器来检测生病和走失；穿戴式医疗技术允许医生监测病人的慢性疾病；家用电器上的传感器可以提醒制造商器械是否需要维护或修理。

最终，物联网的功能将不仅仅局限于告诉用户物体的位置和情况。设备之间将会相互交流并且渐渐变得有主见。这就是常说的机器对机器(Machine to Machine, M2M)技术。例如，汽车可以自动驾驶；交通灯会自动响应交通拥堵或交通事故等情况，以引导车辆远离路况比较糟糕的区域；房屋会在房间中无人的情况下，自动关闭灯光和暖气。

最终，每一件商品都会被追踪并且智能化。除此之外，通过物联网，员工的行踪也同样可以随时掌握。每一个级别的员工都会因此变得更加高效，经理们运行公司的模式也会发生转变。

物联网也存在缺点，即隐私性、可靠性及数据控制方面的问题仍然亟待解决。但即使如此，没有什么能够阻止物联网的发展。在可预知的未来，它会像手机和键盘一样，成为生活的重要组成部分。

物联网的更多知识将在第 12 章中介绍。

小　　结

本章主要介绍了因特网的相关知识，包括因特网的发展历程、基础设施、协议、地址、域名、连接速度，以及多种多样的因特网接入方式和因特网服务。

通过对本章的学习，读者应能够选择适合自己的因特网接入方式，检测因特网的连接速度，并了解网址、域名、DNS 和 IP 地址间的关系。

习 题

第 6 章在线测试题

一、判断题

1. 最初的 ARPANET 主要用于军事研究目的。（ ）
2. 因特网是世界上最大的广域网。（ ）
3. 调制解调器有多种类型，需要根据 ISP 提供的因特网接入类型进行选择。（ ）
4. 每个 ISP 都能支配一组唯一的 IP 地址。（ ）
5. 常用家庭因特网连接的上行速度与下行速度相等。（ ）
6. 在接入新的网络后，Windows 系统会提醒设置网络的位置，如果连接的是公用的 Wi-Fi 热点，可选公用网络以应用更高的安全等级。（ ）
7. 2G 采用的是模拟技术。（ ）
8. 云计算可将计算资源作为商品流通。（ ）
9. 要想访问 FTP，必须有对应账号。（ ）
10. BitTorrent 协议中，下载人数越多，下载速度越慢。（ ）

二、选择题

1. 1EB=（   ）B, 1ZB=（   ）B。
   A. 2^{40}；2^{50} B. 2^{50}；2^{60} C. 2^{60}；2^{70} D. 2^{70}；2^{80}
2. 顶级域名为 org 的网站是（   ）。
   A. 非营利组织 B. 商业机构 C. 网络服务机构 D. 不确定
3. ISP 说的网速一般是指（   ）。
   A. 上行速度 B. 下行速度
   C. 上行速度和下行速度的平均值 D. 都可以
4. 在拨号时会发出声音的接入方式是（   ）。
   A. 拨号连接 B. DSL C. ISDN D. 固定无线
5. 以下没有使用电话网络的是（   ）。
   A. 拨号连接 B. DSL C. ISDN D. 固定无线
6. 南半球的卫星因特网用户最好将其碟形卫星天线指向（   ）。
   A. 南方 B. 北方 C. 正上方 D. 都可以
7. 以下属于 3G 标准的是（   ）。
   A. WCDMA B. GPRS C. GSM D. FDD-LTE
8. 以下不属于云计算服务的是（   ）。
   A. 软件 B. 平台 C. 基础设施 D. 网络
9. 以下不会直接影响 VoIP 通话质量的是（   ）。
   A. 抖动 B. 丢包
   C. 因特网接入方式 D. 网速
10. 以下属于同步通信的是（   ）。
    A. 论坛 B. 微博 C. 维基 D. 实时消息

三、思考题

1. NSP 和 ISP 有什么区别?
2. 计算机有哪些虚拟端口?一些特定的端口通常有怎样的作用?
3. 什么是光纤入户?网速能达到多少?
4. 使用 tracert 命令查一查因特网数据是通过怎样的路线到达计算机的。
5. 注册的域名如果没有及时付费会被如何处理?
6. 用类似于"固定因特网连接比较"的方式比较一下几种便携式和移动因特网接入。

第 7 章　Web 技术及应用

本章主要介绍万维网和电子商务的相关知识,包括万维网的发展历程与网页相关的基本概念,以及一些常用的万维网应用即搜索引擎和电子商务。通过本章的学习,读者应能够更加高效地使用万维网资源。

7.1　Web 技术

本节主要介绍万维网的概念、发展,以及 HTML、HTTP 和 Cookies 等,还简单介绍如何制作一个网页。

7.1.1　Web 发展历程

Web(World Wide Web,万维网,简写为 WWW)。Web 是指能通过 HTTP 协议获取的一切因特网上内容的集合,如文本、图像、视频等。Web 依赖于因特网,但不等同于因特网。因特网是一个通信系统,而 Web 是指信息的集合。

万维网联盟(W3C)负责监督、研究及为使用网络的很多区域制定标准和指南。W3C 的任务是确保 Web 的持续发展。来自全球的接近 400 个组织是 W3C 的成员,他们提供建议、定义标准,以及解决其他问题。

Web 可按其发展历程大致分为 6 个时代。

(1) Web 1.0:2003 年以前的因特网模式,通过门户网站网罗用户,利用点击量盈利。

(2) Web 2.0:始于 2004 年,由 Web 1.0 单纯通过网络浏览器浏览 HTML 网页的模式向内容更丰富、联系性与工具性更强的模式发展,由被动接收因特网信息向主动创造因特网信息迈进。例如,维基、博客等。

(3) Web 3.0:首次于 2006 年被提及,强调网站内的信息可以直接和其他网站相关信息进行交互,能通过第三方信息平台同时对多家网站的信息进行整合使用。用户在因特网上拥有自己的数据,并能在不同网站上使用。

(4) Web 4.0:还未到来,更强调智慧的连接,可以在任何时间、任何地点获取想要知道的任何信息。

(5) Web 5.0:将建立数字空间中的虚拟社会。

(6) Web 6.0:物联网与因特网的初步结合。

从 Web 1.0 到 Web 6.0,这 6 个时代的分界并不是非常明显的,而是随着科技与理念的发展平滑地过渡。目前,我们正处于 Web 3.0 时代。

7.1.2 网站

网站通常包含一系列经过组织和格式化的信息,用户能使用浏览器软件访问这些信息。为人熟知的信息性网站包括新浪、网易、知乎和 Wikipedia(维基百科)等。网站也可以提供 Google Docs 这样的基于 Web 的应用及 Facebook 这样的社交网络。网站的另一种常见的类别是电子商务网站,如 dangdang.com、JD.com 等。

所有在网站上的行为都是在 Web 服务器的控制之下进行的。Web 服务器是指连接到因特网能够接收浏览器请求的计算机。服务器会收集所请求的信息,并将这些信息按照浏览器可以显示的格式(通常是以网页的形式)传回浏览器。

网页是基于 Web 服务器上的作为文件存储的 HTML 源文档。源文档中包含网页的文本,而网页交织着编码,来显示文本以及附加的视觉和听觉元素。

7.1.3 URL

每个网页都有一个称为 URL 的唯一地址。URL(Uniform Resource Locator,统一资源定位符)一般显示在浏览器的地址栏,形如"http://www.baidu.com/search/error.html"。其中,"http://"表明使用的是 Web 的标准通信协议,大多数浏览器默认为 HTTP 访问,所以可省略不写;"www.baidu.com"是该网站的 Web 服务器名;URL 的表示方法与文件路径非常相似,因为网站的页面通常也是分类存储于不同的文件夹中的(网站的网页存储在 Web 服务器的文件夹中),如"error.html"页面(这其实也是一个文件,只不过是在远程的服务器上)存储在网站主目录的"search"文件夹中。正如通过文件路径可唯一确定一个文件一样,通过 URL 也可唯一确定一个网页。

多数网站都有一个主页,充当网站导航的角色。主页的 URL 一般直接使用 Web 服务器名,如百度的主页可直接通过在浏览器地址栏输入"www.baidu.com"访问,甚至还可省去"www"直接输入域名访问。

7.1.4 Web 浏览器

Web 的入口通常是 Web 浏览器,简称浏览器。浏览器能够通过单击超文本链接(简称链接,在传统的屏幕上,当鼠标指针指向链接,通常为带有下画线的或带有颜色的文本时,鼠标指针就会变成手的形状;针对触摸屏,只有通过轻敲或猛击才能发现链接)或输入 URL 的方式访问指定网页。访问时,浏览器向对应 URL 的 Web 服务器发出请求,服务器收到请求后,对信息进行处理并以浏览器可以理解的方式传输回用户计算机。

截至 2022 年 5 月,主流的浏览器包括 Google Chrome、Microsoft Internet Explorer、Mozilla Firefox、Microsoft Edge、Apple Safari 等,如图 7-1 所示。目前,常用的浏览器都可分为多个标签以同时浏览多个网页并方便地在网页之间进行切换。

浏览器有时候需要安装一些插件(也称加载项)来实现一些本身并不能完成的功能。例如,浏览 PDF 文件需要安装 Adobe Reader 插件,播放动画需要安装 Adobe Flash 插件,登录网上银行需要安装对应的安全插件等。IE 用户可以在"管理加载项"中管理已安装的插件,如图 7-2 所示。

当浏览器获取网页资源后,会将其中的一些材料作为临时文件存储在计算机的临时文件夹中。这些临时文件一般称为浏览器缓存或 Web 缓存。浏览器缓存能减少冗余的数据

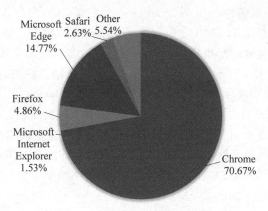

图 7-1　浏览器的全球市场占有率

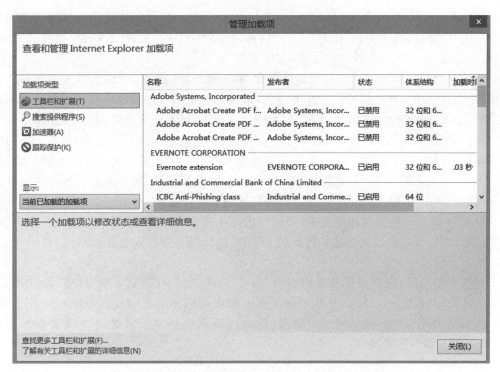

图 7-2　IE 用户可以在"管理加载项"中管理已安装的插件

传输,当用户再次访问相同的网页时,可以直接从缓存中找出对应资源,而无须再次向 Web 服务器请求。但浏览器缓存也会造成潜在的隐私问题,缓存尽管每隔一段时间会被删除,仍有可能会被他人查看,因此最好增加缓存的自动清除频率,或者定期手动清除缓存。

7.1.5　HTML

　　HTML(Hyper Text Markup Language,超文本标记语言)是设计 HTML 网页时需要遵循的语言规范,只有遵循了 HTML 规范的网页才能被浏览器正确解读。HTML 有多个版本,最新的 HTML5 是时下非常火热的一门语言,且仍在不断的修订、更新与发展之中。

HTML 网页(即扩展名为 htm 或 html 的一个文本文件)中包含 HTML 标记以指导相关内容的生成形式,这也是 HTML 之所以称为标记语言的原因,即通过 HTML 标记来控制网页。HTML 标记通常成对出现,包括在尖括号里,与文档的主要内容共同书写。例如,"\<b\>Welcome\</b\>"中,"\<b\>"是开始标签,"\</b\>"是结束标签,代表加粗两个标签之间的文字。最终在浏览器中显示的效果就是一个加粗的"**Welcome**"。

整个 HTML 文件便是由这样许许多多的标签和内容组成的,但这并不是我们最终看到的网页的样子,浏览器会对 HTML 文件进行解释,按照标签指定的格式设置与放置对应的内容。HTML 文件相当于剧本,而最终呈现在我们眼前的是具体的表演。如果用户想要查看剧本,可以在任意网页空白处右击,在弹出的快捷菜单中选择"查看源文件"或类似的选项,即可看到浏览器解释之前的 HTML 文件。

7.1.6 HTTP

HTTP(HyperText Transfer Protocol,超文本传输协议)详细规定了浏览器和 Web 服务器之间互相通信的规则,通过 HTTP 协议可以将对应 URL 的 Web 资源(如网页、文档、图形、视频等)获取到用户的本地计算机中。

HTTP 规定了多种方法以帮助浏览器和 Web 服务器的通信,最常用的方法有 GET 和 POST。其中,GET 向特定的资源发出请求,常用的搜索引擎的关键字搜索便是通过 GET 实现的;POST 向指定的资源提交数据,常用于提交表单(如注册登录、填写信息等)。

HTTP 连接的建立需要一对套接字。套接字是 IP 地址和端口号的组合,在 HTTP 中通常关联到计算机的 80 端口。一次典型的连接过程是:浏览器打开计算机上的一个套接字,并连接到服务器的一个开放的套接字上,进行相应的请求;服务器返回请求的结果后,计算机的套接字关闭,直到下一次浏览器要发送请求时再打开。

最初的 HTTP 协议使用短连接,即每一次连接只能有一次请求和一次响应,之后如果再需请求,则需要重新建立连接。目前的 HTTP 协议默认使用长连接,即可以使用一次连接完成多个请求与响应。

在网页浏览时,有些网页会返回"404 NOT FOUND",代表找不到对应资源,如图 7-3 所示。其中,404 是一个 HTTP 状态码。Web 服务器的每一次响应都会带有一个 3 位的 HTTP 状态码用以指示请求的完成情况,例如,200 代表请求已满足,403 代表拒绝执行,500 代表服务器内部错误等。

图 7-3 返回"404 NOT FOUND"的界面

7.1.7 Cookies

Cookies(或其单数形式 Cookie)是由 Web 服务器生成后存储在用户本地计算机中的一段数据。由于 HTTP 是无状态协议,不会记录用户浏览过的页面、输入的内容或选择的商品,这在某些场合(如网上购物)是非常不方便的。Cookies 就是为了满足这种连续性的需求而产生的。Cookies 可以记录用户的账号和密码(这通常是加密的)、购物车信息、访问日期、搜索过的信息等多种内容,有了 Cookies 后,相应的网站便可通过对其调用来实现自动登录、购物车支付、有选择的广告投放等功能。

一个典型的 Cookies 生命周期是:当浏览器访问需要设置 Cookies 的网站后,会收到服务器发出的"设置 Cookies"请求,其中会包含 Cookies 的内容及到期时间。浏览器会将 Cookies 存储在本地计算机的硬盘上,当该网站需要时,可以向浏览器请求该 Cookies 并对其进行修改或删除。

当 Cookies 到了设定的到期时间时,浏览器会自动将其删除。而没有设置到期时间或到期时间特别长的 Cookies 就会长久地存放在用户的硬盘中,用户可以选择定期清空 Cookies,不过清空后所有网站的自动登录功能都会被重置,一些网上商城的购物车也会受到影响。

7.1.8 网页制作

要制作一个静态的 HTML 网页有多种方式。

(1) 使用 HTML 转换使用程序,将 HTML 标记添加到文本的合适位置以产生相同的布局。例如,可以利用 Microsoft Word 将文本文件另存为 HTML 格式,生成的网页文件会与原来的文本文件非常相似。不过 HTML 并不是支持所有的表现形式,有些文件的转换会出现问题。

(2) 使用网页制作软件如 Adobe Dreamweaver 来制作网页,这些软件提供了很多实用的工具,可以非常高效地进行网页设计。

(3) 使用在线的网页制作工具,可以通过浏览器以可视化的方式制作网页。

(4) 直接使用文本编辑器进行网页源代码的编辑,编辑后用浏览器打开查看。

一个 HTML 文件是由头部和主体两部分构成的,其中,头部包含<! DOCTYPE >和< head >标记,可以定义全局信息、网页标题等内容;主体包含在< body >标签中,是网页的主要内容,如图 7-4 和图 7-5 所示。

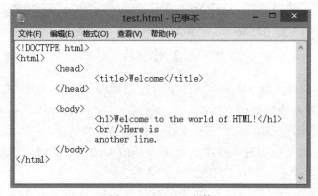

图 7-4 HTML 文件

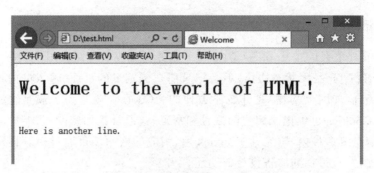

图 7-5 用浏览器打开文件的效果

表 7-1 展示了一些常用的 HTML 标记。

表 7-1 一些常用的 HTML 标记

标　记	用　途	举　例
\<b\>	加粗	\<b\>bold\</b\>
\<h1\>、\<h2\>、…、\<h6\>	设置字号，h1 最大	\<h1\>第 7 章\</h1\>
\<br /\>	换行符	row 1 \<br /\> row 2
\<hr /\>	绘制一条水平线	7.1.6 \<hr /\>
\<p\>	段落符号	\<p\>一个段落\</p\>
\<a href="URL"\>	链接	\<a href="baidu.com"\>百度\</a\>
\<img src="FilePath"\>	添加图像	\<img src="dog.png"\>

制作完成的网页只能在本地计算机上访问，要想让因特网中的每一个人都能访问到自己的网页，需要将网页上传到自己的 Web 服务器上，还需要拥有自己的域名。之后，便可以通过网址访问了。

7.1.9 交互式网页

标准的 HTML 网页是静态的，即只能查看，没有与用户的交互。例如，只用 HTML 编写的表单是无法登录或提交信息的。要想设计交互式的网页，可以在 HTML 的基础上借助由其他语言编写的脚本实现。一些网页的 URL 中带有问号，通常说明这是一个交互性质的网页，如图 7-6 所示，但这并不意味着 URL 中不带问号的网页就不是交互式网页。

图 7-6 交互性质的网页

HTML 脚本可以嵌入到 HTML 文件中用以完成与用户的交互，或者验证一些信息。脚本分为服务器脚本和客户端脚本两类。

(1) 服务器脚本运行在服务器上，负责接收表单提交的信息，并生成定制化的网页。有了服务器脚本，网页就变得多种多样了。对于同样的 URL，不同的人访问得到的页面是不同的。常用的服务器脚本语言有 PHP、Java、C♯等。

(2) 客户端脚本运行在浏览器上，负责进行简单的交互，或者利用本地计算机的资源进行计算,如验证表单是否填写完整、计算利息等。常用的客户端脚本语言有 JavaScript、VBScript 等。

客户端脚本除了直接写在 HTML 文件中外,还可以引用以下工具来实现更多的功能。

(1) 可以通过<object>标签引用一个 Java 小程序,浏览器会将其临时下载并执行它的指令。Java 小程序只会与引用它的网站进行交流,而不会对用户隐私与安全造成威胁。

(2) 可以使用 ActionScript 语言创建可以从网页启动的 Flash 文件进行交互。

(3) 可以引用 ActiveX 控件,浏览器会下载引用的控件并执行。由于 ActiveX 控件的功能很强大,可能对用户安全及隐私造成威胁,因此启用前需要确认,如图 7-7 所示。为此,ActiveX 控件中包含了数字证书以增强其安全性,通过数字证书可以验证控件来源的身份。

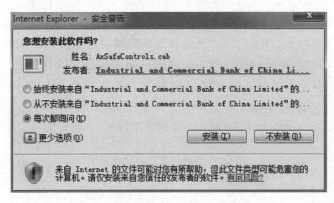

图 7-7　ActiveX 控件安装前需要用户进行确认

网页制作及网站制作的更多知识将在第 9 章中介绍。

7.2　搜索引擎

本节主要介绍搜索引擎基础知识,包括其原理与应用,以及如何更高效地利用搜索引擎查询到想要的信息。

7.2.1　搜索引擎基础知识

搜索引擎是一种能为用户提供检索服务,将用户检索的相关信息展示给用户的系统。它能根据一定的策略从因特网上搜集信息,并对信息进行加工和处理。

人们常将搜索引擎和搜索引擎网站混为一谈,然而它们是有一些不同的。搜索引擎是一个系统,而搜索引擎网站是提供搜索引擎访问的网站。一些网站如百度、谷歌使用的是完全由自己开发的搜索引擎;还有一些网站的搜索引擎借用了第三方的搜索技术,如微软的必应搜索引擎借用了雅虎的技术;另外一些网站则是使用搜索引擎技术进行站内搜索,如淘宝的搜索引擎只能用于搜索淘宝网内的信息,如图 7-8 所示。

典型的搜索引擎系统包含以下 4 个部分。

(1) 爬网程序(Web Crawler):也称蜘蛛程序(Web Spider),能自动对因特网上的网站进行访问、记录与更新。它一般从一个 URL 列表开始,将对应网站内容有选择地保存完毕后,会查找网站中的链接并加入 URL 列表。如此不断循环,像滚雪球一样获得越来越大的

图 7-8　淘宝的搜索引擎

网页覆盖量。爬网程序对性能的要求很高，通常需要先进的算法来保证搜索结果不会重叠或陷入死循环。高性能的爬网程序每天能访问数亿个网页，但尽管如此，仍很难覆盖整个因特网。例如，谷歌每月能对 30 万亿个网页累计记录 100 万亿次，但其覆盖量仍不足整个因特网的 20%，而从存储的文件大小来看更是只有 0.004%。爬网程序并不会从需要密码的网页或动态网页中收集信息，如图 7-9 所示，它对一个网页记录的更新频率取决于这个网页的更新频率和受欢迎程度。例如，门户网站和新闻网站可能每天都会被爬网程序访问，而访问量比较小的个人博客，可能每隔一周甚至更长时间才会被爬网程序访问一次。人们可以通过一些实用小工具查看网站的链接数、收录情况和流量排名，如图 7-10 所示。

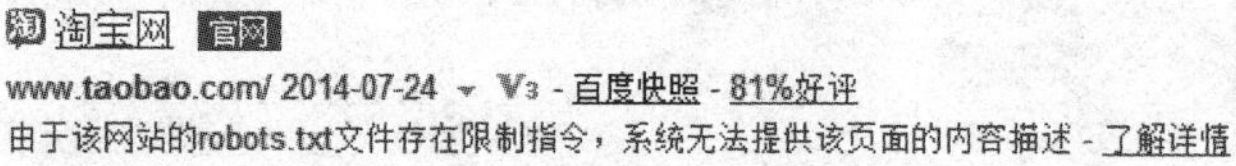

图 7-9　爬网程序不会保存快照

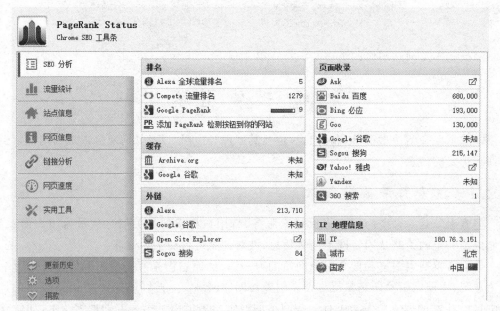

图 7-10　查看网站的链接数、收录情况和流量排名

(2) 索引器：可以处理爬网程序收集来的信息，取出网页中的关键字并存储在数据库中。这些关键字可以方便地对网页进行分类与查询。

(3) 数据库：存储索引器处理后的索引结果。

(4) 查询处理器：当用户进行搜索时，查询处理器会在数据库中查找满足要求的索引，并将其排序，生成一个网页返回给用户。排序的标准有关键字的相关度、网页的受欢迎程度、网页中链接的质量以及竞价排名等。一些网站为了在搜索结果中更靠前而堆砌了许多无关的关键字,这是不道德的行为,很多搜索引擎也针对关键字堆砌做了优化。

搜索引擎的爬网程序发现一个新的网站可能会需要较长时间,网站管理员可以通过手动提交的方式将网站加入到爬网程序的 URL 列表中,以使网站能尽快地被搜索引擎收录,如图 7-11 所示。

图 7-11 "URL 提交"工具

搜索引擎一般通过赞助链接的方式盈利。在用户进行搜索时,与关键字相关的赞助链接也会出现在搜索形成的页面上,如图 7-12 所示。

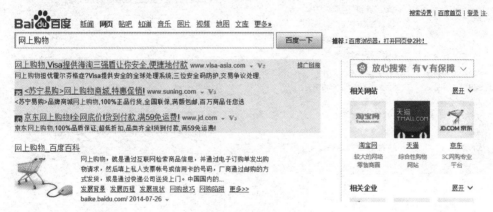

图 7-12 赞助链接

7.2.2 搜索引擎使用技巧

多数搜索引擎通过关键字进行查询,但想要快捷地查到想要的信息,也需要一些技巧。

(1)增加或减少关键字的数量可以显著地影响搜索结果的数量。如果搜索结果过少,可以减少一些关键字重新搜索;如果搜索结果过多,可以增加一些关键字来限定范围。

(2)关键字的排列顺序也会影响搜索结果,如果搜索结果与想要的信息差别过大,可以更改关键字的顺序后再进行尝试。

(3)顶级的搜索引擎会自动地判断关键字的同义词或单复数形式进行模糊搜索,但尽管如此仍有可能遗漏,因此在搜索不到想要的信息时可以将关键字替换成同类的其他词语。

(4)使用搜索运算符或特定的语法等进行辅助搜索,表 7-2 展示了一些常用的搜索运算符及搜索语法。

表 7-2 一些常用的搜索运算符及搜索语法

符号或语法	功能
通配符（*、?）	"*"代表任意数量的字符，"?"代表一个任意字符
AND	搜索结果需同时满足 AND 两边的两个关键字
OR	搜索结果只需满足 OR 两边的任意一个关键字即可
NOT	搜索结果中不能包含 NOT 后的关键字
""	引号中的关键字不会做任何形式的变换，常用于精确搜索
+、−	加号后的关键字必须出现在搜索结果中，而减号后的关键字不能出现在搜索结果中
intitle：标题	搜索范围限定在网页标题中
site：站名	搜索范围限定在特定站点中
inurl：链接	搜索范围限定在 URL 链接中
filetype：文档格式	搜索限定文档格式的内容

(5) 使用搜索引擎网站提供的高级搜索功能，对搜索范围进行更多的限定，如图 7-13 所示。

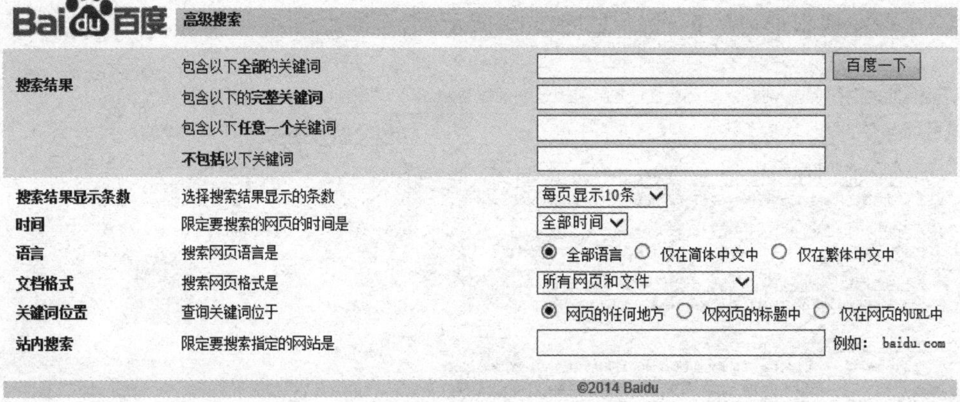

图 7-13 高级搜索功能

需要注意的是，搜索引擎会记录用户的查询，尽管这不会保存用户的姓名，但会为每个用户指定一个唯一的 ID 号，并记录用户计算机的 IP 地址、查询日期和时间、搜索内容等信息。这个 ID 号存储在计算机的 Cookies 中，所以如果不想让搜索引擎记录太多的信息，可以定期清空 Cookies，或者阻止特定的搜索引擎网站保存 Cookies，这样每次搜索时搜索引擎都会分配不同的 ID 号。

7.2.3 使用基于 Web 的素材

当使用 Web 上的素材如文本、图片时，最好注明引用源以确保其他人能找到素材的来源。常用的注明引用源的格式有 MLA 样式（Modern Language Association Style，现代语言协会样式）、APA 样式（American Psychological Association Style，美国心理学协会样式）和芝加哥样式（Chicago Style）等。这些样式会规定格式化的脚注、尾注或文中引文，对于基于 Web 的素材，通常需要包含文档标题、作者、发布日期、URL 等信息。

一些网站会明确地限定网站中素材的使用方式,这些限定通常可以在网站的使用条款中找到,如图 7-14 所示。例如,一些网站的使用条款会明确素材的版权,允许用户访问、使用和一定程度的再创作等。对于超出使用条款限制的素材的使用方式,需要联系版权所有者,解释想要使用什么素材以及如何使用这些素材,经过允许后才可使用。

网站使用条款

如果您在本网站访问或购物,您便接受了以下条件。

> **版权**

本网站上的所有内容诸如文字、图表、标识、按钮图标、图像、声音文件片段、数字下载、数据编辑和软件都是本网站提供者的财产,受中国和国际版权法的保护。本网站上所有内容的汇编是本网站的排他财产,受中国和国际版权法的保护。本网站上所使用的所有软件都是本网站或其关联公司或其软件供应商的财产,受中国和国际版权法的保护。

> **许可和网站进入**

本网站授予您有限的许可进入和个人使用本网站,未经本网站的明确书面同意不许下载(除了页面缓存)或修改网站或其任何部分。这一许可不包括对本网站或其内容的转售或商业利用、任何收集和利用产品目录、说明和价格、任何对本网站或其内容的衍生利用、任何为其他商业利益而下载或拷贝账户信息或使用任何数据采集、**robots** 或类似的数据收集和摘录工具。未经本网站的书面许可,严禁对本网站的内容进行系统获取以直接或间接创建或编辑文集、汇编、数据库或人名地址(无论是否通过 robots、spiders、自动仪器或手工操作)。另外,严禁为任何未经本使用条件明确允许的目的而使用本网站上的内容和材料。未经本网站明确书面同意,不得以任何商业目的对本网站或其任何部分进行复制、复印、仿造、出售、转售、访问、或以其他方式加以利用。未经本网站明确书面同意,您不得使用设计或运用设计技巧把本网站或其关联公司的商标、标识或其他专有信息(包括图像、文字、网页设计或形式)据为己有。未经本网站明确书面同意,您不可以 meta tags 或任何其他"隐藏文本"方式使用本网站的名字和商标。任何未经授权的使用都会终止本网站所授予的允许或许可。您被授予有限的、可撤销的和非独家的权利建立链接到本网站主页的超链接,只要这个链接不以虚假、误导、贬毁或其他侵犯性方式描写本网站、其关联公司或它们的产品和服务。

图 7-14 网站使用条款

7.3 电子商务

本节介绍电子商务的相关知识,包括其基础知识、网站技术、在线支付与 HTTPS,以及 O2O。

7.3.1 电子商务基础知识

电子商务是指在网络上以电子交易的方式进行的商业活动和营销过程。电子商务的商品可以是有形的商品,这些商品在购买后会通过物流送达购买者指定的地址;也可以是数字产品交易,如软件、音乐、视频等,消费者购买后可以直接将其下载到本地计算机中;还可以是服务,如远程教育、在线咨询、定制商品等。

电子商务可以分为以下几种常见的商业模式。

(1) B2C(Business to Consumer,企业对消费者),消费者可以向企业直接购买商品。大型的 B2C 电子商务网站如京东商城、天猫商城、亚马逊等。

(2) C2C(Consumer to Consumer,消费者对消费者),用户之间可以互相买卖、竞拍商品,甚至可以进行司法拍卖,如图 7-15 所示。目前,淘宝在 C2C 领域的领先地位无可撼动。

(3) C2B(Consumer to Business,消费者对企业),与 B2C 不同,C2B 强调以消费者为中心,即先有消费者提出需求,后有生产企业按需求组织生产。常见的 C2B 网站如要啥网等。

(4) B2B(Business to Business,企业对企业),企业之间进行的商品交易。常见的 B2B 网站如阿里巴巴等。

(5) B2G(Business to Government,企业对政府),企业与政府之间进行的交易。常见的 B2G 如政府的网上采购。

图 7-15 司法拍卖

(6) B2T(Business to Team,企业对团队),即通常所说的团购,许多互不相识的消费者组成团队与商家谈判,以求得最优的价格。

电子商务的优势是它的成本很低,通过利用因特网和计算机资源,可以有效地减少人力资源成本和租用实体店铺的成本。成本降低了,便可通过降低商品价格的方式来增强商品的竞争力。例如,有些银行通过网上银行转账的手续费要比去营业网点转账的手续费低一半甚至更多,一些商品通过 B2C 购买要比在实体商店中购买便宜 20%。

电子商务卖家还可以在网站中设立广告位,进行广告位招商,以获取更多的利润。常见的广告类型如横幅广告、浮动广告和弹窗广告。横幅广告一般位于网页的固定位置,如各页面的最上方和最下方;浮动广告在页面上悬浮,只有用户单击"关闭"按钮后才会隐藏;弹窗广告则会在独立窗口弹出新页面。广告位通常以点击量的方式收费,这固然可以增加电子商务卖家的收入,但如果广告太多会引起消费者的反感,一些消费者选择使用广告拦截软件来拦截广告。

电子商务模式对商家和消费者都有利,商家可以出售一些不太常见的商品,而消费者可以用更低的价格购买到商品。

7.3.2 电子商务网站技术

通过电子商务网站购买商品的流程就像去附近的超市一样,首先进入网站,然后选择中意的商品放入购物车内,最后对购物车内的商品付费。不同的是,付款完毕后,商品是由物流送达指定地址的,而不是由自己带回去的。电子商务网站需要收集用户的信息(如手机号码、邮箱地址、通信地址等)以确保商品准确无误地送达用户手中,所以用户需要提前注册一个账号,填好其中的信息,才能进行购买。

B2C 网站是由单独的商家运营的,企业拥有自己的产品库存,而 C2C 网站是由许多的个体卖家组成的,他们可以维护自己的小网店。但无论是 B2C 网站还是 C2C 网站,都具有以下共同点。

(1) 库存。每件商品都有一个库存信息,以确保消费者购买时不会缺货,如图 7-16 所示。

图 7-16　查看商品的库存量

（2）购物车。B2C 网站和 C2C 网站都支持对整个购物车中商品的统一购买。购物车使用了 Cookies，但使用方式不尽相同。一些网站是将购物车中的所有商品信息存入 Cookies 中；而另外一些网站则是将一个唯一的购物车编号存入 Cookies 中，再将购物车编号和商品信息一起存在网站的数据库中。无论采用哪种方式，都能达到记录购物车中商品的效果。

除了共同点外，B2C 网站和 C2C 网站还有以下不同点。

（1）B2C 网站的库存通常较大；而 C2C 网站的库存通常较小。

（2）B2C 网站的库存多是由系统自动控制的，商品入库时增加一个库存量，商品售出时减少对应库存量；而 C2C 网站的库存则是由卖家手动控制，卖家可能会根据商品的情况频繁地修改库存，系统只负责在商品售出时自动减少库存。

（3）C2C 网站支持买家与卖家间的沟通，买卖双方可以通过沟通来商谈交易的具体细节，如图 7-17 所示。

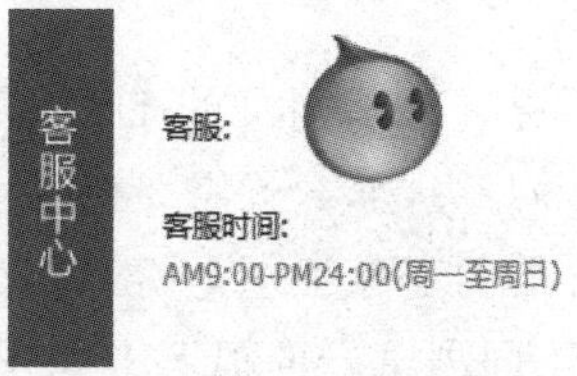

图 7-17　买家与卖家间的沟通

7.3.3　在线支付与 HTTPS

常见的在线付费方式包括使用各个银行的网上银行系统付费或使用快捷支付的方式付费，如图 7-18 所示。

图 7-18　常见的在线付费方式

当消费者确认对购物车中商品进行付费后，网站会生成一个安全链接进行付费操作。常用的安全链接技术有 SSL/TLS 和 HTTPS。

SSL（Secure Socket Layer，安全套接层）和 TLS（Transport Layer Security，传输层安

全)可对计算机和服务器之间传输的数据进行加密。SSL/TLS 协议使用计算机特定的端口(通常是 443 端口)建立安全链接,而不是普通 HTTP 通信使用的 80 端口。

　　HTTP 可在设备和 Web 服务器之间传输非加密的数据。在 HTTP 连接的过程中,用户的登录密码、信用卡号和其他的个人数据是不安全的。然而,如果传输是在 HTTP Secure(缩写为 HTTPS)连接的过程中,传到 Web 服务器上的数据就会是安全的,因为 HTTPS 可在客户端设备和服务器之间对数据流进行加密。

　　HTTPS(Hyper Text Transfer Protocol Secure,超文本传输安全协议)是对 HTTP 和 SSL/TLS 的结合,能为关键操作提供安全链接。使用了 HTTPS 协议的网页最显著的标志是它的 URL 是以 https 开头的,而不是 http,如图 7-19 所示。

图 7-19　网页最显著的标志

　　通过判断网页的 URL 可以得知该网页是否是安全的,如果支付页面的 URL 不是以 https 开头,那么就需要提高警惕了。浏览器也会辅助检查网站的安全性,如浏览器会检查服务器的安全证书是否过期、是否有可能是钓鱼网站等。如果网站不安全,浏览器会给出提示,不同浏览器的提示方式不同,但通常是对地址栏的颜色或一些标志符号的改变。

7.3.4　O2O

　　O2O(Online To Offline,线上到线下)是指将线下的商业机会与因特网结合,让因特网成为线下交易的平台。O2O 通过打折、提供信息、服务预订等方式,把线下商店的消息推送给因特网用户,从而将他们转换为自己的线下客户,这特别适合于必须到店消费的商品和服务,如餐饮、健身、看电影和演出、美容美发等。

　　与传统的消费者在商家直接消费的模式不同,在 O2O 平台商业模式中,整个消费过程由线上和线下两部分构成。线上平台为消费者提供消费指南、优惠信息、便利服务(预订、在线支付、地图等)和分享平台,而线下商户则专注于提供服务。

　　通过 O2O,商家和消费者可以达到双赢。对于商家而言,O2O 有以下优点。

　　(1) 可以获得更多的宣传和展示机会,吸引更多新客户到店消费。

　　(2) 推广效果可查、每笔交易可跟踪。

　　(3) 可以掌握用户数据,大大提升对老客户的维护与营销效果。

　　(4) 通过与用户的沟通、释疑可以更好地了解用户的心理。

　　(5) 通过在线有效预订等方式,可以合理安排经营、节约成本。

　　(6) 可以更加快捷地拉动新品、新店的消费。

　　(7) 可以降低线下实体对黄金地段旺铺的依赖,大大减少租金支出。

　　对于用户而言,O2O 同样可以使他们获益。

　　(1) 用户可以获取更丰富、更全面的商家及其服务的信息。

　　(2) 用户可以更加便捷地向商家在线咨询并进行预购。

　　(3) 用户可以获得相比线下直接消费更为便宜的价格。

　　对于 O2O 平台本身而言,O2O 同样具有巨大潜力。

（1）由于与用户的日常生活息息相关，并能给用户带来便捷、优惠与消费保障，因此O2O可以吸引大量高黏性用户。

（2）O2O对商家具有强大的推广作用，推广效果可衡量，可吸引大量线下生活服务商家加入。

（3）O2O可以使平台获得高于C2B、B2C数倍的现金流。

（4）O2O具有巨大的广告收益空间，形成规模后，还有更多潜在的盈利模式。

小　　结

本章主要介绍了Web和电子商务的相关知识，包括Web浏览中常见的技术及Web中的一些应用——搜索引擎和电子商务。

通过对本章的学习，读者应能够在上网时更加了解网页的本质，并能够更加合理、安全、有效地利用Web资源。

习　　题

第7章在线测试题

一、判断题

1. HTML标记可以控制网页的格式。　　　　　　　　　　　　　　　　　　（　　）
2. 浏览器有时候需要安装一些插件来实现一些本身并不能完成的功能。（　　）
3. HTTP是能记录状态的协议。　　　　　　　　　　　　　　　　　　　　（　　）
4. 如果URL中没有问号，网页就不是交互式网页。　　　　　　　　　　　（　　）
5. 爬网程序不会从需要密码的网页或动态网页中收集信息。　　　　　　（　　）
6. 关键字的排列顺序不会影响搜索结果。　　　　　　　　　　　　　　　（　　）
7. 团购属于B2C。　　　　　　　　　　　　　　　　　　　　　　　　　　（　　）
8. C2C网站支持买家与卖家之间的沟通。　　　　　　　　　　　　　　　（　　）
9. SSL/TLS协议使用计算机的80端口进行连接。　　　　　　　　　　　　（　　）
10. O2O是"线上—线下"商务的简称。　　　　　　　　　　　　　　　　　（　　）

二、选择题

1. 可以通过（　　）唯一确定一个网页。
   A. IP地址　　　　B. 域名　　　　C. URL　　　　D. Web服务器名
2. 服务器内部错误的状态码是（　　）。
   A. 200　　　　　B. 403　　　　　C. 404　　　　D. 500
3. HTML中的（　　）标记可以用来控制字号。
   A. < br />　　　　　　　　　　　B. < hr />
   C. < h1 >、< h2 >、…、< h6 >　　D. < b >
4. 以下不属于服务器端脚本语言的是（　　）。
   A. C#　　　　　B. JavaScript　　C. Java　　　　D. PHP
5. 若只想搜索特定站点的网页，可以使用（　　）。
   A. intitle：　　　B. inurl：　　　　C. site：　　　　D. filetype：

6. 天猫商城属于（　　）模式。
   A. B2C　　　　　B. B2B　　　　　C. C2C　　　　　D. B2T
7. 购物车使用了（　　）来保存信息。
   A. 缓存　　　　　　　　　　　　　B. Cookies
   C. 加载项　　　　　　　　　　　　D. 直接在网页上保存
8. （　　）代表这是一个安全链接。
   A. https　　　　B. http　　　　C. ftp　　　　D. html
9. 团购属于（　　）模式。
   A. B2C　　　　　B. C2C　　　　　C. B2T　　　　　D. C2B
10. SSL/TLS 协议通常使用计算机的（　　）端口。
    A. 21　　　　　B. 80　　　　　C. 443　　　　　D. 3306

三、思考题

1. 研究一下自己常用网站的 URL，尝试通过直接输入 URL 的方式进入网站，而不是通过搜索或导航网站。
2. 服务器返回的 HTTP 状态码都有哪些？分别代表什么含义？
3. 找一下自己计算机中的 Cookies 存储在哪里，尝试打开看看能否读懂。
4. 数字证书是如何确保网页或控件的安全的？
5. 通过搜索运算符来尝试进行搜索。
6. 查找一下芝加哥样式和 MLA 样式的具体内容，事实上这些样式不仅可用于注明 Web 素材的引用源，还可应用于论文等专业文章。

第 8 章　社交媒体

本章主要介绍社交媒体的相关知识,包括社交媒体的基础知识、内容社区、社交媒体形式与在线交流的多种方式。通过本章的学习,读者应能够全面地了解社交媒体。

8.1　社交媒体基础知识

本节主要介绍与社交媒体有关的基础知识,包括社交媒体的概念、演进以及基于地理位置的社交网络。

8.1.1　社交媒体的概念

社交媒体(Social Media)是指因特网上基于用户关系的内容生产与交换平台。当下,全球有数十亿的人参与到了社交媒体中,日常生活中常见的网站,如 Facebook、Twitter、Flickr、Infogoam、LinkIn、新浪微博、微信等,都属于社交媒体。

视频讲解

不同的社交媒体网站都有其独特的术语,如"朋友"的概念可以被命名为"关注者"或"联系人","喜欢"的概念可以被命名为"赞"或"+1",等等。当加入到一个新的社交媒体后,最先需要做的就是熟悉这些术语,这样可以更快地融入其中。

在很多社交媒体中,用户都会有一个个人主页,用来展示自己的好友、图片、个人资料等公共信息。一个精心设计的个人主页往往会为用户吸引来更多的关注者,如图 8-1 所示。

图 8-1　个人主页

一个典型的社交媒体网站通常包含以下元素。

(1) 内容发布工具,如图 8-2 所示。这往往是一个简单的文本编辑器,并允许用户插入表情、图片和视频。

图 8-2　内容发布工具

(2) 联系人。允许用户查看自己的联系人,如在新浪微博中,可以单击"关注""粉丝"按钮来查看自己的联系人,如图 8-3 所示。

图 8-3　查看联系人

(3) 个人主页。用户可以查看、编辑并预览自己的个人主页。

(4) 内容查看工具。内容查看工具往往占据着社交媒体网站的大部分空间,用来展示用户的联系人发布的信息,如图 8-4 所示。

(5) 评论。对于用户本人或其他人发布的每条信息,有权限的参与者都可以进行评论、转发或是赞。

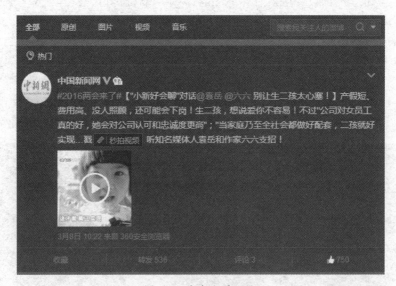

图 8-4　内容查看工具

8.1.2　社交媒体的演进

现在,社交媒体被 Facebook、新浪微博等网站统治着,但社交媒体是一个发展与淘汰非常快的领域——正如大多数人十年前还不知道 Facebook 一样,我们也很难预测十年后,谁是下一个社交媒体巨头。

事实上,社交媒体的历史可以追溯到因特网还未诞生的 20 世纪 60 年代,那时的一些在线服务公司,如 CompuServe、Prodigy 和 AOL,允许用户付费使用公司私有的讨论组和电子邮件等功能,如图 8-5 所示。进入 20 世纪 90 年代,因特网与万维网的诞生推动了社交媒体的迅猛发展。2003 年前后,MySpace、LinkedIn 等社交媒体巨头的诞生真正将社交媒体带向了全球化。

图 8-5 在线服务公司

8.1.3 基于地理位置的社交网络

随着智能手机的不断普及,社交媒体也融合了手机的优势,发展出了新一代的基于地理位置的社交网络。

基于地理位置的社交网络可基于用户当前的位置,为他们提供进行交互的平台。最常用的、设计良好的基于地理位置的社交网站有 Foursquare、Banjo 和 Google Maps。社交网络服务,如 Facebook 和 Twitter 也提供基于地理位置的社交功能。

在基于地理位置的社交网络中,社交媒体网站或社交媒体 App 可以通过手机获取用户的当前位置,并允许用户利用这一信息进行社交。例如,微信的"摇一摇"与"附近的人"允许用户查找附近同样在使用微信的潜在联系人;新浪微博的"周边"允许用户查看周边用户发布的微博。

一些社交媒体网站在提供基于地理位置的社交网络时,也会收集用户的地理位置信息以完善自身功能。例如,社交媒体网站可以根据用户所在地提供精准投放的广告,而通过对用户地理位置信息的大数据分析,社交媒体网站可以更好地给出相关建议。

8.2 内容社区

本节主要介绍社交媒体中的内容及知识产权。

8.2.1 社区中的内容

无论是在哪个社交媒体网站中,内容永远占据着主要位置。因此,如何管理这些内容,变成了社交媒体的主要工作。

许多社交媒体网站,如 Wikipedia、YouTube 和 Flickr,设计用来作为用户产生内容的储存库。这些社交媒体网站有时被称为内容社区。与社交网络网站以用户身份为中心不同,内容社区强调的是内容本身。

很多大型社交媒体网站都提供了自己开发的搜索引擎,以帮助用户更好地搜索信息。例如,新浪微博的搜索引擎提供了找人、搜图片、寻找兴趣主页等多种搜索功能,如图 8-6 所示。

图 8-6 新浪微博的搜索引擎

除了简单的内容搜索之外,管理内容的另一大利器便是"元数据标签"。元数据标签常常是一个关键词,用来描述有关内容本身的信息,在新浪微博中,元数据标签被称为"话题",其形式为"♯话题内容♯"。例如,如果用户想要发表关于电影《疯狂动物城》的内容,就可以在发布的内容中添加一个《疯狂动物城》的话题,如图 8-7 所示。如果对话题感兴趣的话,用户还可以进一步搜索这个话题,获取全站用户发表的有关该话题的内容,如图 8-8 所示。

图 8-7 添加话题

8.2.2 知识产权

知识产权是指"权利人对其智力劳动所创作的成果享有的财产权利",一般只在有限时间内有效。各种智力创造如发明、外观设计、文学和艺术作品,以及在商业中使用的标志、名称、图像,都可被认为是某一个人或组织所拥有的知识产权。

在社交媒体中,知识产权是一个纷乱复杂的话题,不同的社交媒体网站对于知识产权有不同的处理方式。例如,在与新浪微博有关的《新浪网络服务使用协议》中,对于知识产权是这样说明的:"对于用户通过新浪网络服务(包括但不限于论坛、BBS、新闻评论、个人家园)上传到新浪网站上可公开获取区域的任何内容,用户同意新浪在全世界范围内具有免费的、永久性的、不可撤销的、非独家的和完全再许可的权利和许可,以使用、复制、修改、改编、出版、翻译、据以创作衍生作品、传播、表演和展示此等内容(整体或部分),和/或将此等内容编入当前已知的或以后开发的其他任何形式的作品、媒体或技术中。"而在知乎中,对于知识产权、个人隐私与侵权举报都有更加详细的界定,如图 8-9 所示;用户在知乎中回答问题时,可以选中"未经许可,禁止转载"以保护自己的知识产权,如图 8-10 所示。

图 8-8　搜索特定话题内容

知乎是一个信息获取、分享及传播的平台,我们尊重和鼓励知乎用户创作的内容,认识到保护知识产权对知乎生存与发展的重要性,承诺将保护知识产权作为知乎运营的基本原则之一。

1. 用户在知乎上发表的全部原创内容(包括但不仅限于回答、文章和评论),著作权均归用户本人所有。用户可授权第三方以任何方式使用,不需要得到知乎的同意。

2. 知乎上可由多人参与编辑的内容,包括但不限于问题及补充说明、答案总结、话题描述、话题结构,所有参与编辑者均同意,相关知识产权归知乎所有。

3. 知乎提供的网络服务中包含的标识、版面设计、排版方式、文本、图片、图形等均受著作权、商标权及其他法律保护,未经相关权利人(含知乎及其他原始权利人)同意,上述内容均不得在任何平台被直接或间接发布、使用、出于发布或使用目的的改写或再发行,或者被用于其他任何商业目的。

4. 为了促进知识的分享和传播,用户将其在知乎上发表的全部内容,授予知乎免费的、不可撤销的、非独家使用许可,知乎有权将该内容用于知乎各种形态的产品和服务上,包括但不限于网站以及发表的应用或其他互联网产品。

5. 第三方若出于非商业目的,将用户在知乎上发表的内容转载在知乎之外的地方,应当在作品的正文开头的显著位置注明原作者姓名(或原作者在知乎上使用的账号名称),给出原始链接,注明「发表于知乎」,并不得对作品进行修改演绎。若需要对作品进行修改,或用于商业目的,第三方应当联系用户获得单独授权,按照用户规定的方式使用该内容。

6. 知乎为用户提供「保留所有权利,禁止转载」的选项。除非获得原作者的单独授权,任何第三方不得转载标注了「禁止转载」的内容,否则均视为侵权。

7. 在知乎上传或发表的内容,用户应保证其为著作权人或已取得合法授权,并且该内容不会侵犯任何第三方的合法权益。如果第三方提出关于著作权的异议,知乎有权根据实际情况删除相关的内容,且有权追究用户的法律责任。给知乎或任何第三方造成损失的,用户应负责全额赔偿。

8. 如果任何第三方侵犯了知乎用户相关的权利,用户同意授权知乎或其指定的代理人代表知乎自身或用户对该第三方提出警告、投诉、发起行政执法、诉讼、上诉,或谈判和解,并且用户同意在知乎认为必要的情况下参与共同维权。

9. 知乎有权但无义务对用户发布的内容进行审核,有权根据相关证据结合《侵权责任法》《信息网络传播权保护条例》等法律法规及知乎社区指导原则对侵权信息进行处理。

图 8-9　知乎中关于知识产权的说明

图 8-10　知乎中的"未经许可,禁止转载"选项

8.3　社交媒体形式

本节主要介绍社交媒体的多种形式。

8.3.1　博客

博客是使用特定的软件,在网络上出版、发表和张贴个人文章的人,或者是一种通常由个人管理、不定期张贴新的文章的网站。博客上的文章通常以网页形式出现,并根据张贴时间,以倒序排列。博客所有者发表文章后,其他人可以进行阅读与评论。常见的博客网站有 Blogger、WoodPress、新浪博客、网易博客、CSDN 博客等,如图 8-11 所示。

图 8-11　CSDN 博客

8.3.2 微博

微博是一种不超过 140 个字符的短消息。用户发布的微博一般是对所有人可见的，也可设置权限只对特定用户可见。微博用户可以关注他人的微博，从而及时获取其发布的最新消息。随着微博用户越来越多，以及微博消息的实时更新性，微博已经形成了一个自媒体平台。常见的微博有新浪微博、Twitter 等，如图 8-12 所示。

图 8-12　Twitter

8.3.3 维基

维基（wiki）是指一种超文本系统，这种超文本系统支持面向社群的协作式写作，同时也包括一组支持这种写作的辅助工具。可以在 Web 的基础上对 wiki 文本进行浏览、创建、更改，而且创建、更改、发布的代价远比 HTML 文本小；同时 wiki 系统还支持面向社群的协作式写作，为协作式写作提供必要帮助。最后，wiki 的写作者自然构成了一个社群，wiki 系统为这个社群提供简单的交流工具。与其他超文本系统相比，wiki 具有使用方便及开放的特点，所以 wiki 系统可以帮助我们在一个社群内共享某领域的知识。

在维基中，用户可以发表有关某个主题（也称词条）的材料，而其他用户可以在其发表后修改这些材料。维基还包含讨论页，用户可以在讨论页中对材料的真实性进行讨论。常见的维基网站有维基百科（Wikipedia）、百度百科等，如图 8-13 所示。

8.3.4 微信

微信是腾讯公司于 2011 年 1 月 21 日推出的一个为智能终端提供即时通信服务的免费应用程序，微信支持跨通信运营商、跨操作系统平台，通过网络快速发送免费语音短信、视

图 8-13 维基百科

频、图片和文字,同时,也可以使用"摇一摇""漂流瓶""朋友圈""公众平台""语音记事本"等服务插件,如图 8-14 所示。截至 2019 年第二季度,微信已经覆盖中国 90% 以上的智能手机,月活跃用户达到 11.2 亿,用户覆盖 200 多个国家、超过 20 多种语言。此外,微信公众账号总数已经超过 2500 万个,移动应用对接数量超过 90000 个,微信支付用户则超过 8 亿,小程序日活用户超过 2 亿。

图 8-14 微信

8.4 在线交流

本节主要介绍在线交流的多种形式。

8.4.1 电子邮件

1. 电子邮件概述

电子邮件既可以指一条一条的消息,也可以指传输、接收和存储电子邮件的整套计算机和软件系统。电子邮件是一种可通过计算机网络传送的文档。

电子邮件(E-mail)是用电子手段进行信息交换的方式,是因特网中应用最广的服务。通过电子邮件系统,用户可以以非常低廉的价格和非常快速的方式与世界上任何一个角落的网络用户联系。

一封典型的电子邮件是由消息头和消息正文构成的。其中,消息头指明了电子邮件的主题、日期、发送方和接收方;消息正文则包含了文本信息和附件。

电子邮件系统的核心是电子邮件服务器。电子邮件服务器是处理邮件交换的软件和硬件设施的总称,它可以为每个用户提供电子邮箱账户,并将本机上的邮件分发到其他电子邮件服务器,或者是接收从其他服务器传来的邮件分发给对应用户。

用户的电子邮箱账户具有唯一的电子邮件地址,电子邮件可以根据这个唯一的地址准确地找到接收方。电子邮件地址如"friend@me.com",以"@"为分界,分为两部分:前一部分是用户的 ID;而后一部分是用户账户所属的电子邮件服务器的域名。

用户在注册电子邮箱账户时,"@"之后的域名是无法改变的(一般就是电子邮箱账户所属网站的域名),而"@"之前的用户 ID 可以自由发挥,不过要保证其唯一性和合法性。用户 ID 最好有一些代表性,如姓名的简称等,以免在进行正式邮件交流时影响邮件接收方对自己的印象。用户也可以申请多个不同的电子邮箱账户,对不同的邮件交流需求应用不同的用户 ID。

正如可以根据域名判断网站的大概类型一样,也可以根据电子邮箱地址的第二部分判断用户所属的企业或学校,如域名为 microsoft.com 的电子邮箱地址可能属于微软公司的员工。用户无法决定域名,但可以在多个不同域名的服务器上建立电子邮箱账户以实现不同的需求。

要使用电子邮件系统,除了需要有电子邮件账户和因特网连接外,还需要有电子邮件客户端软件。可以通过电子邮件客户端软件进行邮件的发送、接收与管理。电子邮件客户端软件可分为基于本地客户端的本地电子邮件和基于浏览器的 Web 电子邮件。

2. 本地电子邮件

本地电子邮件采用了"存储—转发"技术,当用户不处于因特网中时,收到的电子邮件会先存储在电子邮件服务器上,用户连网后,电子邮件会通过本地电子邮件客户端下载到用户的计算机中。

本地电子邮件采用了多种协议以确保电子邮件在本机和服务器之间的准确传输。

(1) POP3(Post Office Protocol version 3,邮局协议第 3 版)用于管理接收的邮件,本机从服务器上将邮件下载完毕后,服务器上的邮件会被删除。

(2) IMAP(Internet Message Access Protocol,因特网消息访问协议)同样用于管理接收的邮件,但与 POP3 不同,无论本机是否下载了邮件,邮件始终在服务器上保留,直到用户手动删除。

(3) SMTP(Simple Mail Transfer Protocol,简单邮件传输协议)用于处理发出的邮件。

根据协议的不同,电子邮件服务器也可以具体划分为 SMTP 服务器、POP3 服务器和 IMAP 服务器。其中,SMTP 服务器负责发送邮件;而 POP3 服务器或 IMAP 服务器负责接收邮件。

本地电子邮件的优势有以下两点。

(1) 对因特网的要求不高,用户只需在需要的时候连网进行邮件的发送或接收,其他时候可以在离线状态下编辑或阅读邮件。

(2) 可控性高。由于邮件存储在本地上,不必担心服务器发生意外情况导致邮件丢失。

常见的本地电子邮件客户端有 macOS 自带的 Mail 和 Windows 中的 Microsoft Outlook,以及开源的 Thunderbird 等。本地电子邮件客户端的设置一般需要提供以下内容。

(1) 姓名、电子邮件地址、密码。这些是最基本的登录电子邮件账户所需要的信息。

(2) SMTP 服务器和 POP3 服务器(或 IMAP 服务器)的地址及端口号,如图 8-15 所示。一些电子邮件服务器在连接本地电子邮件客户端时会自动提供这些信息,而对于不提供或无法获得的,需要手工填写。

网易163免费邮箱相关服务器信息:

服务器名称	服务器地址	SSL协议端口号	非SSL协议端口号
IMAP	imap.163.com	993	143
SMTP	smtp.163.com	465/994	25
POP3	pop.163.com	995	110

图 8-15　服务器的地址及端口号

(3) 服务器是否需要安全认证及服务器所使用的安全措施类型等。

图 8-16 所示为 Microsoft Outlook 的电子邮件设置界面。

3. Web 电子邮件

Web 电子邮件通过浏览器来访问相应网站的电子邮件服务,对邮件的所有管理全部在浏览器中完成。Web 电子邮件和本地电子邮件是兼容的,即可以同时使用 Web 电子邮件和本地电子邮件管理同一个电子邮箱账户。

Web 电子邮件的优势在于其便捷性,不必安装相应的客户端,只要有因特网就可以访问电子邮箱账户,且移动设备也可通过 Web 电子邮件进行邮件的收发、编辑与删除。多数 Web 电子邮件是免费的。但 Web 电子邮件也有以下一些不足。

(1) 安全风险。在公共计算机上使用 Web 电子邮件是有安全风险的,在登录前最好重启计算机,使用完之后要注销账户。一些网站的 Web 电子邮件服务会提供安全检查,如图 8-17 所示。

(2) 免费的 Web 电子邮件服务可能会有广告。广告服务器可以搜索用户电子邮件中的内容,从而有针对性地投放用户可能感兴趣的广告。

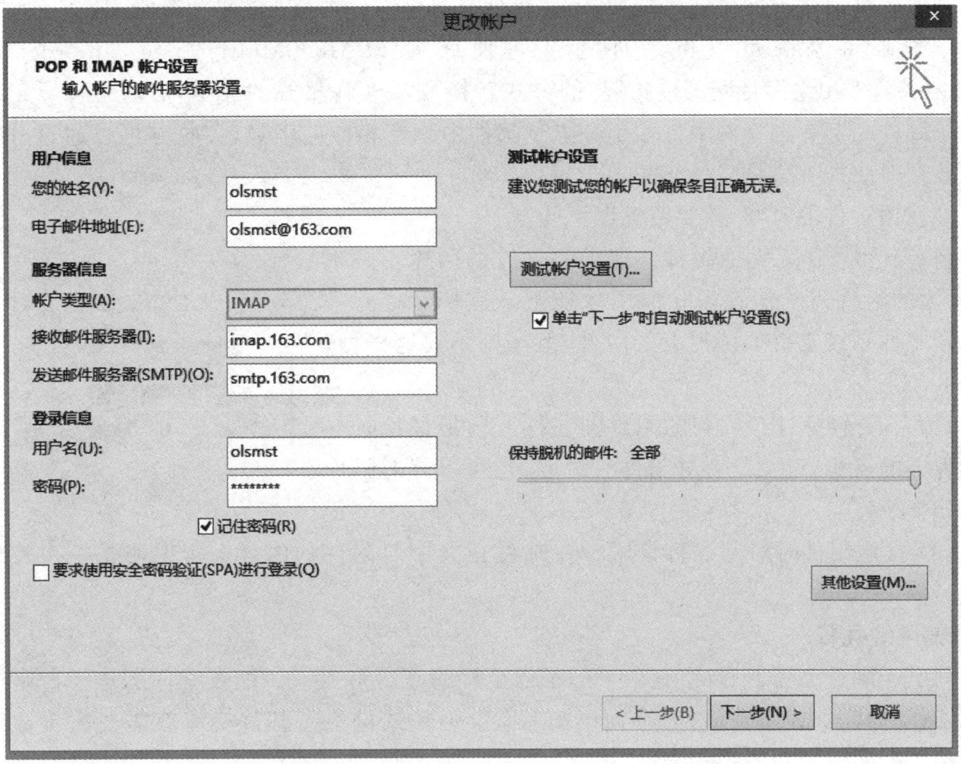

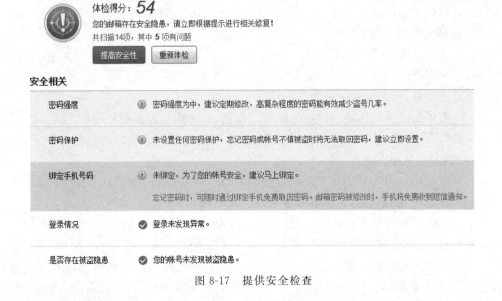

图 8-16　Microsoft Outlook 的电子邮件设置界面

图 8-17　提供安全检查

4．电子邮件附件

现在的电子邮件可以支持多种形式的正文,如文本、图片、语音等;但最初的电子邮件只支持 ASCII 的文本格式,即正文中只能写普通的不带有格式的文字,而其他形式的内容需要通过附件发送。即使到了现在,附件仍然是电子邮件中很重要的一部分。

电子邮件系统可以将附件通过一种称为 MIME(Multipurpose Internet Mail Extensions,多用途因特网邮件扩展)的方式转换成 ASCII 格式的文本,然后就可以正常地和电子邮件一起在因特网中传输了。电子邮件中带有相应的消息,接收方可以通过分析此消息按照对应的方式将附件还原。

在使用附件的时候,需要留意以下问题。

(1) 不要发送太大的附件。如果收件方的网速不是很快,太大的附件需要消耗很长时间才能下载完毕。尽管一些电子邮件系统支持上传很大的附件,但最好不要这样做,如图 8-18 所示。

(2) 不要轻易打开收到的附件。在打开前最好检查一下发件方的身份,以及是否对附件有说明,还可以先对附件进行扫描杀毒。

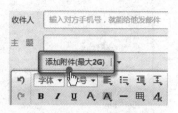

图 8-18 支持上传很大的附件

(3) 发送附件时对其进行说明。在邮件正文中对附件的内容进行说明是一个良好的习惯。

5. 网络礼仪

写电子邮件和写普通的信件一样,都需要注意场合和礼仪。朋友之间的电子邮件交谈可以随便一些,如使用表情符号、词语简写等;但正式的电子邮件交流就需要非常注意礼仪了。

(1) 邮件标题要能概括邮件的主要内容,一定不能是空白标题。并且标题要简明扼要,不要让电子邮件客户端软件使用省略号来代替标题。

(2) 一封电子邮件最好只针对一个或少数几个主题,每个主题最好分段说明。不要在一封邮件内谈及很多事情。

(3) 发送前检查是否有拼写错误或语法错误,一些电子邮件客户端软件会提供这些功能。

(4) 对于附件,要在正文中说明其内容。

(5) 正文中要恰当地称呼收件者与使用问候语,正文内容要文明礼貌。

(6) 要时刻牢记电子邮件是有安全风险的,是可能被任何人看到的。所以电子邮件中最好不涉密,不说过激言语。

(7) 可以使用一些大写字符(如 ATTENTION)、特殊字符(如感叹号)或字符格式(如加粗、倾斜)来突出重点内容,但不要过度使用。

(8) 回复电子邮件是系统默认标题,在原标题前加"RE"或类似前缀,这样如果双方回复的次数过多,标题会非常难以辨认,在适当时候可以根据回复内容来更改标题。

(9) 如果收件人过多可使用"密送(Bcc)"功能。密送的收件人不会被其他收件人看到,即每个收件人所看到的收件人地址只有自己一个;而如果不使用密送,收件人会看到一长串的收件人地址。

(10) 除非有需求,不要轻易使用"回复所有人"的功能,它会对所有收件人、发件人进行统一回复。在发送回复前也要检查收件人是否有很多个。

8.4.2 实时消息

通过实时消息系统可以实现因特网上用户之间的互发信息。一对一的实时消息称为即时通信(Instant Messaging,IM),而多人之间的实时消息称为聊天。目前,在因特网上常用的实时消息系统有 QQ、微信、Microsoft Skype、Facebook Messerger、Google Hanpents 等,多数的实时消息系统支持文字、语音、视频等多种形式的信息传输。

多数的实时消息系统是基于客户端/服务器模式的。用户登录客户端软件,输入消息后,软件会按照消息协议将消息分成包,视连接的稳定情况,将包传输到服务器进行分发,或者直接将包发送给接收者。

8.4.3 VoIP

VoIP(Voice over Internet Protocol,IP 电话)可以将声音信号数字化,并以数据封包的形式在因特网上进行实时传递。它可以代替普通电话系统,利用因特网进行电话通话。

VoIP 需要通话双方同时处于因特网中,但如果运营商支持,它也可以有多种方式:可以通过 VoIP 接听来自手机或固定电话打来的电话;也可以通过 VoIP 给手机或固定电话打电话。这些扩展方式一般是收费的。

VoIP 需要有良好的因特网连接质量,网速、抖动和丢包都会影响 VoIP 的通话质量。抖动是指网络延迟的变化性,剧烈的延迟变化会产生不稳定的数据流,影响通话效果。丢包是指数据在传输过程中丢失,或者太晚传到目的地已经没有用处了。要想获得良好的通话效果,抖动不宜超过 40ms,丢包率不宜超过 8%。

小　　结

本章主要介绍社交媒体的相关知识,包括社交媒体的基础知识、内容社区、社交媒体形式与在线交流的多种方式。

通过对本章的学习,读者在使用社交媒体时应能够更加得心应手。

第 8 章在线测试题

习　　题

一、判断题

1. 新浪微博不属于社交媒体。　　　　　　　　　　　　　　　　　　　　　　(　　)
2. 社交媒体的历史可以追溯到 20 世纪 60 年代。　　　　　　　　　　　　　　(　　)
3. 在基于地理位置的社交中,社交媒体网站或社交媒体 App 可以通过手机获取用户的当前位置。　　　　　　　　　　　　　　　　　　　　　　　　　　　　(　　)
4. 用户在知乎中回答问题时,可以选中"未经许可,禁止转载"以保护自己的知识产权。
　　　　　　　　　　　　　　　　　　　　　　　　　　　　　　　　　　　(　　)
5. 一条微博的消息长度不受限制。　　　　　　　　　　　　　　　　　　　　(　　)
6. 在维基中,用户无法对材料的真实性进行讨论。　　　　　　　　　　　　　(　　)
7. 微信只能在国内使用。　　　　　　　　　　　　　　　　　　　　　　　　(　　)

8. POP3 协议是用于发送邮件的协议。 ( )
9. 必须安装电子邮件客户端才可以管理电子邮件。 ( )
10. VoIP 的通话质量只受网速影响。 ( )

二、选择题

1. 以下属于社交媒体的有( )。
   A. Facebook　　　B. Twitter　　　C. Flickr　　　D. 以上都是
2. 以下属于社交媒体网站元素的有( )。
   A. 内容发布工具　　B. 个人主页　　C. 联系人　　D. 以上都是
3. 元数据标签通常是( )。
   A. 一个字　　　　B. 一个关键词　　C. 一句话　　D. 一行代码
4. 如果想要不定期发布文章,可以使用( )。
   A. 博客　　　　　B. 微博　　　　C. 维基　　　D. 微信
5. 微博的消息长度限制为( )。
   A. 无限制　　　　　　　　　　　　B. 1MB 大小
   C. 140 字符　　　　　　　　　　　D. 视用户等级而定
6. 在微信中可以发送( )信息。
   A. 语音　　　　　B. 图片　　　　C. 视频　　　D. 以上均可
7. 以下属于电子邮件发送协议的是( )。
   A. IMAP　　　　B. POP3　　　　C. SMTP　　　D. HTTP
8. 以下网络礼仪中恰当的是( )。
   A. 使用空白标题　　　　　　　　　B. 发送涉密附件
   C. 发送前检查拼写错误和语法错误　D. 随意使用全部大写的单词
9. 以下属于实时消息系统的有( )。
   A. QQ　　　　　　　　　　　　　B. Microsoft Skype
   C. Apple iChat　　　　　　　　　D. 以上都是
10. 影响 VoIP 通话质量的因素是( )。
    A. 网速　　　　　B. 抖动　　　　C. 丢包　　　D. 以上都是

三、思考题

1. 列举生活中所接触的社交媒体。
2. 看看哪些 App 在使用地理位置信息。
3. 找找身边的社交媒体中有哪些侵犯知识产权的行为。
4. 测量一下日常生活中社交媒体占了多少比重。
5. 在不同的维基中搜索相同的词条,比较一下准确性、真实性。
6. 查一查在线交流还有什么样的形式。

第 9 章 多媒体和 Web

本章介绍基于 Web 的多媒体,包括其概念、应用与优缺点以及多媒体元素和多媒体网站的设计与开发。通过本章的学习,读者应能够对多媒体有一个基本的了解,并能够加深对 Web 的理解。

9.1 多媒体和 Web 基础知识

本节介绍基于 Web 的多媒体的相关知识,包括基于 Web 的多媒体的应用和优缺点。

9.1.1 基于 Web 的多媒体基础知识

多媒体这一术语是指任意类型的、涉及多种媒体的应用。这里的媒体可以指文本、图片、视频、动画和音频。无论是否在网络环境中,多媒体都被广泛应用于多种类型的应用中。虽然本章的重点着眼于 Web 上的多媒体,但是关于 Web 上的多媒体的概念和技术也是可以被应用到非 Web 环境中的多媒体的。

虽然多媒体是指由多种媒体形式组成的整体,但基于 Web 的多媒体(也称富媒体)主要是指页面上的文本和图片,以及声音、视频或动画。这些页面本身是可交互的,它们会展示通过链接请求的信息。除此之外,页面上也包含一些可以直接与用户进行交互的页面元素,如可以播放、暂停的视频,可以被用户控制的 3D 物体,或者是游戏。

过去,因为计算机和因特网的连接速度很慢,Web 上的多媒体的发展一直都被严重地限制着。而现在高处理速度的计算机和宽带连接的出现促进了 Web 上的多媒体更加规范的发展。事实上,现今的绝大多数的网站都包含了多媒体内容,如网页上常见的广告(如图片、视频片段形式的广告标语),网站上常见的内容(如电视节目、播客),或者是上传到网站上的用户提供的内容(如上传到 YouTube 上的视频及上传到 Facebook 上的照片)。

今天的多媒体已经成为因特网不可或缺的一部分。无论是企业还是个人都可以创建网站并给网络上的游客提供内容,因此了解不同形式的媒体元素及知道把它们加入到网站上后所带来的影响是很重要的。例如,在现如今的网站上,视频被广泛应用,然而在给网站添加视频之前,与网站相关的企业或个人都应该慎重考虑创造或获取视频内容所要付出的花费,以及访问者获取视频内容所需要花费的流量。从技术角度来说,潜在的用户是可以通过任何类型的设备来获取视频的,因此我们必须考虑他们的设备类型及视频文件的格式。而通过智能手机向 YouTube 网站上传视频或是给其他人发送照片或视频片段的个人,同样也必须知道流量限制和有效的视频文件格式,才能保证视频可以被用户观看,而不会产生流量花费上的问题。希望通过网站观看影片、电视节目或其他视频内容的个人用户还必须确保观看的视频内容所需要的流量消耗不会给他们带来麻烦,如手机用户使用的流量超过定额,或是因流量问题导致家庭用户的宽带服务暂停。

9.1.2 基于 Web 的多媒体应用

在 Web 上我们可以看到大量的多媒体应用,多媒体应用(通常是指视频)对于带宽问题很敏感,所以当前的因特网连接环境的好坏可能会限制可以使用到这些多媒体应用的用户数量。例如,大多数流视频网站对于标准清晰度的视频会要求最小为 500Kbps 的连接速度,对于高清晰度的视频则需要更快的连接速度(如对于 HD 质量的视频需要 5Mbps)。另外,如果用户的因特网服务提供商有流量限制的话,那么观看和下载视频会很快使流量超过配额。例如,看一个小时的标准清晰度的电视节目大概需要 200MB 流量。因此,如果用户想要获取因特网多媒体的内容,那么熟悉因特网服务提供商的带宽配额和因大量下载而会导致的超额费用是非常重要的。

以下将会对一些最为常见的多媒体应用进行讨论。

1. 信息传递

在网站上,多媒体被广泛应用于传递各种类型的信息。例如,制造商会使用照片、视频和在线用户手册来向访问者传递它们产品的信息;新闻网站会利用视频片段、照片和播客给它们的访问者带来更新的新闻消息,如图 9-1 所示;餐厅可以利用照片描绘它们提供的菜肴,并提供地图帮助访问者找到餐厅的位置;政客可以利用图片和视频片段表达他们的政治倾向和他们受到的支持。

图 9-1　新闻网站通过多媒体提供新闻

多媒体同时也是基于 Web 的教育（Web-Based Training,WBT）的重要组成部分,可以通过多媒体进行在线授课和在线学习,如图 9-2 所示。

图 9-2　在线学习

2. 电子商务

多媒体也经常被应用在电子商务的网站上,描绘那些可经网站进行交易的产品的信息。例如,销售多媒体内容（如音乐、电影）的网站经常向消费者提供多媒体元素（如样例歌曲或电影片段）,使他们在进行选择产品前可以试听或试看。销售其他类型产品的网站会提供在线产品目录以便访问者可以在网站上找到他们想要的产品,这些产品目录几乎都会包含产品的图片,并且访问者还可以对这些图片进行操作（如缩放、平移）来更好地观看产品。一些电子商务网站还允许访问者对产品图进行重新涂色,以展示他们心目中的制成品（如一辆车或一件服饰）;一些服装零售网站还允许买家通过给他自定义的虚拟模特（通过选择体型、身高、体重、发型、发色等）"试穿",来更直观地了解他们选择的服饰穿在他们自己身上时的样子,如图 9-3 所示。同时,也会有一些电子商务网站利用虚拟现实技术（Virtual Reality,VR）来展示环境情况或产品（如一辆汽车或一栋房子）在真实世界中的样子。

另一种为手机用户准备的,充满可能性的虚拟现实技术是增强虚拟现实技术（Augmented VR）,通过将计算机生成的图片叠加在手机实时显示的图片上实现的。这些应用通常使用了 GPS、摄像头、数字方位仪,以及其他从手机上收集到的信息,并将合适的数据放置在手机上以模拟出虚拟现实的效果,如图 9-4 所示。

3. 娱乐

基于 Web 的多媒体最广泛的应用领域是在娱乐方面,现在人们可以通过 Web 找到大量的电视节目、电影和娱乐资源。很多网站也会提供独具网页特色的网络游戏,这些游戏通常会整合背景音乐、声效、图片、动画效果、剧情、角色对白、视频片段,或者是其他类型的多媒体元素。

4. 社会化媒体和虚拟世界

在社会化媒体的活动中,通常也整合了大量的多媒体。例如,很多人会通过社交网站或博客上传图片或视频片段。

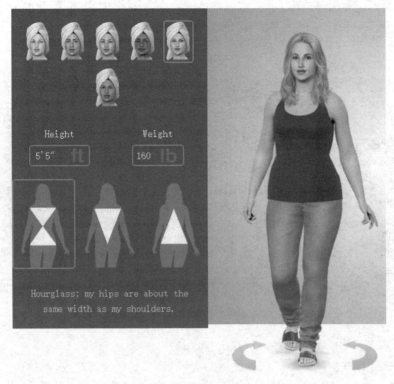

图 9-3　虚拟模特

　　虚拟世界是另一种基于多媒体的 Web 应用。这些网络虚拟世界(如游戏"第二人生",如图 9-5 所示)允许用户利用自己在虚拟世界里的替身同其他人见面、讨论、玩游戏、购物、拜访充满异域风情的虚拟景点,给他们的替身买衣服或其他物品,或者是创造自己的物品并卖给其他用户的替身。在这些虚拟世界中,注册通常是免费的,但用户需要通过现实世界的货币购买这些因特网世界中的货币(如游戏"第二人生"中的货币林登币)。

图 9-4　利用增强虚拟现实技术模拟出的三维空间

图 9-5　游戏"第二人生"中的画面

9.1.3　基于 Web 的多媒体的优缺点

　　在为商业目的或个人创建的网站中使用 Web 的多媒体既有缺点也有优点。相比于其他途径,通过网页可以传递更多种类的内容(如网络电视、网络音乐),这可能是 Web 的多媒体最大的优势。另一个重要的优势是,Web 的多媒体可以带来新的学习方式。例如,我们称那些通过视觉可以达到最好学习效果的人为视觉学习者,称那些通过听觉可以达到最好学习效果的人为听觉学习者,同时也有些动觉学习者通过实际操作达到最好的学习效果。有一种观点认为,单一媒体形式的学习方式也许适合一部分用户,但其他用户或许会因为这种学习形式不适合他,而在学习过程中无法获得完整的知识。但多媒体却可以利用多种方式来表达教材内容以获得更大的优势。例如,一个 Web 上的练习可以通过文字、图片、旁白和实践活动等形式出现,这样在理论上能够增加广大用户在学习过程中学到知识的机会。

多媒体的另一个优势是:它可以以一种更加有趣、更容易吸引人的形式来表现我们需要展示的内容,并且很多想法也能够通过多媒体轻松地表达出来。例如,通过多媒体教用户剪纸要比文字形式的说明更有效果。

在个人或商业网站中加入多媒体的缺点是开发过程所花费的时间和费用较多。多媒体网站通常要比以文字为主的网站花费更多的时间和精力去制作。虽然网站的多媒体元素可以在数个小时内完成(只要员工掌握制作技能,有制作经验和合适的媒体制作软件),但是很多企业却会选择把它们多媒体网站的开发工作外包给专业制作公司这种更耗费资金的方式。

除此之外,存储和传输多媒体内容的花费也是需要好好考量的。如果网站上的某个视频在 Web 上火热起来,访问网站观看视频的用户可能瞬间增长数百倍,网站为应对网络阻塞所消耗的费用就有可能大幅增长。另一个会限制网站多媒体使用的是连网速度差,或者是流量配额较小的用户,这些用户可能完全无法观看网站上的多媒体内容。以上这些因素都是设计或制作一个多媒体网站时需要考虑的。

9.2 多媒体元素

本节介绍网站包含的一些常见的多媒体类型,包括文本、图片、动画、音频等。

9.2.1 文本

文本实际上是所有网站中最重要的一部分。文本通常会被用在网站的基础内容、文本菜单和超链接上,同时按钮、图标、横幅和其他网页图片也会加上文本。

文本可以以各式各样的字体、颜色、大小和样式表现出来。字体是由拥有同样设计的字符文本组成的集合,如 Times New Roman、Arial、宋体及黑体等。字体可分为衬线字体和无衬线字体,如图 9-6 所示。衬线字体(Serif,如 Times New Roman、宋体)是指在字母笔画末端带有小衬线的字体,它们因其可读性较强而常常被用在有大量文本的内容上。无衬线字体(Sans Serif,如 Arial)没有衬线,经常被用在标题、页首、网页横幅等位置上。而那些经常需要以大字号显示出来的字体则会有更复杂的外观,如图 9-7 所示。

字体的选择有很多,不同字体给人们带来的感觉往往是很不一样的。例如,Times New Roman 是一种传统的、充满商业风格的字体;

图 9-6 衬线字体(左)和无衬线字体(右)的区别

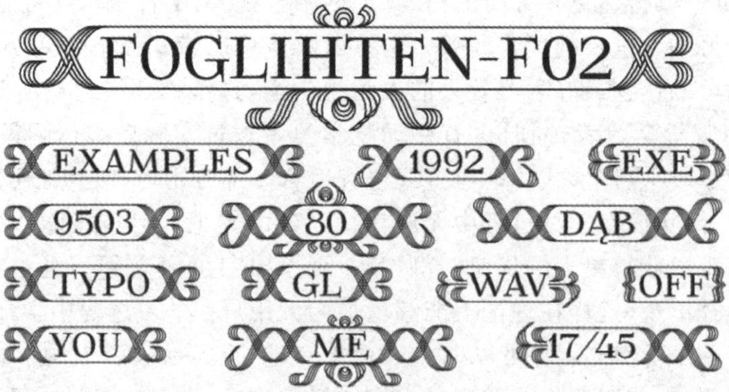

图 9-7　FoglihtenFr02 字体

而 Dom Casual 则是充满趣味和想象力的字体，如图 9-8 所示。因此给网页或是多媒体内容中的文本选择一种符合网站风格的字体就显得十分重要。通常文本的大小是 11 号或 12 号，当使用更小的字号时文本就会变得难以阅读。另一方面，把文本大小设置得太大会占据屏幕的太多空间。设计者应该确保在屏幕上一次可以显示足够的信息，以避免访问者为看到后面的内容而徒劳地翻动屏幕，这一动作非常容易使用户感到厌烦。同时

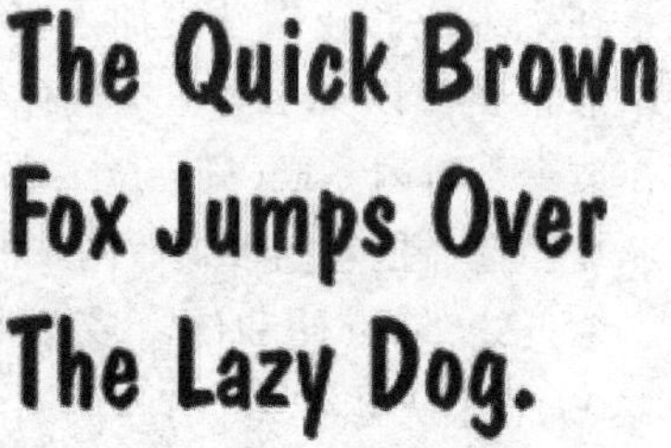

图 9-8　Dom Casual 字体

也应该注意网站的配色，保持文本颜色和网页背景颜色之间的高对比度往往可以保证文本本身的可读性，切记不要在黑色背景上使用黑色字体，同样也不应该使用一张过于花哨的图片作为网页的背景。

在为网页的文本选择字体和字号时，还需要依据要显示网页的设备。只有已经安装在用户设备上的字体才能正常地显示在网页上，否则就必须在制作网页时把字体内嵌到网页中。另外，用户使用的浏览器、屏幕的大小和屏幕分辨率都会影响文本的大小。所以在设计时应牢记，网页上使用的文本很有可能不会按照预期的那样显示在用户浏览器中。当需要保持文本的样子稳定一致时（如公司的图标和导航按钮上的文字），可以用一张包含文本的图片来代替文本。图片上的文本不像普通的文本，无论用户的浏览器如何设置，它们都会在各种计算机上一致地显示出来，因为它们本身就是图片文件的一部分。

9.2.2　图片

在计算机中，图片（或图像）是照片、图画、表格和其他虚拟对象的数字表达形式。不同于动画或视频，图片是静态的。图片可以以扫描照片或文档、用数码相机拍照，或者是用图像处理软件处理图片等各种方式生成，也可以作为剪贴画（被提前绘制出来的图片）或图片库（专业图片）存储起来。剪贴画经常存储于办公软件和图像处理软件中，如图 9-9 所示，也可存储在 CD 和 DVD 中。很多网站都提供了剪贴画和图片库的下载，大多数剪贴画和图片库都是不需要支付版税的，即只要需要，就能把它们用在不同的文档上而无须请求许可或支付额外的费用。

常用的图片格式有很多，如 TIF、BMP、GIF、JPEG 和 PNG。扫描的图片、医用图片和

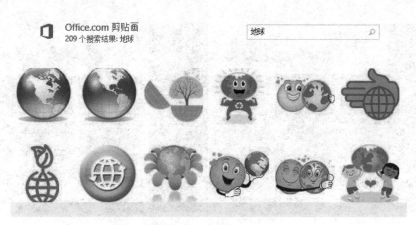

图 9-9　Office 剪贴画

用于桌面排版的图片通常是以 TIF 的格式存储的；使用 Windows 操作系统的画图工具和其他类似的图片处理工具生成的图片通常是以 BMP 格式存储的；网页上使用的图片通常是以 GIF、JPEG 或 PNG 格式存储的，这些类型的图片几乎都能够在浏览器上直接显示而不需要额外的插件。

图片的文件格式和大小可以通过图像处理软件进行更改。图像处理软件可以让一张图片以更适合的方式被应用在网页上。例如，一张高分辨率的 JPEG 图片可以通过压缩来减小其文件大小，以便提高这张图片在网页上的传输速度。JPEG 格式的图片也可以以低分辨率的 GIF 格式存储，以用在导航按钮或是网页的横幅上。接下来将更详细地解释一些常用的图片格式。

1. GIF

GIF（Graphics Interchange Format，图像交换格式）格式是一种标准的网页图片格式，这种格式的图片经常被用在商标、横幅和其他非摄影级别的图片上。它是一种使用无损压缩的、高效的图片格式，即以 GIF 格式存储的图片，其质量不会下降。GIF 格式的图片只有 256 种颜色，使用更小的调色板，这在一定程度上减少了其占用的空间。

GIF 图片通常是矩形的，但是它们可以利用透明的背景来使图片看起来是非矩形的。GIF 图片可以是交插的，即图片在刚打开时，是以低分辨率显示的，而图片的质量会逐渐地增加直到显示出原始的分辨率，如图 9-10 所示。非交插型的 GIF 图片是以完整的图片质量从顶至底逐渐显示出来的。虽然交插型的图片本身在读取上并不会更快，但由于用户可以更快地看到图片，因此感觉它的加载速度更快。网络开发工程师通常会在制作图片时设置图片的透明部分，而交插的特性通常也会由工程师在将图片插入到网页上时进行设置。

2. PNG

PNG（Portable Network Graphics，流式网络图像）格式是为了应对 GIF 格式的专利问题而于 1996 年特别设计出来的（使用 GIF 压缩算法生成 GIF 图片的图像处理程序会被要求支付专利费用）。PNG 格式同 GIF 格式一样，使用无损压缩算法，但它的压缩率在很多非摄影级别的图片上要比 GIF 格式更高，使得图片的文件大小更小。PNG 图片可以使用 256 色的颜色板（同 GIF 格式的图片一样），或者是使用真彩色（同 JPEG 格式一样，超过 1600 万种颜色，将在下面讨论）。PNG 图片也可以设置透明或交插的特性。

图 9-10 交插型 GIF 图片的打开过程

3. JPEG

JPEG(Joint Photographic Experts Group,联合图像专家组)格式是网页照片的标准格式。JPEG 使用有损压缩格式,所以在压缩过程中,图像的质量会降低。当一张图片以 JPEG 格式进行保存时,可以设置从 0%到 100%的压缩量。当选择更高的压缩量时,文件将会变得更小,但图片的质量也会变得更低。JPEG 图片的显示类似于交插的 GIF 图片,一开始会以低分辨率显示,然后图像的质量会逐渐提高。JPEG 图片可以使用真彩色,因此 JPEG 格式通常会被用在照片和其他一些需要超过 256 种颜色的图片上。

制作用于 Web 的图片时,需要选择最合适的图形格式与设置,使得在文件质量可接受的前提下,占用空间尽可能少,这样用户可以更快地浏览图片。GIF 或者 PNG 格式经常被用于线条艺术图像上(如剪贴画、商标、导航按钮等),与 JPEG 相比,它们有更高质量的图像和更小的文件尺寸。然而,对于照片来说,JPEG 格式通常会产生一个质量更高、占用空间更少的文件。

图片中实物的物理尺寸也能在很大程度上影响图片尺寸。图片应该先通过图像处理软件修改到合适的大小,再插入到网页中。当网页需要一个非常大的图片时(如为了更好地去展示一个产品的细节),可以采用缩略图,如图 9-11 所示。缩略图是图片的小的版本,它与对应的原尺寸图像相关联。当一个缩略图被单击,对应原尺寸的图片就会被展示出来。缩略图尺寸非常小,因此使用缩略图并不会显著增加网页的加载时间。

图 9-11 缩略图

9.2.3 动画

动画是用来形容一系列图像的术语,这些图像一个接着一个地被展示来模拟动作。在网页中,通常用 Java 小程序(Java Applets)或动态 GIF 加入简单的动画。Java 小程序是被插入网页中用来执行特定任务的小型程序,如在证券投资中更改数值或者放大、缩小网页中的元素。动态 GIF 是存储在一个文件中的一组 GIF 图片,这些图片可按照时间次序依次展示出来,模拟动画的效果。许多广告条幅就使用动态 GIF 来达到改变内容的效果。

网页也可以包含更复杂的动画,如当单击按钮或文本改变时,会有动画显示出来。这些动画大多数是用 JavaScript 或其他类似的脚本语言编写的,另外一些则是用 Flash 或 Silverlight 等动画开发工具制作的。浏览器需要支持 JavaScript 或者有合适的插件(如 Adobe Flash Player)才能观看这些复杂的动画。

9.2.4 音频

音频包括所有类型的声音,如音乐、说话声音和声音效果等。网站以多种多样的形式使用音频,如背景音乐、下载音乐、播客、使用说明、录音机、游戏和其他的多媒体工具的一部分。音频可以用智能手机或者 MIDI 工具来记录,也能够从 CD 上捕捉到或者从因特网上下载使用(一些音乐和声音效果文件是免费获取的,另外一些则需要付费下载)。音频文件可以很大,因此经常使用有损压缩的格式(如 MP3)以减小文件的尺寸。

当一个特殊事件发生时,音频会自动播放,如当单击一个导航按钮时,背景音乐会同时播放。网页也可以包含音频文件的超链接,这样除非用户打开链接,否则音频将不会播放。为了加速传输,网页中的音频通常是流式的,即最初只有音频文件的一小部分会被下载和缓冲,这允许音频文件快速播放,可以先播放下载的部分,并在播放的同时下载剩余部分。

在网页上播放音频文件一般需要用户计算机上有合适的媒体播放器,如 Windows Media Player、Apple QuickTime Player。接下来列举一些常用的音频格式。

(1) WAV(Waveform):无损格式,为大多数 CD 光盘所应用,WAV 文件通常尺寸较大。

(2) MP3(Moving Picture Experts Group Audio Layer 3):有损压缩格式,用来制作非常高效、高品质的压缩音频文件。WAV 文件可以通过转换为 MP3 文件来减少其占用的空间。

(3) AIFF(Audio Interchange Format File):无损格式,是为苹果计算机制作的。对应的有损格式是 AIFFC(AIFF-Compressed)。

(4) 高级音频编码(AAC 或 M4A):用 MP4 的标准来编码音频,是除 MP3 之外的另一种可用于 Web 的选择。

9.2.5 视频

视频与动画不同。动画是由人或计算机绘制的,而视频则是使用摄像设备获取的视觉信息流。视频也是由一张张"图片"构成的,一张"图片"称为一帧,当图片开始连续地展现(典型的是每秒 24 帧或更高的速率),它们看起来就像是原始的连续信息流。每秒 24 帧甚至更高的速率造成的结果之一是标准视频文件非常大,而 HD(高清视频文件)和刚出现的

4K(也被称为极端HD)更大(如一个时长为2小时的HD文件占用空间可达10GB)。正因如此,视频数据像音频数据一样经常被压缩。

以下列举了一些常用的视频格式,大多数视频格式能够用标准的媒体播放器播放。

(1) AVI(Audio-Video Interleave):微软开发的标准视频文件格式。

(2) FLV(Flash Video Format):动画视频格式,可以用Adobe Flash Player播放,它是现在最常用的Web视频格式。

(3) MP2(Moving Picture Experts Group 2):高质量的压缩视频文件格式。

(4) MP4(Moving Picture Experts Group 4):为Web传输而开发的万能格式,能够包括静止的图片和音频数据,但是也经常被用来播放视频。

(5) MOV(Apple QuickTime影片格式):苹果公司开发的适用于Web传输的万能视频格式。

(6) WMV(Windows Media Video):微软公司开发的用于Windows Media Player的视频格式。

Web中的视频基本都是通过摄像仪器记录的,然后按需求被编辑成最终的视频格式。Web视频应用包括电视节目、新闻播报、企业演讲、产品介绍、视频广告等。企业和个人都可以在他们的网页上嵌入视频。类似于音频文件,Web上的视频文件也是流式加载的,当视频的一部分被下载完之后视频文件就可以开始播放了。视频还可以被上传到如YouTube、Facebook等视频分享网站上或者其他社交媒体上,也可以在计算机之间互相传输。

9.3 多媒体网站的设计

本节介绍多媒体网站设计中需要考虑的事项,包括基本设计准则、确定网站的目标及目标访客,以及流程图、页面布局和故事板等。

9.3.1 基本设计准则

网站设计是指规划网站的外观及设计网站的工作流程。尽管本节的重点是设计和开发多媒体网站,但其技术的很多方面也可以应用到非Web的多媒体程序中。在任意情况下,预先的精心设计都是非常重要的。在开发前花费时间进行详尽设计,在长远来看是很值得的。

设计多媒体网站时,需要时刻考虑网站应展示的内容及如何吸引访客浏览该内容。在吸引访客方面,需要注意两个基本原则:访客喜欢有趣并且令人激动的应用程序;而访客对难用的或者加载很慢的应用程序往往没有耐心。

如果一个网站能够给访客提供有价值或有趣味的信息,那么它就是一个有趣的网站,访问者在浏览网站时会感到兴奋而被吸引住。然而,兴趣会随着时间的推移减弱,如果访客每天在网站上看到的都是相同的内容,就会产生枯燥感,久而久之就可能不再访问该网站。因此,时常用最新的信息来更新网站是很重要的。

访客对设计很差的网站也缺乏耐心,所以,网站的易用性是决定人们是否会时常访问它的决定性因素。例如,如果访客在网站中搜索信息时操作很烦琐,或者网站页面加载时间过长,访客就会到另一个网站搜索而且再也不会回来。为了方便检索和减少用户的等待时间,网站应该使用清晰而高效的检索工具,并以容易理解的方式提供信息。网站也应该能够快速加载——要达到这个目标,需要仔细选择网站的多媒体元件,并且在必要的时候修改它们(如减小图像分辨率)以尽可能地提高加载效率。

另一个影响网站设计的因素是访客用来上网的设备。如今的因特网用户使用从台式计算机到智能手机的多种多样不同尺寸的设备,设计一种适用于所有设备的网站需要很大的工作量,因此网站设计者应该尽早决定网站的目标受众是用台式计算机还是上网本,或者是智能手机,以及是否需要优化内容以适应不同尺寸的设备。设计适用于多种设备的网站称为响应式网站设计(Responsive Web Design,RWD),如图 9-12 所示。在响应式网站设计中,可以使用模拟器来模拟不同尺寸设备的显示效果。

图 9-12 响应式网站设计

除了设备尺寸的不同以外,还应该考虑各种不同的平台及不同的 Web 浏览器。设计者应该合理配置网站以使其能够在尽可能多的、不同的配置终端上使用。因此,应认真考虑以下几点。

(1) 需要特定浏览器支持的功能。即便大多数浏览器(如 Internet Explorer、Firefox、Opera、Chrome 和 Safari)的性能和功能都变得越来越统一,但仍有一些功能不适用于所有浏览器。如果选择使用了这些功能,可以使用浏览器的嗅探技术来确定访客所使用的浏览器,并根据浏览器的不同显示不同的内容。

(2) 很少使用到的插件。尽管在使用网页功能之前不得不下载插件是一件令人烦火的事情,但大多数用户还是会在需要时下载一些应用范围较广的插件。但是,尽量不要求用户下载不常用的插件。

(3) 页面内容的大小。不同的浏览器和屏幕分辨率会产生不同大小的页面内容展现区域,设计图片和文字栏宽度时需要考虑这个因素。例如,为了确保内容在台式计算机和笔记本电脑上易于阅读,而无须烦琐的滚动,地图和其他大尺寸元素的宽度应小于 960 像素,高度应小于 420 像素。为手机用户设计的内容则应更小,在常见型号的手机上宽度应小于 300 像素,在大屏手机或平板电脑上宽度应小于 768 像素。

(4) 高带宽应用。尽管宽带因特网已经很普及了,但仍旧有部分用户在使用传统的拨号上网连接,还有一些手机用户的带宽也是有上限的。如果网站的目标访客包括拨号上网用户或手机用户,就需要格外注意网站上图片文件的大小,并且要让用户自己决定是否要花时间和流量来获得网站的特定功能。例如,设置一个链接(包含文件大小和预计加载时间),

而不是自动播放音频或视频文件;当需要呈现大尺寸图片时,使用缩略图。最后,确保所有的多媒体元素和网站的目的一致,除非有很好的理由,不要添加额外的元素,尤其是音频和视频文件,这会减慢网站的加载速度,使访客厌烦。

9.3.2 确定网站的目标及目标访客

设计多媒体网站的首要步骤之一就是确定网站的基础目标和网站的目标访客。网站的目标决定了网站的内容。网站设计者需要确定网站的首要目标(如营销、产品、服务),还要确定一些补充性的元素或活动(如游戏功能、博客,可以使得访客定期回访;在线的顾客交流等)。如果网站是为手机用户设计的,还需要决定是否要包含与位置相关的应用或者其他流行的手机应用。此外,还需要确定要将哪些社交应用整合到网站上(如分享到新浪微博,如图 9-13 所示),并在多个社交平台注册网站的官方账号,以与对应平台的用户进行交流。

图 9-13 分享到新浪微博

目标访客会影响到网站多媒体元素的样式。例如,如果网站只用于内部局域网,就不必像设计因特网网站那样精心考虑文件大小和文件格式。如果目标访客基本使用一种浏览器(如 Internet Explorer),就可以主要为这种浏览器设计网站。此外,网站的具体设计(如风格、图像、字体、颜色)也需要为目标访客考虑,如访客是青少年,可以设计得花哨一些,而商务人士更喜欢简约的网站。

确定目标访客后,就需要确定网站要包含的主题。如果并不能确定,就不要继续设计,直到确定为止。可以通过浏览类似网站、和潜在用户聊天等方式来确定网站主题。一旦确定了网站主题,就可以设计网站的具体内容了(如图像、文本、视频、音频、动画、导航工具等)。

9.3.3 流程图、页面布局和故事板

在确定了网站的目标、目标访客及内容后,就要设计网站的结构和布局了。为此可以使用一些设计工具,如流程图、页面布局和故事板。它们既可以用手工设计,也可以借助特定的计算机软件来设计。

网站的流程图(flowchart)描述了网站的页面间是如何互相连接的。例如,一个典型的主页导航式网站的流程图如图 9-14 所示。流程图相当于网站的地图,它用小盒子来代表网页,盒子之间的线展现了网页间的逻辑联系,除此之外,网页间还有其他的联系。例如,可以在网站的每一页放置导航栏。

页面布局经常用来说明网站的布局和导航结构,如图 9-15 所示。对每个网站,通常要设计两个页面布局:一个是主页;另一个是网站上其他所有页面。当设计页面布局时,需要仔细考虑每一个元素要放的位置。例如,研究表明大多数人首先看页面的左上角,所以那是网页上图标最多的地方。当设计网站的布局时,确保它看上去有趣而不枯燥,元素的分配要平衡,并且重要的元素要突出显示。

故事板是一系列描述页面或屏幕动态变化的草图。故事板常用于电影制作,但在设计多媒体网站上的动画元素时也可以使用,其形式类似于漫画书。

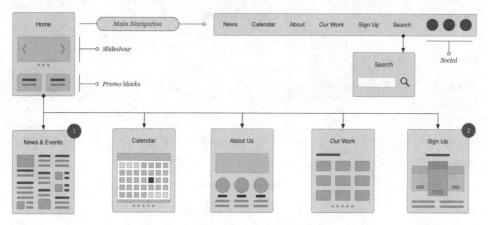

图 9-14　网站流程图示例

图 9-15　页面布局示例

9.3.4　网站导航注意事项

网站的导航结构是非常重要的,它能在一定程度上决定网站的易用性。在画完网站的初步流程图后,检查一下网页间的链接是否平衡——用户应该可以在三次单击之内到达网站的大多数页面。对于大的网站来说,导航工具如下拉菜单、网站地图(见图9-16)、导航栏和搜索框等是非常有用的。

当设计导航结构时,确保把相同的导航按钮或链接放在每一页相同的位置上,以便用户使用;还要确保导航按钮上的图标容易被理解,尽可能给图标加一个文字名称,如在购物车的图标后添加"购物车"的文本。此外,用户通常认为有下画线的文本是超链接,所以如果文本不是链接的话,就不要加下画线。

图 9-16 网站地图示例

如果一个网页的内容较多，可以考虑把内容分到几个页面中，以减少向下滚动和网页加载时间。页面之间可以用分页标签连接，如图 9-17 所示。此外，对于长网页，确保总是有一个可以让用户回到网页顶部的链接。

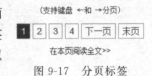

图 9-17 分页标签

9.4 多媒体网站的开发

本节介绍多媒体网站开发的步骤，包括确定多媒体元素、制作网站，以及测试、发布与维护。

9.4.1 确定多媒体元素

当一个网站已经精心设计完毕，就可以开始开发了。开发的第一步是确定网站要用的多媒体元素，如图片、动画、音频和视频。"工欲善其事，必先利其器"，一些常用的工具软件（如图像编辑软件、视频编辑软件和音频编辑软件）是必不可少的。例如，要想在网页中插入动画或交互性的成分（如游戏、指南、广告等），可以采用 Adobe Flash（见图 9-18）、Adobe After Effects 或者其他网页动画程序。

Silverlight 是一项用于播放动画或交互性网络应用的技术，它与 Flash 的功能相似，被视为 Flash 的竞争对手。Silverlight 主要使用 Microsoft Visual Studio 开发，然后由 Silverlight 插件负责显示内容。如果要开发大型多媒体应用（如复杂的游戏和模拟训练），除 Flash 和 Silverlight 以外，还可使用多媒体制作软件，如 Adobe Director。Director 经常用于 Shockwave 制作，制作内容将被嵌入多媒体网站并通过 Shockwave Player 播放。此外，一些动画也可以通过 HTML5 执行。

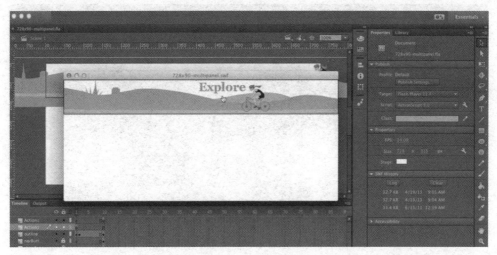

图 9-18　Adobe Flash 软件

无论是用什么样的程序或手段,当确定多媒体元素后,要将它们以合适的大小、分辨率和格式插入到网页中,要符合网站风格以呈现给访客一种和谐一致的感官享受。

9.4.2　制作网站

确定多媒体元素后,就可以制作网站了。制作多媒体网站时,除了要遵循最基本的 HTML 语言规范以外,还可以使用如下语言、标准或工具。

视频讲解

1. HTML5

HTML 的最新版本是 HTML5,它可用来替代之前的 HTML。HTML5 依然在开发之中,但许多浏览器已经支持 HTML5,所以在制作网站时可以考虑使用 HTML5。

HTML5 支持制作更加复杂和动态化的网页或应用,如在无须插件的情况下添加多媒体播放功能,并增加网页的交互性。表 9-1 列举了 HTML5 的部分新标记。

表 9-1　HTML5 的部分新标记

标　记	用　途	标　记	用　途
\<video\>	插入视频	\<keygen\>	定义密钥
\<audio\>	插入音频	\<nav\>	定义导航链接
\<canvas\>	定义表格或图表		

使用 HTML5 还可以制作出交互性非常好的创意网站,这能显著地提高营销效果,如图 9-19 所示。

2. CSS

尽管 HTML 本身就可以控制文本和页面的样式,但在实际应用中,更多使用到的是 CSS。CSS(Cascading Style Sheets,层叠样式表)可以用来确定一个页面甚至是整个网站的样式。相对于 HTML 而言,CSS 能够对网页中对象的位置进行像素级的精确控制,支持几乎所有的字体字号样式,并能够进行初步的交互设计,是目前基于文本展示的最优秀的表现设计语言。

图 9-19 介绍鞋类产品的 HTML5 网站

CSS 样式可以直接写在一个网页的开头(称为内部样式表),但更多情况下是保存在一个独立的文件中(称为外部样式表,如图 9-20 所示)。网页可以通过引用 CSS 文件与其建立链接,CSS 文件里定义的样式会应用于所有链接的网页上。因为 CSS 文件上的任何调整都会自动反映到页面上,所以使用外部样式表可以有效降低代码冗余,并显著提高开发的效率。最新的 CSS3 可以与 HTML5 一起使用,而且可以在不使用 JavaScript 的情况下模拟圆角按钮、多版面布局和下拉菜单等。

图 9-20 外部样式表

3. 脚本语言

对于含有动态内容（能随用户而改变的内容）的页面，最典型的语言是脚本语言。脚本语言在第 7 章中已有简单介绍，这种语言可以让开发人员通过在网页代码中直接编入程序命令或者脚本从而将内容动态化。当下最流行的脚本语言有 JavaScript、VBScript 和 Perl。

编程人员可以用 JavaScript 往页面中添加交互性内容，如当鼠标放在某个条目上时弹出小窗或者文件。JavaScript 同 CSS 一样，可以嵌入网页中，也可以作为单独的文件存在，如图 9-21 所示。

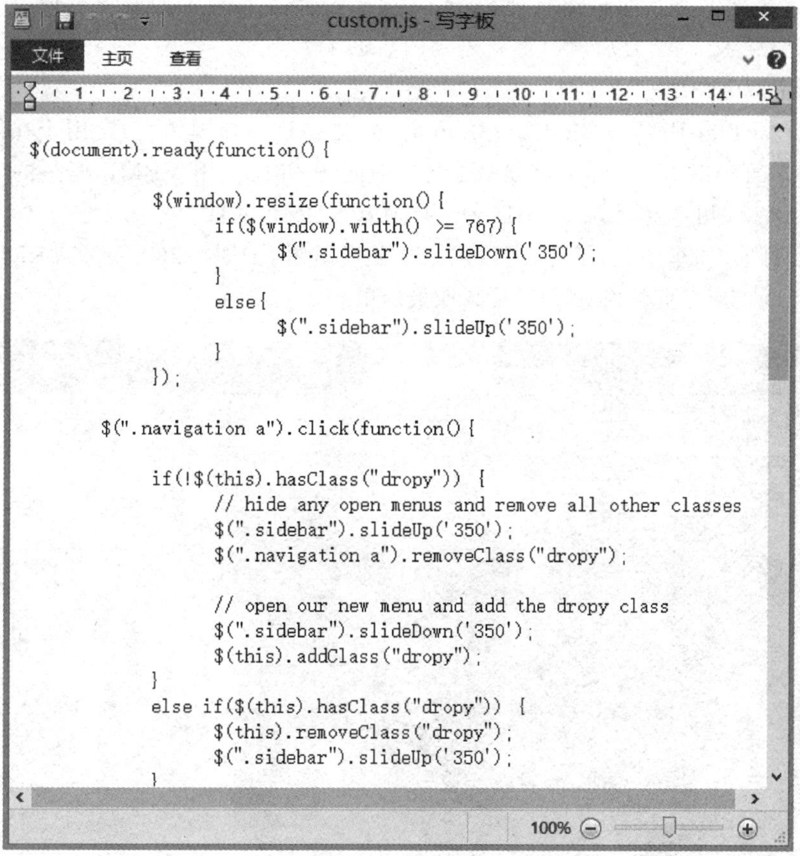

图 9-21　JavaScript 语言

另一个当下较常用的脚本语言是 VBScript(Visual Basic Scripting Edition)。VBScript 由微软公司开发，其用途与 JavaScript 类似——编程人员可以用它在网页中加入交互性元素。熟悉可视化编程的人员可以很容易地将 VBScript 脚本加入到他们的网页中。

Perl(Practical Extraction and Report Language，实用报表提取语言)最初是为了加工文本而开发出的程序语言。因为它强大的文本处理能力，Perl 已经成为编写 CGI 脚本（一种用于加工网页中与数据库相关的数据的脚本）最常用的语言。

4. AJAX

为了提高网页的交互性，一系列的网页标准应运而生，它们统称为 AJAX (Asynchronous JavaScript and XML，异步 JavaScript 和 XML)。如今，AJAX 被用于许多网站,如谷歌地图、Gmail、Flicker。

AJAX综合了HTML、JavaScript和XML(将在第11章介绍)以开发更高效的交互式Web应用。传统Web应用将用户数据提交给网络服务器,然后服务器将含有对应信息的新网页传送给用户。用户一有新的输入信息,服务器就要重新发送一个新页面给他,因此传统Web应用的速度较慢。AJAX则不同,AJAX应用在用户输入新信息时只更新现有网页没有的数据,传输内容较少,速度也就较快。而且,为了进一步提速,任何不要求服务器提供新数据的操作都由AJAX预先处理(如确认表格中信息是否有效),而不是动用服务器。因此,用AJAX创建的交互网页运行得很快,且比传统网页对带宽的要求更低——网页的布局结构只需要载入一次,之后就只更新需要的数据了。

5. VRML 和 X3D

VRML(Virtual Reality Modeling Language,虚拟现实建模语言)是用于在网页中模拟三维对象的语言,VRML实际上就是3D世界中的HTML。用VRML编写的文件的扩展名为"wrl"(即world),要浏览VRML文件必须有VRML插件。

VRML对象,如车子、房子等,可以以360°旋转查看,如图9-22所示。VRML的升级版是X3D。X3D支持专业绘图、XML及其他最新的技术。

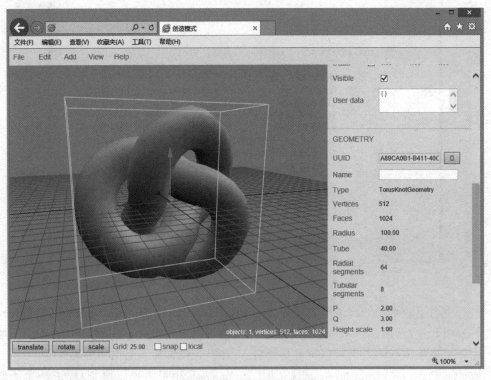

图9-22 以360°旋转查看

6. 网站生成器

在本地创建网页及网站可以使用Adobe Dreamweaver等网页制作软件,而在云服务领域,这种软件服务就称为网站生成器。在网站生成器中,用户可以从零开始进行设计,或者选择已经设计好的模板,并对其进行改动——以图形化的方式增删控件、设置内容等。网站设计好后，云服务提供商会对其进行维护。

9.4.3 测试、发布与维护

多媒体网站成形后，并不能马上发布，而是需要先测试其功能与性能是否能达到要求。每一个超链接都要打开查看是否连接到了正确位置，每一个带有动态元素的操作（如单击或者指向）都必须好好检测。复杂的动画在被放入网页之前应该一个一个地检查，放入之后还要检查是否运行正常。网页的代码可以用网页制作软件检查，也可以通过在线的网页检查工具检查，如图 9-23 所示。

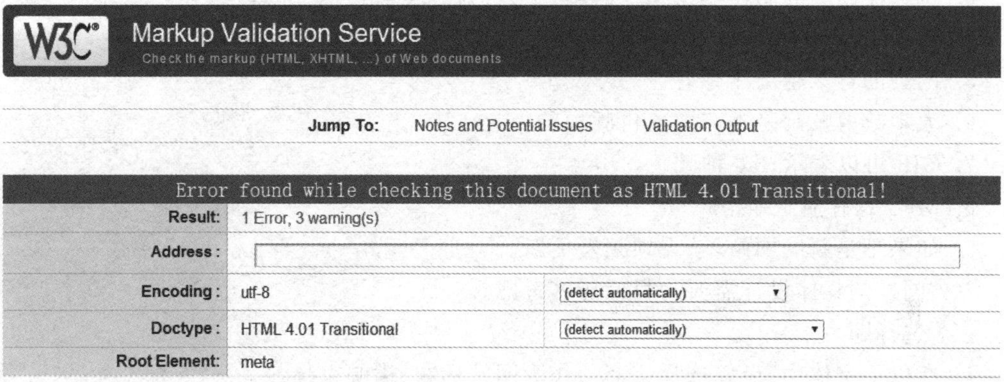

图 9-23　通过在线的网页检查工具检查网页的代码

经过这些技术性的检测后，一些公司会对它们的网站进行"压力测试"。压力测试可以使用压力测试软件进行，或者外包给一些代理公司，以检查网站性能（如网站能同时容纳多少个在线用户等）。网站管理者还可以使用特定的软件来长期监测网站数据，通过数据分析出网站瓶颈，并对此做出调整。

当网站通过测试后，就可以发布了，即把它上传到合适的网络服务器。有关网站的所有内容（如 HTML 文件、多媒体文件、CSS 文件等）都应该上传给服务器。一些网页制作软件提供了网站发布的功能，此外，还可以通过 FTP 或代理服务商提供的实用工具发布网站。网站发布后，就可以通过浏览器输入 URL 进行浏览了。

网站发布也意味着维护的开始。正如之前提到的，网站应该定期更新以保证其内容的实时性及趣味性。网站还要时常进行评估，以查看哪些地方需要修改或升级。链接到外网的超链接也要定期检查——因为有些网页会被移走或者删除。一旦发现了严重的问题，整个网站甚至还需要重新设计与开发。

小　结

本章主要介绍了基于 Web 的多媒体，包括其概念、应用、优缺点，以及常用的多媒体元素。此外，本章还介绍了多媒体网站的设计与开发。

通过对本章的学习，读者应能够对多媒体有一个基本的了解，并能够加深对 Web 的理解。

习　题

第 9 章在线测试题

一、判断题

1. HD 质量的视频需要至少 500Kbps 的因特网连接速度。　　　　　　　　　　(　　)
2. 一些电子商务网站利用虚拟现实技术来展示环境情况或产品在真实世界中的样子。
　　　　　　　　　　　　　　　　　　　　　　　　　　　　　　　　　　(　　)
3. 多媒体网站的制作相比文字网站,不会消耗更多精力。　　　　　　　　　　(　　)
4. Times New Roman 是衬线字体。　　　　　　　　　　　　　　　　　　　(　　)
5. 网页的背景越绚丽越好。　　　　　　　　　　　　　　　　　　　　　　(　　)
6. 大多数剪贴画是不需要支付版税的。　　　　　　　　　　　　　　　　　(　　)
7. GIF 可以表示 256 种颜色。　　　　　　　　　　　　　　　　　　　　　(　　)
8. MP3 是有损压缩格式。　　　　　　　　　　　　　　　　　　　　　　　(　　)
9. 如果不是新闻网站,就无须频繁更新。　　　　　　　　　　　　　　　　　(　　)
10. 网站的具体设计需要为目标访客考虑。　　　　　　　　　　　　　　　　(　　)

二、选择题

1. 在以下字体中,最好选择(　　)作为网站标题、横幅字体。
　　A. Times New Roman　　　　　　　B. Arial
　　C. 宋体　　　　　　　　　　　　　D. 以上皆可
2. 以下字体大小适合于显示正文的是(　　)号。
　　A. 4　　　　B. 8　　　　C. 12　　　　D. 16
3. 扫描的图片、医用图片和用于桌面排版的图片通常都是以(　　)格式储存的。
　　A. TIF　　　B. PNG　　　C. BMP　　　D. JPEG
4. 以下图片格式中,属于有损压缩的是(　　)。
　　A. GIF　　　B. PNG　　　C. JPEG　　　D. 都不是
5. 对于照片来说,最好使用(　　)格式存储。
　　A. GIF　　　B. PNG　　　C. JPEG　　　D. 都可以
6. 相同时长的音频,按(　　)格式存储,占用空间可能最少。
　　A. WAV　　　B. MP3　　　C. AIFF　　　D. 都可以
7. 如果要优化网页内容以适应不同尺寸的设备,可以采用(　　)技术。
　　A. VR　　　B. AIFFC　　　C. RWD　　　D. VRML
8. 可以使用(　　)描述网站页面间的连接关系。
　　A. 流程图　　　B. 页面布局　　　C. 故事板　　　D. 都可以
9. 对于内容较多的网页,最好(　　)。
　　A. 减小字号　　　　　　　　　　　B. 在一页中显示
　　C. 删减内容　　　　　　　　　　　D. 分页并使用分页标签
10. (　　)可以提高网页的加载速度。
　　A. CSS　　　B. Perl　　　C. AJAX　　　D. X3D

三、思考题

1. 在常遇到的图片格式中,有一种是 JPG,它和 JPEG 有何区别?
2. 如何查看视频的帧率?
3. MP2、MP3、MP4 都是 MPEG 制定的。MPEG 是什么?它还制定了什么其他的标准?
4. 查一查 HD 和 4K 视频的详细知识。
5. 根据多媒体网站设计中所介绍的内容,评判一下常用网站。
6. 找一找有哪些创意性的 HTML5 网站。

第 10 章　系统分析与设计

本章主要介绍信息系统的相关知识,包括信息系统的功能、分类,以及系统开发生命周期。通过本章的学习,读者应能够了解与合理使用信息系统,并能够参与到信息系统的开发中。

10.1　信息系统

本节主要介绍信息系统的功能与分类。

10.1.1　信息系统基础知识

在日常生活中,大多数的组织、企业或政府部门使用的并不是一个个单一的软件,而是一整套的信息系统。信息系统是由人、计算机及其他外围设备组成的能够进行信息收集、传递、存储、加工和维护的系统,它能更有效率地满足客户的需求,也能帮助管理人员做出决策。常见的信息系统如学校的教务系统、银行的网上银行系统(见图 10-1)、B2C 网上商城等。

图 10-1　网上银行系统部分功能模块

信息系统类似于交互式网页——不同级别的人访问同一个信息系统,能够看到的内容是不一样的。例如,工作人员可以利用信息系统进行最基本的信息输入,基层管理人员可以利用信息系统安排工作人员的工作计划,中层管理人员可以利用信息系统制订短期内的战术计划,而高层管理人员可以利用信息系统制订长期的战略计划。

按照问题的难度,信息系统将问题分为了以下三类。

(1) 结构化问题：所有的数据字段含义确定，其决策过程和决策方法有固定的规律可循，能用明确的语言和模型加以抽象，并可依据一定的通用模型和决策规则来实现其决策过程的基本自动化。例如，银行系统中还款时间和金额的计算、养殖场中饲料配方的计算等。

(2) 半结构化问题：具有一定的结构，但不够明确，其决策过程和决策方法有一定规律可循，但又不能完全确定，需要根据主观判断或猜测辅助解决，得到的解决方案不一定是最优的。例如，企业的经费预算、商店的进货数量等。

(3) 非结构化问题：结构复杂，几乎毫无规律性，没有通用模型和决策规则可以依循，很大部分需要依据主观判断进行决策。例如，企业人员的聘用、商店的进货选择等。

信息系统可以较轻易地解决结构化问题，而对于半结构化问题和非结构化问题，也可以做出一定程度的贡献，但仍要靠人们的主观判断进行决策。

常见的信息系统有事务处理系统、管理信息系统、决策支持系统及专家系统和神经网络。

10.1.2 事务处理系统

与日常生活中事务的概念不同，在信息系统中，事务是指双方之间的交换，这通常需要访问数据库并可能更新数据库中的数据项。常见的事务如银行转账、刷卡购物等。

事务处理系统(Transaction Processing System, TPS)提供了建立、修改、存储、处理、删除事务的方法，并能根据数据库中的数据生成详细报告。目前绝大部分事务处理系统是在线事务处理系统(OnLine TPS, OLTP System)，每个事务被建立后都会立刻被处理，而不是老旧的批处理。批处理会收集很多事务一起处理，这通常会增加客户的等待时间。

在线事务处理系统的核心策略是提交和回滚，其中只有在一项事务的全部步骤都成功完成时，系统才会提交并永久地更新数据库中的数据；而一旦有一步失败，整个事务就会回滚，相关记录会恢复到该事务处理前的状态。

在线事务处理系统的难点是处理并发事务，即同时发生的很多事务。由于事务处理系统一般与客户的利益直接相关，一旦处理不当，就会引起纠纷甚至更严重的事故，而并发事务最容易造成数据的混乱。例如，客户的银行卡原本有 500 元存款，客户在商店刷卡支付了 300 元，而与此同时客户的朋友向此卡转账了 200 元。如果两个事务都以 500 元为基准进行加减，那最后客户的存款可能是 200 元或是 700 元，这取决于哪一个事务是后提交的，但无论哪个结果都会对某一方不利。在线处理系统需要准确地解决这类问题——要么让支付先进行，要么让转账先进行。

事务处理系统的缺点在于：它虽然可以生成详细报告，但不方便管理人员进行理解与分析，这就需要借助于管理信息系统。

10.1.3 管理信息系统

管理信息系统(Management Information System, MIS)是指对事务处理系统收集到的数据进行处理、生成报告，以提供管理人员对结构化问题进行例行日常企业决策的一类信息系统。

管理信息系统能够提供用于解决结构化问题或日常任务的定期报告,这大大提高了管理效率。定期报告又可分为以下两类。

(1) 例行报告,根据提前定好的时间表和格式生成,如月度汇总、年度汇总和汇报异常信息(如仓库库存短缺、银行坏账等)的异常报告。

(2) 专案报告,能够提供例行报告中所没有的信息。高层管理人员可利用专案报告进行与产品或业务有关的决策。

管理信息系统的缺点在于其不够灵活,有时无法提供管理人员最想要的信息,另外它也不支持高难度的预测或模型创建,这就需要借助于决策支持系统。

10.1.4 决策支持系统

决策支持系统(Decision Support System,DSS)能够对数据进行直接或间接的分析(即可以直接分析数据,也可以操作来自外部源已经处理过的数据),创建模型并生成预测,以帮助管理者进行决策。决策支持系统可以解决结构化的问题,也可以解决一些不太复杂的半结构化问题。

决策支持系统通常提供了多种多样的工具,管理者可以使用这些工具进行数据建模,并在模型中进行所需要的查询;也可以使用这些工具根据以往的数据趋势进行对未来的假设分析,如图10-2所示。

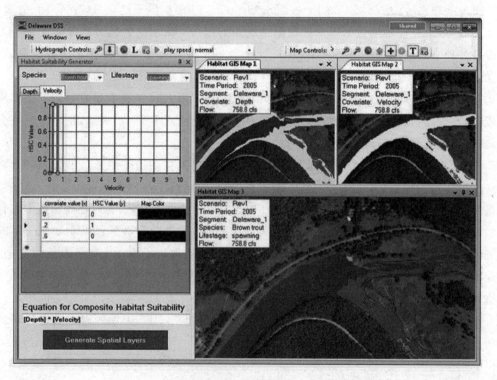

图10-2 决策支持系统提供了统计化、可视化的数据

决策支持系统只是为人们提供决策所需的信息,而不能代替决策,管理者必须自行分析数据并做出决策。这是优点也是缺点——人工判断可以保证决策更合乎常理,但这需要精

通该领域问题的专业人士进行判断,并且需要良好的统计学基础。如果企业或组织不想高薪聘请这样的专家,或者没有这样的需求,那么专家系统就成了更好的选择。

10.1.5 专家系统和神经网络

专家系统是指依据存储在计算机中的知识库对数据进行分析,根据知识库中的事实和规则来生成决策或建议的计算机系统,如图10-3所示。知识库中的事实和规则通常从多个该领域专家或工程师的访谈中获得。专家系统可以帮助专业经验不足的雇员或用户解决问题或进行决策,还可以处理不确定性问题——根据用户的描述进行分析,并得出各个结果的可能性。

当需要进行决策时,专家系统会使用称为推理机的软件,它可以从知识库中提取出所需的事实和规则。如果需要的话,还可以导入外部系统的数据或询问用户相关问题;对数据进行建模分析后,它会输出决策或建议。

图10-3 专家系统的应用

专家系统是基于知识库中的事实和规则的。如果没有事实和规则,可以让计算机根据许多次的实验和错误尝试总结出规则——这便是神经网络。神经网络利用计算机电路来模拟人脑思考、记忆与学习的过程。例如,人脸识别神经网络,如图10-4所示,一开始并没有事实和规则,计算机在成千上万次的实验中总结出了规则——是否是人脸,哪张脸是男性的等。这些总结出来的规则不一定完全正确,但会随着样本量的增加而不断修正。现在的人脸识别神经网络已经用于视频监视、门禁等系统。

图 10-4 人脸识别神经网络

10.2 系统开发生命周期

本节介绍系统开发的流程——系统开发生命周期,并对周期中的每一个步骤做详细介绍。

10.2.1 系统开发生命周期基础知识

每一个信息系统的分析与设计都需要经过一个完整的系统开发生命周期,也称软件开发生命周期(Software Development Life Cycle,SDLC)。典型的 SDLC 包括以下几个步骤。

(1) 评估现有系统,制订项目开发计划。
(2) 分析新系统的需求。
(3) 设计系统的具体结构。
(4) 编码实现系统,对其进行测试、发布与维护。

SDLC 是可以循环的,如图 10-5 所示。以下将分别介绍 SDLC 中的 4 个步骤。

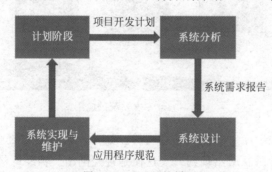

图 10-5 SDLC 的循环

10.2.2 项目开发计划

"好的开头是成功的一半",一个定位明确、分配合理的项目开发计划往往能指导着整个系统开发生命周期的良好运行。但并不是所有的构想都能经由项目开发计划付诸实现,也并不是所有的构想都有必要实现,因此在制订项目开发计划前,先要考虑是否有必要做出构想中的信息系统。

(1) 是否比现有同类系统更好?如果新系统比现有系统的效率更高、成本更低、稳定性更高或功能更多,那新系统就有存在的价值。即使是小小的性能提高,在大型企业看来也能减少许多工作量。

(2) 是否能改变某一行业?例如,网上银行系统改变了银行业的业务流程,企业管理系统改变了企业管理的方式。

(3) 是否能创造新产品?能创造新的服务、业务或生活方式的信息系统往往具有意想不到的效果。例如,微博的出现显著地改变了人们生活与交流的方式。

以上3点只要能满足一点,就可开始考虑系统的开发计划了。在系统的项目开发计划中,需要考虑如下的一些问题。

(1) 项目的简短描述,确定项目的范围。

(2) 团队成员的选择与分工。现代信息系统之庞大远非一人之力能做出,因此选择一个高效和谐的团队非常重要。选择团队成员时,不一定全部选择技术高手,还要兼顾团队的内部和谐与分工需求。在分工中,一般需要有管理人员、编码测试人员、美术工程师等角色。

(3) 项目的成本估计和收益预估。成本包括时间成本和金钱成本,项目应能在成本消耗殆尽前完工。任何一个项目都不是为了赔钱而做的,所以收益应该能够大过成本。

(4) 项目的进度计划。根据估计的时间成本合理分配每个阶段的时间,并简述每个阶段的工作内容。

(5) 系统开发方法。系统开发方法指定了如何完成每个阶段的工作,可以引导系统开发人员走过系统开发的每个阶段。系统开发方法有很多种,如结构化方法、信息工程方法和面向对象方法等。

在制订项目的进度计划时,可以使用一些工具,如 PERT、WBS 和甘特图。

PERT(Program Evaluation and Review Technique,计划评估和评审技术,如图10-6所示)分析项目的每个子任务所需的时间及先后关系,并由此确定一个最短路径,通过此路径可以用最少的时间完成整个项目。

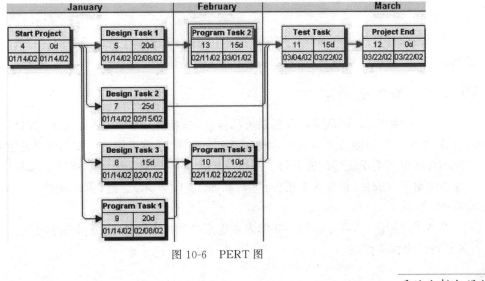

图 10-6 PERT 图

WBS(Work Breakdown Structure,工作分解结构,如图10-7所示)以类似树形图的方式将复杂的任务依次分解成一个个子任务。

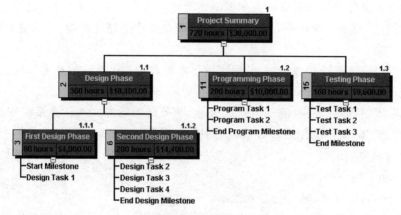

图 10-7 WBS 图

甘特图使用长条状的矩形来表示任务,按照时间的推移有序排列,如图 10-8 所示。矩形的长度表示任务的持续时间。

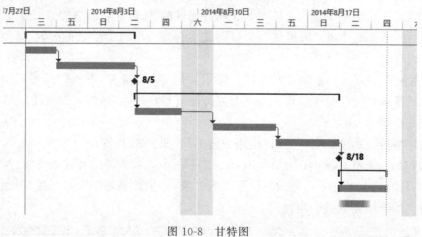

图 10-8 甘特图

常用的项目管理软件,如图 10-9 所示 Microsoft Project,提供了绘制甘特图、PERT 图或 WBS 图的方法,可以通过这些软件高效地管理项目。

10.2.3 系统分析

在系统分析阶段,团队需要分析系统的需求,包括性能需求、功能需求、接口需求、界面需求等,并能根据功能需求将系统分成一个个小的模块,称为用例。需求可以通过与用户的访谈和对现有同类系统的研究获得。系统分析阶段的产物是描述了所有需求和用例的《需求规格说明书》(或称《系统需求报告》等),如图 10-10 所示,通过《需求规格说明书》可以明确系统的目标。

在系统分析阶段,可以使用一些图表来更形象化地表达需求,这些图表还可以在随后的 SDLC 阶段中派上用场。

使用 Project 管理您的敏捷项目

 在此视图中，添加您的团队即将处理的各个冲刺。确保给予每个冲刺独特的冲刺编码并设定冲刺的项目类型。

 在此视图中，添加您可能完成的所有工作项目。若将其添加至冲刺，请更新冲刺编码。确保设置工作项目的项目类型。

 在此视图中，管理单一冲刺。您可以向资源分配任务，然后按工作进程更新剩余工时和实际工时。

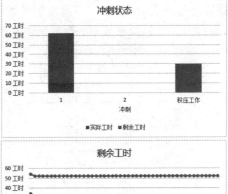

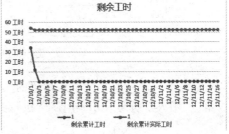

图 10-9　Microsoft Project

图 10-10　需求规格说明书

(1) 数据流图(Data Flow Diagram,DFD)描述了数据在系统中的流动情况,如图 10-11 所示。在数据流图中,系统外产生或接收数据的对象称为外部实体,用正方形表示;程序改变数据的过程称为处理过程,用圆角矩形表示;存放数据的物理空间如磁盘、光盘称为数据存储,用右侧开口的矩形表示;数据的流动称为数据流,用箭头表示。

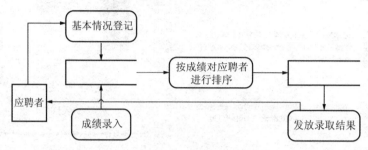

图 10-11 数据流图

(2) 用例图从用户的角度描述系统的功能,如图 10-12 所示。其中,使用系统的人称为用户或角色,用人形符号表示;用户所执行的任一任务都称为用例,用椭圆表示。

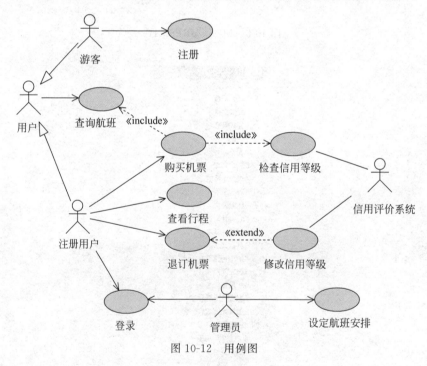

图 10-12 用例图

(3) 类图使用类和对象描述系统的静态结构,能够表现出类的属性、方法及类与类之间的相互关系,如图 10-13 所示。在类图中,用矩形表示类,不同类别的连线表示类之间的不同关系。

(4) 顺序图能够描述用例中所发生交互活动的详细顺序,如图 10-14 所示。其中,用水平连线的排序表示时间的先后顺序,数值的长条状矩形是对应用例或对象的生命线。

类似的图还有很多种。其中,用例图、类图和顺序图都属于 UML(Unified Modeling Language,统一建模语言)。UML 是一种图形化的建模语言,主要用于信息系统的分析与设计。除了前面所提到的 3 种图外,UML 还包含很多种图,如包图、对象图、状态图、活动

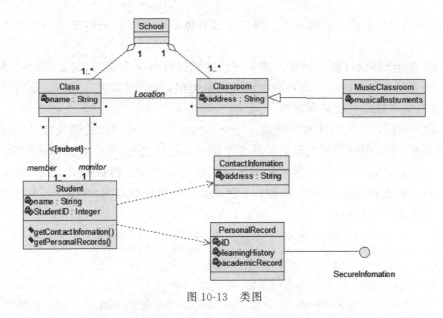

图 10-13 类图

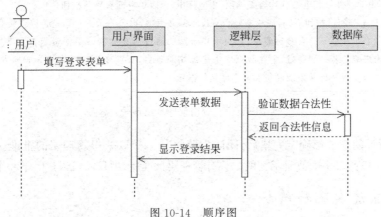

图 10-14 顺序图

图、协作图、构件图、部署图等。

合理应用图表能显著增加系统开发的效率。可以使用计算机辅助软件工程工具（Computer-Aided Software Engineering tool, CASE tool）制作这些图表, 如 IBM 的 Rational Software Architect、开源的 ArgoUML 等。

10.2.4 系统设计

在系统设计阶段, 团队需要根据系统分析阶段的《需求规格说明书》进一步细化整个系统的设计。

(1) 确定选择的硬件。硬件选择可以从自动化程度、处理方法和网络技术 3 个角度考虑。自动化程度较高的系统可以使用条码阅读器等进行信息读取, 而自动化程度较低的系统可能需要手工输入。处理方法可以选择由一台计算机集中式处理, 也可以选择由网络中的多台服务器分布式处理。网络技术可以选择通用的因特网, 也可以选择需要设备支持的企业内部网。

(2) 确定软件解决方案。例如, 使用哪一种编程语言进行编写、是否需要软件开发工具包、是否需要集成商业的软件模块等。可以根据具体需求和时间成本来评估使用何种软件解决方案。

(3) 购置所选择的硬件和软件。确定好硬件和软件解决方案后,需要购置所需的硬件和软件。购置硬件和软件与日常生活中购买商品类似,也需要货比三家——选出最符合系统需求,并且成本较低的硬件和软件。

(4) 确定编码风格与应用程序规范。一个一致的编码风格可以使团队成员之间的代码交接更加流畅,而应用程序规范指定了系统应如何和用户交互,接收哪种格式的输入,如何处理输入的数据,以及产生哪种格式的输出等。应用程序规范模板如图 10-15 所示。制定应用程序规范的过程也称详细设计,应用程序规范是新系统的蓝图,在保证开发过程高效进行的方面起着很重要的作用。

- 注册页面:sign-up.php

  参数:无

  调用背景:当用户在 login.php 中单击"注册"时,跳转至此页面。

  页面组成:由一个 POST 表单构成,表单中的项目是要填充的详细信息:邮箱、姓名、证件号、性别、电话、密码、重复密码,其中除证件号和电话外均为必填项(用 * 标出)。表单下面有确认按钮。

  调用描述:单击"确认"按钮后,首先检查是否有没填的必填项,以及每项的数据是否符合数据库的数据类型要求,若有未填的必填项或不符合数据要求,在页面中提醒。通过后在数据库中检索是否有重复的用户名(邮箱),若重复,给出提醒。若一切通过,则在数据库中增加相应条目,页面变为一个向用户邮箱发送邮件的提醒(此页面需实现后台发送邮件并生成随机 key 存储到数据库)。

图 10-15 应用程序规范模板

当系统设计的细节都确定完毕后,团队需要将其上交以获得管理层的批准。批准过程不一定很正式,可以是口头的或是书面的。只有管理层批准后,项目才可以进入下一个开发阶段。

10.2.5 系统实现和维护

在系统实现阶段,团队需要完成以下任务。

(1) 配置所需的硬件和软件,确保其能正常运行。

(2) 进行软件编码。编码占了系统实现阶段的很大比重,因此有些人认为系统实现等同于软件编码,但实际上正如这里所说,除软件编码外,系统实现阶段还包含着很多内容。

(3) 测试软件。编码完成的软件需要经过测试才可交付使用,测试过程中可以发现软件的缺陷并对其进行修复。可按测试代码的范围将测试分为单元测试、集成测试和系统测试等。其中,单元测试对每个模块进行,集成测试将多个模块整合在一起进行测试,系统测试则可以确保所有的硬件和软件部件能够一起正常运行。测试还可分为 3 个阶段:仅在开发小组内部进行的 α 测试;只提供给特定用户群测试使用的 β 测试;已经趋于完善,只需在个别地方再做进一步优化处理的 γ 测试。

(4) 文档定稿。在系统实现阶段,需要撰写系统文档和用户文档。系统文档用来描述系统特性、硬件架构及编程实现的细节,以提供维护系统的人员参考。用户文档是为用户提供的,用来介绍如何与系统进行交互,如何使用系统的功能等,如图 10-16 所示。

(5) 培训用户。对一些较复杂的系统来说,用户文档仍不能详尽地介绍系统的功能与

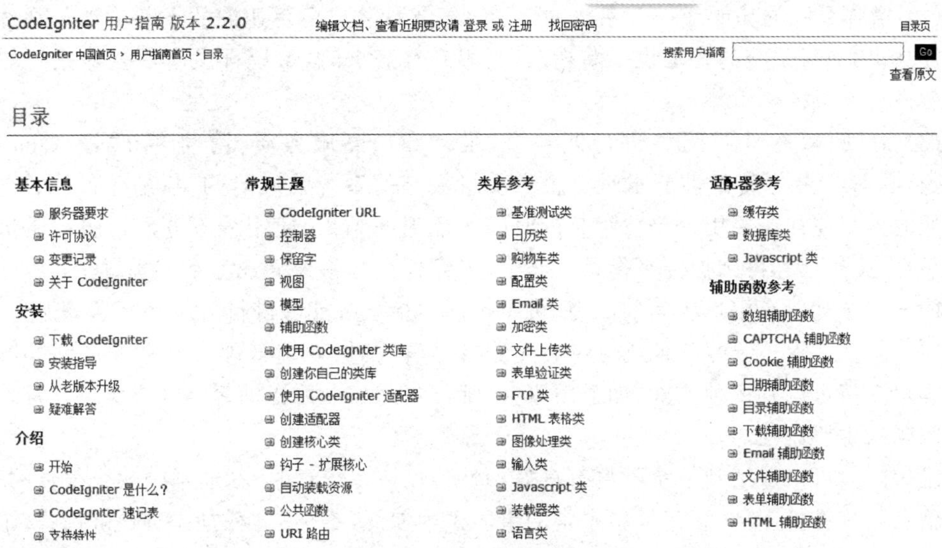

图 10-16 线上用户文档

使用方法，这时便需要对用户进行培训。在培训期间，用户会学习如何使用软件、如何操作硬件、遇到问题时如何查找解决方案等。培训可以由项目团队中的人员负责，也可以外包给专业的培训师。

（6）数据转换。如果新系统要代替老旧的系统，团队需要负责将旧系统中的数据转换并转移到新系统中，如将旧系统存放在纸质介质上的数据转换成新系统可以理解的电子信息。数据转换通常需要很大的工作量，可以借助硬件（如扫描仪）或编写专用的转换程序来提高效率。

当系统实现阶段的所有步骤都完成后，往往还需要经过验收测试，如图10-17所示。验收测试由用户和系统分析员设计，旨在确保新系统能按要求运行。验收通过标志着系统实现阶段的完成。

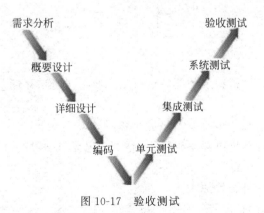

图 10-17 验收测试

系统实现并不意味着整个系统开发生命周期的结束。系统交付使用后，还需要很长时间的系统维护。

在系统维护阶段，系统开发者或系统管理员需要完成以下工作。

（1）修复在系统实现阶段未发现的缺陷。任何一个系统都无法保证完全没有缺陷，但在发现缺陷后应及时修正。

(2) 增强系统的功能或提升系统的性能。随着计算机运算速度的不断增加与硬件水平不断提高，用户对系统的要求也不断提高，当用户有需求时，系统开发者需要对系统的功能或性能进行升级。

(3) 对硬件、软件或网络进行调整，以维持和提高服务质量。服务质量(Quality of Service, QoS)是指系统的性能水平。服务质量较高的系统响应时间短，易于使用；服务质量较低的系统往往需要用户等待很长的时间才能返回结果，使用很不方便。服务质量可以从可靠性、可用性和可维护性来衡量。其中，可靠性是指系统正常运行的能力，可用性是指系统能够连续被所有用户访问的能力，可维护性是指系统能够进行升级和维护的能力。

(4) 客户支持。当用户遇到问题而无法自己解决时，系统管理者有义务帮助其解决问题。客户支持可以有多种形式，如上门服务、邮件咨询和电话咨询等。客户支持是发现系统潜在问题的主要途径之一。

维护阶段可以持续到系统不再有良好的性价比或系统过时，这通常是一个很长的时间。一个信息系统维护10~20年是很平常的事。正因如此，维护阶段的成本通常占到整个系统开发成本的70%。系统需要维护，但当初开发此系统的人员很可能已经不在原岗位了，需要花费额外的成本来培训人员。因此随着时间的推移系统维护的成本会越来越高，当维护成本高到系统开发者无法承受时，开发者就可能选择停止对其的支持。例如，微软公司于2014年4月8日宣布停止对Windows XP已超过12年的支持。

小　　结

本章主要介绍了信息系统的基础知识、分类及系统开发生命周期。

通过对本章的学习，读者应能够了解系统开发的流程，根据自己的需要选择要使用的信息系统。如果有基础的话，还可以参与到信息系统的开发过程中。

习　　题

第10章在线测试题

一、判断题

1. 信息系统是由计算机组成的能够进行信息收集、传递、存储、加工和维护的系统。
  （　　）
2. 在线事务处理系统的核心策略是提交和回滚。（　　）
3. 神经网络利用计算机电路来模拟人脑思考、记忆与学习的过程。（　　）
4. SDLC是可以循环的。（　　）
5. 项目的成本指的是金钱成本。（　　）
6. 甘特图中，矩形的长度表示任务的持续时间。（　　）
7. 用例图使用类和对象描述系统的静态结构，能够表现出类的属性、方法及类与类之间的相互关系。（　　）
8. 应用程序可以保证开发过程高效进行。（　　）
9. β测试仅在开发小组内部进行。（　　）
10. 验收测试的通过标志着系统实现阶段的完成。（　　）

二、选择题

1. 采购人员根据流行趋势和自己的直觉选择服装类型进行采购属于（　　）。
   A. 结构化问题　　　B. 半结构化问题　　C. 非结构化问题　　D. 不确定
2. （　　）使用提交和回滚来确保每个事务都能被正确处理。
   A. TPS　　　　　　B. MIS　　　　　　C. DSS　　　　　　D. SDLC
3. （　　）会汇报连续的库存短缺。
   A. 月度汇总　　　　B. 年度汇总　　　　C. 异常报告　　　　D. 专案报告
4. 当农民遇到种植问题时，可以求助于（　　）。
   A. 事务处理系统　　B. 管理信息系统　　C. 决策支持系统　　D. 专家系统
5. 项目开发计划不包括（　　）。
   A. 项目的描述　　　　　　　　　　　　B. 成本估计
   C. 进度计划　　　　　　　　　　　　　D. 成员表现的评价
6. 通过（　　）图可以找出完整项目所需的最短时间。
   A. PERT　　　　　　B. WBS　　　　　　C. 甘特　　　　　　D. UML
7. 以下不属于 UML 图的是（　　）。
   A. 用例图　　　　　B. 数据流图　　　　C. 类图　　　　　　D. 顺序图
8. 系统分析阶段的产物是（　　）。
   A. 项目开发计划　　B. 系统需求报告　　C. 应用程序规范　　D. 报价请求
9. 以下阶段中占系统开发总成本最多的可能是（　　）。
   A. 系统分析　　　　B. 系统设计　　　　C. 系统实现　　　　D. 系统维护
10. 图 10-18 是与图 10-15 属于同系统的登录页面的详细设计，据此分析，当用户在此系统注册后需要做的事是（　　）。
    A. 可直接登录　　　　　　　　　　　　B. 手动将密码加密
    C. 检查邮箱　　　　　　　　　　　　　D. 修改数据库

- 登录页面：login.php
  参数：无
  调用背景：默认页，访问网站直接调用。
  页面组成：由一个 POST 登录框组成，登录框包含用户名（邮箱）和密码两个文本框，一个登录按钮，一个注册按钮（转向 sign-up.php 页面），一个找回密码按钮（转向 retrieve-pass.php 页面）。
  调用描述：
  （1）提取 cookie 中的用户名和密码，在数据库中进行查询（密码无须哈希加密），若存在此记录且登录状态为已登录，直接重定向到 index.php 页面。
  （2）若当前用户登录状态为未登录或找不到 cookie，或者 cookie 中用户名和密码不符，在登录框内填入用户名和密码，单击"登录"按钮。在数据库中进行查询（密码需要哈希加密），若存在此记录且注册状态为 1（已验证邮箱），则保存用户名和加密后密码的 cookie，将数据库对应记录的登录状态修改为已登录，重定向到 index.php 页面。若未验证邮箱，则在登录框中提示验证邮箱。若不存在此记录，或者用户名和密码不符，则在登录框中提示登录失败信息。
  （3）单击"注册"按钮，则页面跳转到 sign-up.php 页面。
  （4）单击"找回密码"按钮，则页面跳转到 retrieve-pass.php 页面。

图 10-18　应用程序规范模板

三、思考题

1. 除了人脸识别，神经网络还有哪些应用？
2. 在系统开发的计划阶段，有一种方法是 JAD(Joint Application Design，联合应用设计)，查一查它有什么含义？有何好处？
3. 用软件尝试制作一个甘特图，观察一下工期和开始时间、完成时间的关系。
4. 了解一下书中没有介绍到的 UML 图都有何功能。
5. 在系统设计阶段，除了有报价请求外，还有一种文档称为提议请求(Request For Proposal，RFP)，查一查它代表着什么？有什么作用？
6. 评价服务质量(QoS)的关键指标有哪些？

第 11 章　　数　据　库

本章主要介绍数据库,包括数据库的概念、层次、分类、模型、常用的数据管理工具,数据库设计及 SQL,以及云数据库与大数据。通过本章的学习,读者应能够了解数据库在信息时代的分量,并能进行基本的数据库设计与操作。

11.1　文件和数据库

本节主要介绍数据库的概念、功能、层次、分类、模型等基础知识。

11.1.1　数据库基础知识

数据库(Database)是指数据的集合。如今,大部分数据库都存储为计算机文件。数据库中的数据能够按照特定的数据结构存储,能对多个用户共享,具有尽可能小的冗余度,且与应用程序彼此独立。数据库可以是只有几百条数据的个人数据表格,也可以是有数百万条数据的企业数据仓库。在信息时代中,数据库是不可或缺的,企业需要数据库来管理、维护雇员的信息,在财务管理、仓库管理、生产管理中也需要建立众多的数据库,使其可以利用计算机实现自动化管理。与创建、维护和访问数据库中的数据相关的任务,被称为数据管理、文件管理,或者数据库管理。

利用数据库可以完成以下任务。

(1) 收集数据。数据库的规模是动态的,只要物理存储空间足够,就可以不断地增加新的数据。数据的收集可以通过手工录入或电子录入的方式完成。当某些数据条目不会再被使用时,可以考虑将其删除,不过在实际应用中,正常的做法是将不再使用的数据转移到磁带或硬盘阵列上进行备份。

(2) 存储数据。商用数据库中的数据通常与企业或用户的利益相关,因此对数据存储的要求很高,存储的数据不能因为突发事件如断电而丢失。数据库提供了特定的机制在一定程度上增强了数据的稳定性,数据库管理者还可对数据库定期备份以防万一。

(3) 更新数据。更新数据是数据库的主要活动之一,也可以通过手工或电子的方式进行。例如,B2C 网站对库存的更新就是通过电子扫描的方式进行的。

(4) 整理数据。数据在物理介质中的存储是杂乱无章的,而用户显然想看到的是按照特定关键字排列的井然有序的数据——数据库的任务。数据库可以对数据进行整理,维护一个特定的用户不可见的物理结构,以使用户查找时效率更高。

(5) 查找数据。数据库使查找变得非常方便,用户甚至不需要按照字母顺序或数字大小定位查找,而只需要一个简单的查询语句,如 Select * from 员工 where 员工号='3427',

即可将员工号为3427的员工找出。

(6) 生成和传播数据。数据库可以将其存储的数据按照一定格式输出,并结合邮件功能或其他技术发送给用户。例如,当用户在因特网上通过官方渠道购买了苹果公司的产品后,用户的邮箱会收到一份电子收据。

(7) 分析数据。可以利用一些统计工具对数据库中的数据进行分析,以得出一些通过原始数据不能明显看出的结论。常见的分析数据的技术如数据挖掘(Data Mining)和OLAP(Online Analytical Processing,在线分析处理)。

数据挖掘是指在海量数据中,通过特定的计算机算法以分析出之前人们并不知道的数据间关系或趋势。例如,通过分析保险索赔数据,可以"挖掘"出已婚人士的保险索赔概率低于未婚人士,对此,保险公司可以针对性地提高或降低保险费率。数据挖掘所需要的数据通常存储在数据仓库(Data Warehouse)中,可以将数据仓库理解成多个数据库中数据的集合。

OLAP允许决策制定者找出多个数据维度之间的关系。商业智能和决策支持系统中都会用到这种技术,它们可以通过为企业决策提供及时、准确和恰当的信息,帮助决策制定者制定决策。

数据库可以分为3个层次,不同类型的用户接触的层次也不相同。

(1) 物理层。物理层是数据库最底层的抽象,它描述了数据是怎样在物理介质上存储的。通常只有数据库的研究人员才会接触数据库的物理层。

(2) 逻辑层。逻辑层是比物理层的层次稍高的抽象。它描述了数据条目存储的内容及数据之间的关系。数据库的管理者使用逻辑层进行管理。

(3) 视图层。视图层是最高层次的抽象,只关注于数据库的某一部分。绝大部分数据库用户接触到的是视图层。视图层的抽象程度之高,以致在某些时候用户甚至不能发觉正在使用的是数据库。

11.1.2 数据库的分类

一个数据库系统可以用不同方式来分类,包括根据数据库所支持的用户数量、数据库的层数、数据库所处环境等。下面将会讨论它们之间的不同。

1. 单用户数据库系统与多用户数据库系统

单用户数据库系统位于一个单独的计算机上,它是为一个用户而设计的。单用户数据库系统被广泛应用于个人应用和小型商务。当今大多数商业数据库系统是为多用户而设计的,并且数据库可以通过网络来使用。多用户数据库系统的用户可能同时使用或修改数据库中的同一块数据,因此必须使用一些数据库锁机制来阻止这样有冲突的行为。

2. 客户端—服务器数据库系统与N层数据库系统

多用户数据库系统是典型的客户端—服务器数据库系统。客户端—服务器数据库系统是一个既有客户端也有至少一个服务器的数据库系统。在一个典型的客户端—服务器数据库系统中,客户端称为"前端",数据库服务器称为"后台"。"后台"服务器包含数据库管理系统和数据库本身,并且处理来自前端计算机的命令。

客户端—服务器数据库系统只有两个部分(客户端和服务器),其他的数据库系统在客户端和服务器之间至少有一个中间组件或者中间层,这些系统被称为N层数据库系统。这些额外的层包含称为中间设备的软件。中间设备通常包含与数据库相关的程序,以及用来连接数据库客户端和服务器组件的程序。

N层体系结构的一个优点是它允许操作数据库的程序代码与数据库分离,并且代码可以被分割成若干逻辑组件。N层数据库系统中,每一个层包含的程序都可以用与其他层不同的编程语言编码,这些层可以使用不同的平台,并且每一层都可以在不影响其他层的情况下被修改。因此,N层数据库系统提供了足够的灵活性和扩展性,允许系统随着新的需求和机遇而更改。N层数据库系统通常在电子商务数据库应用中使用。

3. 集中式和分布式数据库系统

集中式数据库系统中,系统使用的数据库全部位于一个单一的计算机上,如一个服务器或者大型的主机;而分布式数据库系统中,数据被分割成若干数据库,分别存储在不同计算机上,它们之间可能物理隔离,但是可以通过网络相互连接。为了保险起见,公司可能会将一个数据库放在公司总部的服务器上,而额外的数据库则位于公司支部的服务器上。分布式数据库系统在逻辑上是统一的,用户可以把它当作一个集中式数据库系统来用,即任何被授权的用户都可以访问整个数据库系统,不管被请求访问的数据在哪一台计算机上。例如,用户基本信息(如地址或者电话号码),可能被存储在公司总部,但是用户信用记录可能被存储在位于另一办公地点的信用卡部门。然而,信用卡部门的员工既可以访用户基本信息,也可以访问用户的信用记录,就像是它们都位于一个地点的同一数据库中。

为了决定将数据库管理系统中的特定数据存储在什么地方,需要考虑如交流成本、响应时间、存储成本与安全等因素。数据最好存储在最常被访问、处理最方便或是利用率最高的地点。一些网站使用了数十个数据库服务器来存储数据,通过分流繁重的工作负载以提高性能——分布式数据库系统的目标就是让数据库运行得非常快。

4. 基于内存的数据库系统

大多数数据库存储在硬件设备上(如个人计算机、服务器、大型机),内存数据库(In-Memory DataBase,IMDB)则将数据保存在计算机的内存中,而不是硬盘上。内存数据库的应用在不断增长——因为当今RAM的价格越来越便宜,而数据库对处理速度的要求越来越高。IMDBs的性能比基于磁盘的数据库更高;然而,备份数据或者定期将数据存储到不易失存的介质上是尤为重要的——因为当计算机关机后或者电源关闭后RAM中的数据将会丢失。目前,IMDBs被应用于嵌入式应用(如安装在机顶盒或小型客户电子设备中的数据库)和对性能要求非常高(如电子商务应用)的高端系统中。

5. 操作型数据库和分析型数据库

按照数据库的使用目的,可以将数据库分类为操作型数据库(Operational Database)和分析型数据库(Analytical Database)。操作型数据库用来进行日常的数据收集、修改与维护,分析型数据库则用来收集特定历史数据并进行数据分析——通过分析数据的趋势以优化商业决策。操作型数据库存储的数据是动态的,每分钟都在持续更新,而分析型数据库中的数据更新则相对缓慢。

11.1.3 数据库模型

数据库模型描述了数据在数据库中的存储结构与表现方式。数据库模型可以分为以下几种。

(1)平面文件。平面文件处于数据库定义的边缘,因为它简单到无法在记录间建立关系。iTunes播放列表就是一个平面文件,常见的平面文件还有电子表格、电子邮件地址簿等。用户可以对平面文件进行增、删、改、查,但无法指定记录间的关系。除了平面文件外,其他的数据库模型都允许建立关系。

(2)层次数据库,如图11-1所示。层次数据库使用树形结构来描述关系,由于"树"的限制,只能定义一对一或一对多的关系,无法定义多对多关系。常见的层次数据库如Windows的注册表。层次数据库现今已很少被使用。

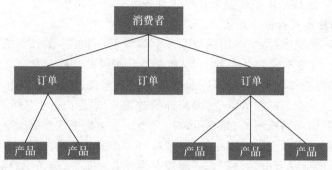

图11-1 层次数据库

(3)网状数据库,如图11-2所示。网状数据库在树的基础上将其扩成了网状结构,从而可以表现多对多关系。目前,除了DNS系统等专用系统或应用还在使用网状数据库以外,其他网状数据库都已被关系数据库或对象数据库所取代。

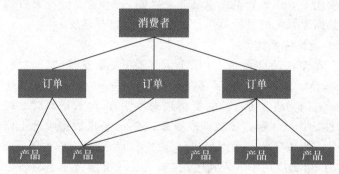

图11-2 网状数据库

(4)关系数据库,如图11-3所示。关系数据库是目前最常使用到的数据库,它将数据存储在一张张表格中。每个表格代表一个实体,表格中每行代表一个记录,每列代表一个字段。而关系是通过将不同表中的相同字段联系起来而指定的,如图11-4所示。

	manu_id ID	manu_location 存储位置	manu_date 提交时间
□ ✎ ✕	3	1399443720.doc	2014-05-07 14:20:02
□ ✎ ✕	14	1400514147.doc	2014-05-19 23:37:36
□ ✎ ✕	16	1400515187.doc	2014-05-19 23:50:35
□ ✎ ✕	24	1401175105.pdf	2014-05-27 15:12:57
□ ✎ ✕	25	1401269222.docx	2014-05-28 17:16:35
□ ✎ ✕	26	1401270901.doc	2014-05-28 17:48:57
□ ✎ ✕	39	1401596002.docx	2014-06-01 12:09:49
□ ✎ ✕	43	1401934512.doc	2014-06-05 10:13:14
□ ✎ ✕	44	1402105834.docx	2014-06-07 09:42:55

图11-3 关系数据库

学生

学号	姓名	性别	专业号	年龄
801	张三	女	01	19
802	李四	男	02	20
803	王五	男	03	22

课程

课程号	课程名	学分
01	数据库	4
02	数据结构	4
03	编译	4
04	PASCAL	2

学生选课

学号	课程号	成绩
801	04	92
801	03	78
801	02	85
802	03	82
802	04	90
803	04	88

图 11-4　关系数据库中的关系

（5）维度数据库，如图 11-5 所示。维度数据库是关系数据库的一种扩展，关系数据库采用的是二维的表格，而维度数据库采用了三维或更多维的"数据空间"来描述数据或关系，因此维度数据库也称多维数据库。维度数据库可以更形象地表现数据，但使用和维护维度数据库需要更多的专业技术。图 11-5 中的维度数据库拥有 3 个维度：地区、时间和类别。

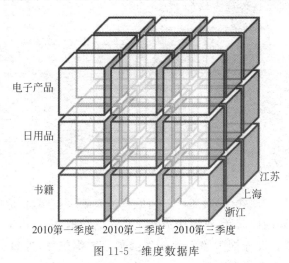

图 11-5　维度数据库

（6）对象数据库，也称面向对象数据库。它将实体抽象为类，将字段抽象为属性，将数据存储为对象的形式，并定义出方法——对象能执行的行为。对象数据库适合表示属性差别极小的不同类对象——只需设置一个父类存放它们的共有属性，再设置相应数目的派生类存放各自的特有属性，并继承父类即可。对象数据库是一种正在发展的数据库，它能够更好地表现日常生活中的实体和关系。

（7）对象—关系数据库。对象—关系数据库将关系数据库和对象数据库的特征相结合。数据像传统的关系数据库一样存储在表格中，但增加了对象数据库的功能——可以扩充自定义的数据类型和操作，支持复杂对象的查询，以及支持继承的概念。

(8) 文档数据库。面向文档的数据库可以存储非结构化的数据，如讲演的原话或杂志的文章。由于这些文章具有可变的长度和结构，因此不需要将数据塑造成适应数据库的结构。文档数据库可按照这样的方式来创建，即将类似于 HTML 的结构化标记插入到文档自身。格式化文档数据库的两种常用的方式是使用 XML 和 JSON，相对而言，XML 更加灵活。

(9) 图形数据库。图形数据库包含节点、边和特性。图形数据库是 NoSQL 数据库的一种类型，它应用图形理论存储实体之间的关系信息。图形数据库是一种非关系型数据库，它应用图形理论存储实体之间的关系信息，如社会网络中人与人之间的关系。关系型数据库用于存储"关系型"数据的效果并不好，其查询复杂、缓慢、超出预期，而图形数据库的独特设计恰恰弥补了这个缺陷。

11.2 数据管理工具

本节介绍一些常用的数据管理工具，需要留意数据库和数据库管理系统的差别。

11.2.1 数据管理软件

数据管理软件是最简单的数据管理工具，它可以创建并维护平面文件，但不能在记录之间建立关系，也没有足够能力维护企业所需的大量数据，如图 11-6 所示，因此数据管理软件适用于个人用户或较小的组织。常见的数据管理软件有 Microsoft Word 和 Microsoft Excel，它们都提供了创建与管理表格的工具。

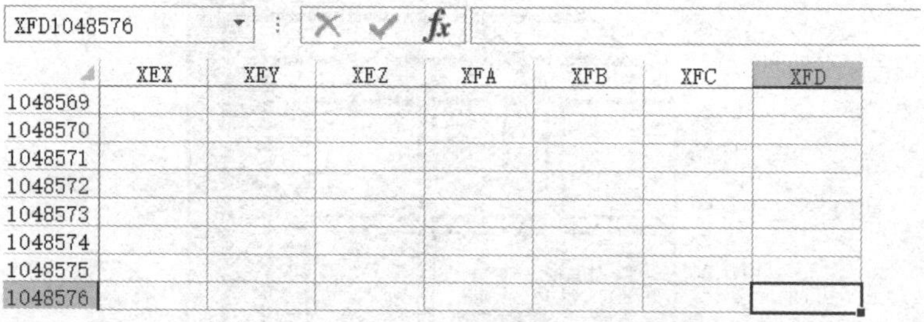

图 11-6 数据管理软件

除了用现有的数据管理软件外，还可以用编程语言编写程序，生成定制的软件来管理数据。定制软件具有很好的针对性，可以生成指定格式的数据文件，但定制软件的制作需要很长时间，且成本也很高。设计拙劣的定制软件会导致数据依赖，即数据和程序联系过于紧密，以致修改和访问都变得非常困难。

11.2.2 数据库管理系统

数据库管理系统(DataBase Management System，DBMS)是专业的数据管理工具，是专门用来管理数据库中数据的软件。数据库管理系统具有良好的数据独立性，即 DBMS 只负责数据，而程序需要通过编程语言向 DBMS 申请以获取数据。DBMS 可以分为很多种，每一种都专用于某一数据库模型，但也有一些 DBMS 可以同时处理多种数据库模型。

(1) XML DBMS，是用于处理 XML 格式数据的。

(2) 对象数据库管理系统(Object DBMS, ODBMS),用于处理对象数据库模型。

(3) 关系数据库管理系统(Relational DBMS, RDBMS),用于处理关系数据库模型,是时下最流行的数据库管理系统,如图 11-7 所示。目前大部分 RDBMS 还支持处理对象类的数据和 XML 数据,使用户不必再单独购买 XML DBMS 或 ODBMS。在商业领域中,最常用的 RDBMS 有 Oracle、Microsoft SQL Server、MySQL 等,如图 11-8 和图 11-9 所示,个人用户则可以考虑使用 Microsoft Access。

(4) 非关系数据库管理系统,用于处理非关系数据库模型,如图形数据库。

(5) 非结构数据库管理系统,用于处理非结构化数据库模型,如文档数据库。

Rank Jun 2022	Rank May 2022	Rank Jun 2021	DBMS	Database Model	Score Jun 2022	Score May 2022	Score Jun 2021
1.	1.	1.	Oracle	Relational, Multi-model	1287.74	+24.92	+16.80
2.	2.	2.	MySQL	Relational, Multi-model	1189.21	-12.89	-38.65
3.	3.	3.	Microsoft SQL Server	Relational, Multi-model	933.83	-7.37	-57.25
4.	4.	4.	PostgreSQL	Relational, Multi-model	620.84	+5.55	+52.32
5.	5.	5.	MongoDB	Document, Multi-model	480.73	+2.49	-7.49
6.	6.	↑7.	Redis	Key-value, Multi-model	175.31	-3.71	+10.06
7.	7.	↓6.	IBM Db2	Relational, Multi-model	159.19	-1.14	-7.85
8.	8.	8.	Elasticsearch	Search engine, Multi-model	156.00	-1.70	+1.29
9.	9.	↑10.	Microsoft Access	Relational	141.82	-1.62	+26.88
10.	10.	↓9.	SQLite	Relational	135.44	+0.70	+4.90

图 11-7 关系数据库管理系统

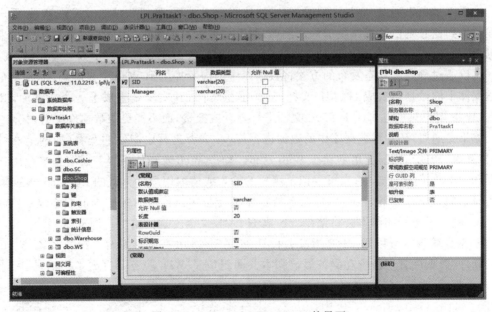

图 11-8 Microsoft SQL Server 的界面

数据库管理系统支持网络访问,可以管理数十亿条的记录,并支持每秒数百次甚至上千次的并发事务处理。它还可以管理分布式数据库,即数据库存储在不同的计算机或不同的网络中,分布式数据库可以支持每秒数万次甚至更多的并发事务处理。

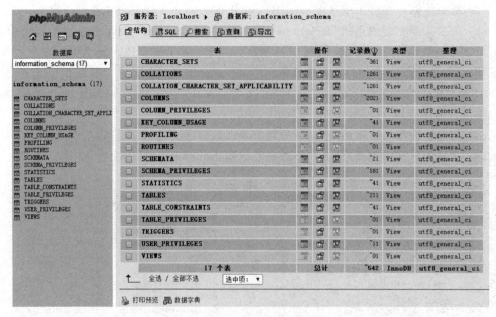

图 11-9　MySQL 的界面

11.2.3　数据库和 Web

数据库是可以通过 Web 访问的,但它的访问方式非常"隐秘",以至大多数 Web 用户甚至发觉不到信息是由数据库生成的。例如,网上商城商品的价格、图片和描述其实都是来自数据库,并经由一定的处理生成的;12306 网站上的列车时刻表也是源于数据库。

可以通过静态或动态发布的方式将数据库中的内容提供到 Web 上。静态 Web 发布是将数据库中的数据转换成 HTML 文档,从而提供访问,其实质是生成了一个数据库的"快照"。Web 用户只可以对此 HTML 文档进行查看或搜索,而不能更改数据库中的内容。

如果要通过 Web 对数据库中的数据进行修改,或者进行定制性的查看(如网上商城的"猜你喜欢"功能),则需要借助动态 Web 发布。动态 Web 发布依靠服务器端脚本在用户浏览器和 DBMS 间建立连接,它可以记录用户的输入或读取用户计算机的 Cookies,根据输入的信息访问数据库中相应记录,并命令数据库进行与用户信息有关的查询或修改;数据库返回结果后,服务器端脚本会将结果转换成 HTML 文档发送回给用户浏览器。

服务器端脚本可以用 PHP、Ruby、Python、ASP 等语言进行编写。操作系统、Web 服务器软件、数据库管理系统和服务器端脚本共同组成了 Web 服务器框架。目前,国际流行的 Web 服务器框架是 LAMP(Linux Apache MySQL PHP),如图 11-10 所示。其中,Linux 是操作系统,Apache 是 Web 服务器软件,MySQL 是数据库管理系统,PHP 是服务器端脚本,这套框架的所有组成产品均是开源的,具有通用、跨平台、高性能、低价格的优势。

用户通过网页提交的记录其实都是表单的形式,在 HTML 语言中就是<form>标签下的内容,<form>标签

图 11-10　LAMP 组件的商标

会指定提交方式和提交到服务器端脚本的文件名,如图 11-11 所示。用户提交后,< form > 标签中的内容就会提交给对应脚本进行处理,脚本处理完毕后再将结果以 HTML 文档的方式返回给用户,如图 11-12 所示。

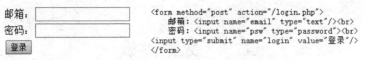

图 11-11　利用< form >标签实现最简单的登录功能

```
if(isset($_POST['login']) && $in==false){
    $email=$_POST['email'];
    $psw=$_POST['psw'];
    $query="SELECT * FROM author WHERE author_email='$email' AND author_pass=sha1('$psw')";
    $result=mysqli_query($dbc,$query) or die("Cannot execute mysql query.");
    if(mysqli_num_rows($result)==1){
        $row=mysqli_fetch_array($result);
        if($row['author_status']==1){
            $in=true;
            setcookie("email",$row['author_email'],time()+3600*24*30);
            setcookie("psw",$row['author_pass'],time()+3600*24*30);
            $query="UPDATE author SET author_land='1' WHERE author_email='$email'";
            $result=mysqli_query($dbc,$query) or die("Cannot execute mysql query.");
            echo "<META HTTP-EQUIV=\"refresh\" CONTENT=\"0;url=index.php\">";
        }else{
            echo "请验证邮箱<br>";
        }
    }else{
        echo "用户名或密码错误<br>";
    }
}
```

图 11-12　使用 PHP 语言编写登录功能的示例代码

11.2.4　XML

XML(Extensible Markup Language,可扩展标记语言)是对 HTML 的扩展与补充。它与 HTML 语言在语法上的区别是:HTML 中并不是所有标签都成对出现,而 XML 要求所有标签必须成对出现;HTML 的标签不区分大小写,而 XML 标签区分大小写。

HTML 适合网页的开发,但其标签相对较少,只有固定的标签集,缺乏可扩展性。XML 则支持自定义的标签,如< author >标签可以标记作者、< from >标签可以标记来源。HTML 和 XML 是为不同的目的而设计的。HTML 被设计用来显示数据,关注于数据的外观;而 XML 被设计为传输和存储数据,关注于数据的内容。

可以理解为:XML 仅仅是纯文本,XML 文件不会做任何事情,但应用程序却可以利用 XML 文件的易读性和标记性有针对性地处理 XML 文件。例如,应用程序可以直接搜索< author >标签找到该文件的作者,而无须借助人工查询。可以用浏览器或任何的文字处理软件打开 XML 文件,如图 11-13 所示。

```
▼<note>
    <from>Robert</from>
    <to>Alex</to>
    <title>Reminder</title>
    <body>Don't forget the meeting!</body>
</note>
```

图 11-13　打开 XML 文件

XML 和数据库都可以用来存储数据。XML 可在多个平台上访问,占用资源更少,操作更方便,但对复杂的操作如排序、更新支持不是很好,且当数据量增大时,查看与搜索的压力也会增大。所以 XML 文件通常用于存储程序的配置(如 setting.xml),而程序所用到的数据还是要靠数据库来存储。

XML 虽然不适合存储大量数据,但 XML 提供了服务器和浏览器通过 Web 交换数据的方式。一些 RDBMS 可以接受 XML 形式的查询,并将结果导出到 XML 文件,通过 Web 发送到用户浏览器。

11.3 数据库设计

关系数据库是目前最常用的数据库,本节分步介绍如何设计一个良好的关系数据库。数据库设计不仅需要考虑内容,还需要考虑界面布局。

11.3.1 常用名词

在关系数据库领域,有以下一些常用的名词。

(1) 字段。字段是数据库的基本组成元素,存放着属于同一类的信息。例如,在 iTunes 播放列表中,名称字段存储的是歌曲的名称,时间字段存储的是歌曲的时长等,如图 11-14 所示。字段又分变长字段和定长字段。其中,变长字段的长度可以根据输入数据的长度动态分配,只要不超过预设的最大值;定长字段则会分配固定大小的空间,即使数据很小,也会占用掉整个空间。

(2) 记录。记录是一组字段的集合,代表着一条信息。例如,在 iTunes 播放列表中,每一首歌曲对应着一条记录,每条记录都包含该歌曲的名称、时间、播放次数等信息。其中,记录模板即字段名的集合称为记录类型,记录类型不包含具体的数据。包含具体数据的记录称为记录具体值。

图 11-14 iTunes 播放列表中的字段

(3) 实体。实体是所有同类物品或生物的集合。每一个实体都对应着一个记录类型,如歌曲这个实体对应着名称、时间、播放次数的记录类型。

(4) 关系。关系是指不同记录类型之间的联系。例如,零售商出售的商品 ID 必须在该商品生产者记录的商品 ID 列表里,否则该商品就有可能是伪造产品,这就是一种关系。

(5) 基数。基数是指两个记录类型之间可能存在的联系的个数。例如,对特定种类产品只能由一个厂商生产,而一个厂商却可以生产多种产品,这就是一对多关系。类似地,还有多对多关系和一对一关系。多对多关系如厂商和超市的货物供应,超市可以选择多个厂商的货物,厂商也可以供给超市多种货物;一对一关系如专辑和其描述的关系,一个专辑只允许有一个描述,而一个描述也只适用于一个专辑,一对一关系在数据库中很少见。记录类型的关系与基数通常用实体关系图(Entity Relationship Diagram,E-R 图)表示,如图 11-15 所示。

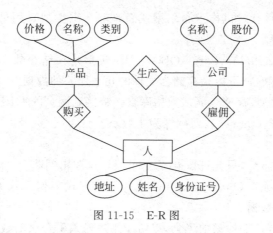

图 11-15　E-R 图

11.3.2　定义字段

构建关系数据库的第一步是定义字段,即明确数据库中要存放什么数据。例如,如果要构建一个音乐数据库,那么可能的字段有歌曲名、专辑名、作者、时长、描述等。字段是数据库操作的基本单位,因此了解如何定义字段十分重要。

定义字段前,首先要明确如何组织数据,如用户的姓名是存放在一个字段里还是分成姓和名存放在两个字段里,通常情况下姓名存放在两个字段里比较方便操作。数据库需要保证一张表里的任意两条记录都是互不相同的,因此需要将一个字段设置成主键(Primary Key),主键字段中的数据不允许重复,即可保证记录是不重复的,如图 11-16 所示。常用作主键的字段如身份证号、学号、电话号等。还可以使用多个字段组成联合主键,如记录学生选课信息的选课表可以使用学号和课程号作为联合主键。

列名	数据类型	允许 Null 值
ID	bigint	☐
Date	datetime	☑
		☐

图 11-16　将 ID 字段设置成表的主键

字段可以存放的数据取决于它的数据类型,不同 DBMS 有不同的数据类型,但大体可分为以下几类。

(1) 整型数据类型(int 或 integer),是最常用的数据类型之一,用来存放整数值。

(2) 浮点数据类型(real、float、decimal、numeric),用于存储十进制小数。

(3) 字符数据类型(char、varchar),用于存储各种字母、数字符号或特殊符号。其中,char 是定长数组,varchar 是变长数组。例如,varchar(50)声明了一个上限长度为 50 的变长字符数组。

(4) 日期和时间数据类型(datetime),用于存储日期和时间的结合体,如 2018-05-07 14∶20∶02。

(5) 文本和图形数据类型(text、image),用于存储文本(如字母或不用于计算的数字)或图形。

(6) 备忘数据类型,通常能够提供用户可以输入注释的变长字段。

(7) 逻辑数据类型(有时也称为布尔型或者是非数据类型),用最少的存储空间存储了真/假或是/非类的数据。

(8) 大二进制对象(Binary Large OBject,BLOB),是存储在数据库单一字段中的二进制数据的集合。BLOB 通常可以是存储为文件的几乎任一种数据。

(9) 超链接数据类型,存储了能从数据库直接链接到网页的 URL。

(10) 货币数据类型(money),精确度为小数点左方 15 位数及右方 4 位数,可以避免运算时的四舍五入。

(11) 位数据类型(bit),只允许取 0 或 1,可以用作逻辑判断。

(12) 二进制数据类型(binary、varbinary),定义方式类似于字符数据类型,如 binary(50),用于存储二进制数据。

数据库提供了进行数据检察的工具,以防止用户输入不合法的数据,不合法的数据包括数据类型不符和数据值不符,如图 11-17 所示。例如,如果用户在一个整型数据类型中输入了小数,数据库会给出警告而不进行处理;如果用户在一个限定最大值为 1000 的字段中填入了 1500,数据库同样会报错而拒绝处理。数据库管理员还可以指定字段格式,以便在输入数据时添加自动的格式。例如,管理者可以指定电话号码字段的格式,当用户输入 12345678900 时,数据库会自动将其格式转化成 123-4567-8900。

图 11-17　不合法的数据

如何将字段编组为表也需要一定的技巧。原则之一是"一事一表",这样可以减小数据冗余。例如,有学生实体、课程实体和学生选课的关系。如果将它们统一放到一张表里,就会造成严重的数据冗余——一个学生可以选多门课,一门课可以允许多个学生选择,这样对每门课和每个学生,都可能产生许多冗余的记录,如表 11-1 所示,阴影部分表示冗余记录;而如果将它们分成 3 张表,就不会产生冗余现象了,如表 11-2 所示。

表 11-1　将多个实体设计在一张表中

SID	姓名	CID	课程名
S01	张三	C01	语文
S01	张三	C02	数学
S02	李四	—	—
S03	张三	C01	语文
—	—	C03	英语

表 11-2　为每一实体设计一张表，将有效降低数据冗余

学生（表 1）		课程（表 2）		选课（表 3）	
SID	姓名	CID	课程名	SID	CID
S01	张三	C01	语文	S01	C01
S02	李四	C02	数学	S01	C02
S03	张三	C03	英语	S03	C01

11.3.3　组织记录

对于同一张表，不同的数据库用户关注的重点可能不同。例如，仓库管理员会关注商品的库存排序情况，而营销人员可能更关注商品的价格排序情况。这就需要数据库去组织记录，数据库组织记录的方式可以分为排序和索引两种。

排序是对物理介质上的数据进行重新排列，以得到有序的数据。每张表最多只能有一个排序字段，数据会按此字段在物理介质上排序，当插入新的数据时，数据库会定位到合适的位置进行插入，以保证数据仍然是有序的。排序后的表对排序字段的搜索是很快的，因为可以通过计算物理地址快速定位，但对其他字段的搜索仍需要遍历查找。排序字段可以更改，但更改往往会耗费很长时间——需要对物理介质上的数据重排列。排序字段通常只在定义表时指定，之后便不随意更改。

与排序不同，索引其实是一个键列表，每个键中都有索引排序字段的信息，并提供了一个指向对应记录的指针，如表 11-3 所示。索引按照索引排序字段进行排序，以达到组织记录的效果，但索引不会改变记录的物理存储位置。因此一张表可以有多个索引，以便对多个不同的字段进行排序。索引既可以在定义表时建立，也可以在之后建立——不会耗费很长时间。

表 11-3　记录表与索引表的对应关系

记　录　表			索　引　表	
商品 ID	价格	库存	库存	商品 ID
1001	3.2	435	2	1005
1010	9.8	17	17	1010
1005	21.7	2	158	1003
1003	53.6	158	435	1001

不仅可以对多个字段同时建立不同的索引，还可以将几个字段联合起来建立一个索引——以类似于 Excel 中的主要关键字和次要关键字的方式进行排序。通过对表中不同字段建立索引，可以同时满足不同用户的多种需求。

11.3.4　设计界面

数据库的用户通常不是登录 DBMS 后对数据进行修改的，而是通过 Web 访问网页或通过应用程序进行数据的创建与修改（通常称为注册和修改个人信息等）。数据库的设计者

或专门的工程师需要设计出一个能完整包含记录所需字段的页面,以供用户填写。

用户输入页面并不是简简单单地将所有字段罗列出来,也并不一定要华丽的背景,而是多种因素的综合,如图11-18所示。设计用户输入页面应包括以下几个方面。

(1) 将字段按照逻辑顺序排列好,字段的文本框最好对齐,而不要参差不一。

(2) 为正在输入的字段提供视觉效果,如文本框加亮等。

(3) 提供必要的说明以确保输入数据的合法性。

(4) 如果字段过多,可考虑分页或使用滚动条,而不要挤在一起。

(5) 应用合适的字体和样式。

图11-18 优雅简洁的输入页面能够使用户输入更加便捷

11.3.5 设计报表模板

报表是打印出来的或展示在屏幕上的数据库中部分数据或全部数据的列表。同设计页面一样,报表也需要精心设计,以提高用户查看和分析数据的效率。多数DBMS都包含了报表生成器,可以根据设计好的报表模板,给入数据后生成报表。报表模板类似于PowerPoint中的模板,只负责标题、要包含或计算出的字段及表格样式,而不存储具体数据。报表中的数据来自于生成报表时数据库中的数据。

一个好的报表模板应遵循以下原则。

(1) 提供且仅提供用户所需的信息。过多的信息会影响用户的识别与分析。

(2) 能够简化用户的手工计算。报表模板可以计算出数据的平均值、方差、比例等,而不要让用户手工计算。

（3）无歧义的表示信息。例如，不同字段之间的间距不要过小，以免造成识别困难；有必要的字段要加上单位（如万元、吨等）；并包含必要的标题、标签、页码、日期及说明。

（4）以用户可以理解的方式表现信息。最常用也最合适的方式是用普通表格，也可考虑使用统计性的图表，但如果在用户不熟悉的情况下使用三维图表或更复杂的表现形式，就显得不明智了，如图 11-19 所示。

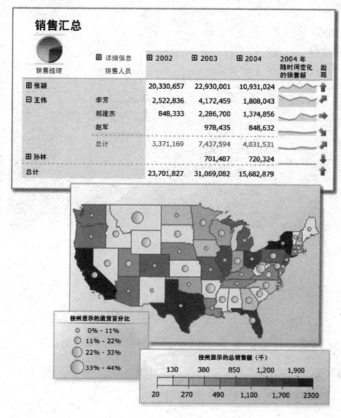

图 11-19　过于复杂的报表

11.3.6　载入数据

数据库结构设计完成后，需要将数据载入到数据库中。最原始的做法是手工输入数据，这可能会花费很长时间，并且不可避免地会有拼写错误。如果数据是以电子的方式存在于其他数据库或文件中，就可以使用导入导出程序，或者写一个专门的转换程序来载入数据。

DBMS 会提供导入导出程序，可以将数据在不同数据库或文件之间进行转换，但如果导入导出程序不支持所需的文件格式，就需要写一个专门的转换程序了，如图 11-20 所示。编写转换程序需要花费一定时间，并且需要对数据库格式有一定的了解，但对于大量数据来说，编写转换程序的效率和准确率仍然要比手工录入高。

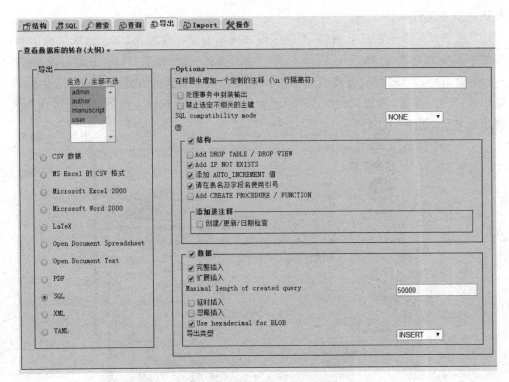

图 11-20　数据库的导出程序

11.4　SQL

SQL 是数据库的查询核心。本节介绍 SQL 的概念及简单用法。

11.4.1　SQL 基础知识

SQL(Structured Query Language,结构化查询语言)是用来进行数据库设计、查询与管理的语言,任何对数据库的操作都需要通过 SQL 语句(也称 SQL 查询)命令数据库进行。SQL 语句通常生成在普通用户看不到的地方——服务器端脚本会生成 SQL 语句以执行相应的数据库操作,但普通用户只能看到脚本生成的 HTML 网页,而看不到 SQL 语句;大多数 DBMS 提供了图形化的界面,用户可以选择对应操作,DBMS 会自动生成相应的 SQL 语句执行。但如果需要对数据库进行专业或复杂的设计、查询与管理,就需要用户自己编写对应的 SQL 语句了。

语句 SELECT Name FROM Student WHERE Sid='1001'就是一个最简单的 SQL 语句,该语句命令数据库从 Student 表中找到学号为 1001 的学生,并返回其姓名。其中的大写单词如 SELECT、FROM 和 WHERE 是 SQL 关键字,数据库通过识别关键字来判断指令的类型,并执行对应操作。需要注意的是,关键字不一定是大写的,大多数 DBMS 接受任意形式大小写的关键字,如 SELECT 和 select、SeLeCt 的效果是一样的。表 11-4 列出了常见的 SQL 关键字极其用法示例。

表 11-4 常见的 SQL 关键字极其用法示例

关键字	含义	示例
SELECT	查找记录	SELECT * FROM Student WHERE Class='3'
DELETE	删除记录	DELETE From Music where ID='7'
UPDATE	更新记录	UPDATE Student SET Age=20 WHERE Sid='1002'
CREATE	创建数据库、表等	CREATE Table Student
INSERT	插入记录	INSERT INTO Student(Sid, Age) VALUES('1020',19)
JOIN	使用两个表的数据	SELECT * FROM Albums JOIN Tracks ON Albums.Cat#=Tracks.Cat#

每个 SQL 关键字都有对应的语法。例如，DELETE 的语法就是 DELETE FROM…WHERE…，其中 FROM 后填写要删除记录的表名，WHERE 后填写删除记录的条件。执行此语句后，数据库会遍历对应表，并删除满足条件的记录。

接下来会介绍一些常用数据库操作的 SQL 语句。SQL 关键字有很多，且编写复杂操作的 SQL 语句需要较强的数学与逻辑基础（如选出选择了所有课程的学生姓名），若想熟练掌握 SQL，需要结合案例进行更多的练习。

11.4.2 添加记录

SQL 添加记录的语法有如下两种。

（1）INSERT INTO…VALUES(…)，用于插入单条记录。例如，如下的查询表示在 Student 表中插入一条记录，其中学号是 1020，年龄是 19。

```
INSERT INTO Student(Sid, Age) VALUES('1020',19)
```

（2）INSERT INTO…()，用于同时插入多条记录，括号中是一个子查询，通常是一个 SELECT 语句。例如，如下的查询表示从 Student2 表中提取出所有的学号和年龄记录，插入到 Student 表中。

```
INSERT INTO Student(Sid, Age) (SELECT Sid, Age FROM Student2)
```

11.4.3 查询信息

通用的查询信息的语法是 SELECT…FROM…WHERE…，但其中可以应用一些关键字或符号来进行更复杂的查询。常用的关键字或符号有如下几种。

（1）星号（*），表示所有信息。例如，如下的查询表示从 Student 表中提取出所有信息，查询语句的 WHERE 是可选的。

```
SELECT * FROM Student
```

（2）比较符号有>、>=、=等。需要注意的是，不等于用<>表示。例如，如下的查询表示从 Student 表中提取出年龄不为 20 的所有学生信息。

```
SELECT * FROM Student WHERE Age <> 20
```

(3) OR 和 AND，用于 WHERE 子句，OR 表示两者满足其一即可，AND 则需要两者同时满足。例如，如下的查询表示从 Student 表中提取出年龄既不为 19 也不为 20 的所有学生信息。

```
SELECT * FROM Student WHERE Age <> 19 AND Age <> 20
```

(4) BETWEEN…AND…，用于指定值的连续范围。例如，如下的查询表示从 Student 表中提取出年龄为 19～21 岁的所有学生信息。

```
SELECT * FROM Student WHERE Age BETWEEN 19 AND 21
```

(5) IN，用于指定离散的数据范围。例如，如下的查询表示从 Student 表中提取出年龄为 17、19 或 21 岁的所有学生信息。

```
SELECT * FROM Student WHERE Age IN(17,19,21)
```

(6) NOT，用于取反。例如，如下的查询表示从 Student 表中提取出年龄不在 19～21 岁的所有学生信息。

```
SELECT * FROM Student WHERE Age NOT BETWEEN 19 AND 21
```

(7) LIKE，用于字符串匹配，其中通配符_代表任一字符，通配符％代表任意长度(包含 0)的字符串。例如，如下的查询会提取出所有学号开头为 2 且长度为 4 的学生信息。

```
SELECT * FROM Student WHERE Sid LIKE'2 _ _ _'
```

(8) ORDER BY，用于对查询结果进行排序，用在查询语句的末尾，可有多个参数，默认按升序(ASC)排序，若要降序可指定 DESC。例如，如下的查询以学号为第一个关键字(升序)，以年龄为第二个关键字(降序)，提取出所有学生信息。

```
SELECT * FROM Student ORDER BY Sid ASC, Age DESC
```

11.4.4 更新字段

更新字段的通用语法是 UPDATE…SET…WHERE…，可以对一条记录或多条记录同时进行修改。WHERE 子句同样可以应用 AND、OR、INT、BETWEEN…AND…、LIKE 等关键字。例如，如下的查询选出 Product 表中所有价格大于 400 的商品，并将其价格修改为 400。

```
UPDATE Product SET Price = 400 WHERE Price > 400
```

11.4.5 连接表

使用 SQL 语句可以将两个表通过共同字段连接起来，连接得到的新表中仅包含在共同字段上值相同的记录的组合，如表 11-5 和表 11-6 所示。

表 11-5　表 R 和表 S 的共同字段是 B

R			S		
A	B	C	B	D	E
a	b	c	b	c	d
d	b	c	b	c	e
b	d	f	c	c	e
c	a	d	a	d	b

表 11-6　表 R 与表 S 连接后，只有在 B 上取值相同的字段才会互相联系起来

R JOIN S					
A	B	C	D	E	
a	b	c	c	d	
a	b	c	c	e	
d	b	c	c	d	
d	b	c	c	e	
c	a	d	d	b	

通过连接表可以进行多表查询，在 SQL 中，有两种方法可以连接表。

（1）直接调用多张表。在 SELECT…FROM…WHERE 中引用多张表，并在 WHERE 后指明这多张表的连接原则。例如，如下的查询将学生表、课程表和选课表连接起来，得到学生选课的全部信息。当引用的多个表中有重名字段时，需用"表名.字段名"的格式使用。

```
SELECT * FROM Student, Course, SC WHERE Student.Sid = SC.sid AND SC.cid = Course.Cid
```

（2）使用 JOIN 关键字，语法为 SELECT…FROM…JOIN…ON…WHERE…。例如，如下的查询将学生表和选课表连接起来，得到学生选课的信息，但没有课程的具体信息。

```
SELECT * FROM Student JOIN SC ON Student.Sid = SC.Sid
```

11.5　云数据库

本节简单介绍时下比较流行的云数据库，包括其概念、发展趋势与分类。

11.5.1　云数据库基础知识

云数据库是运行在云计算平台中的数据库，如 Amazon EC2、GoGrid、Salesforce 和

Rackspace，如图 11-21 所示。云数据库除了让企业能够用更少的室内硬件与维护成本来创建简单规模的数据库，还使企业仅仅需要支付数据存储和传输的费用。

亚马逊公司拥有目前世界上最大规模的云数据库，它存储了亚马逊的客户、订单与商品信息。除此之外，它还存储了许多书籍的实际内容，以便可以在网上搜索或浏览。云数据库也越来越多地被用于存储用户生成的信息，如用户传到 Flicker、YouTube、Facebook、Pinterest 与其他社交网络上的内容。云数据库的使用范围正在迅速扩增，事实上，最近的研究发现，近 1/3 的组织正在使用或者计划在将来的 12 个月内使用云数据库系统。

图 11-21　云数据库

11.5.2　云数据库的分类

云数据库按照部署模式可分为虚拟机映像和数据库即服务两类，每一类又可分为基于 SQL 的数据模型（SQL Data Model）和支持多种语言的数据模型（NoSQL Data Model），其中 NoSQL 是 Not only SQL 的简写，即除了支持 SQL 外，还支持其他类似的语言）。SQL 数据模型的规模难以动态变化，与云环境难以完全契合；NoSQL 数据模型的规模可以轻易地变化，与云的概念非常契合，通常用来处理大负载的工作。但由于目前大多数的数据库都是基于 SQL 的，从 SQL 转向 NoSQL 往往需要对整个程序代码的大规模重写，因此 NoSQL 的应用范围还不是很大。

（1）虚拟机映像（Virtual Machine Image），用户可以在云提供商提供的虚拟机映像上自己建立与维护数据库。云平台允许用户购买一个限定时间的虚拟机映像，用户可以在其中运行数据库。用户既可以选择将自己的带有数据库的机器映像上传到虚拟机中，也可以使用云提供商已经预先配置好的安装有数据库的机器映像。

（2）数据库即服务（DataBase as a Service，DBaaS），即通过服务的方式购买数据库。在 DBaaS 中，用户不需要自己安装或维护数据库——这是云数据库服务提供商的工作，用户只需要根据对数据库的使用量来付费。

表 11-7 列举了一些目前主流的云数据库供应商。

表 11-7　目前主流的云数据库供应商

	虚拟机映像	数据库即服务
SQL 数据模型	• Oracle Database • IBM DB2 • Ingres database • PostgreSQL • MySQL • NuoDB	• Amazon Relational Database Service • BitCan（MySQL，MongoDB） • Microsoft SQL Azure • Heroku PostgreSQL as a Service • Clustrix Database as a Service • Xeround Cloud Database • EnterpriseDB Postgres Plus Cloud Database

续表

	虚拟机映像	数据库即服务
NoSQL 数据模型	• CouchDB（Amazon EC2） • Hadoop（Amazon EC2 或 Rackspace） • Apache Cassandra（Amazon EC2） • Neo4J（Amazon EC2 或 Microsoft Azure） • MongoDB（Amazon EC2，Microsoft Azure 或 Rackspace）	• Amazon DynamoDB • Amazon SimpleDB • Cloudant Data Layer • Google App Engine Datastore • Orchestrate

11.6 大 数 据

在 21 世纪的最初十几年，各种企业收集的大多数数据都是结构化的交互数据，这些数据可以简单地填充到关系数据库管理系统的行、列当中。然而现在，来自网站、邮件、社交媒体甚至音乐列表，以及传感器的数据带来了数据爆炸，这些数据的无结构或半结构化使得它们不适用于通过行、列管理数据的关系数据库产品。流行词"大数据"就是指这种蜂拥而至的数据，这些数据可以从网站流向世界各地的公司，由于这些数据的容量过于庞大，以至传统的数据库管理系统无法在可接受的时间内捕获、存储和分析它们。

"大数据"带来了挑战，如通过分析每天产生的 12TB 的微博数据来更好地了解用户对产品的看法；分析 1 亿封邮件以便在邮件旁边投放合适的广告；分析 5 亿条呼叫记录来寻找诈骗和伪造的方式。"大数据"及用于处理它的工具由 Google 和其他搜索引擎最先提出，Google 所面临的问题有它需要每天处理 10 亿条搜索并且在几毫秒内显示出搜索结果及相应广告。可以试试搜索词条"Big Data"，你会发现 Google 在 38ms（约 1/3s）的时间内回复超过 10 亿条结果，这个速度比你阅读一条语句的速度还要快！

"大数据"通常是指来自不同资源的数量为 $10^{15} \sim 10^{24}$ 的数据，即数十亿到数兆的记录。大数据的特点可以用 4V 来概括，即数据体积很大（Volume）、数据类型多样（Variety）、传输速度很快（Velocity）、具有潜在价值（Value）。近年来，随着大数据的发展，又出现了第五个 V——精确性（Veracity），大数据中不可避免地存在不精确的数据，为确保大数据的精确性，需要付出更多的精力。"大数据"的产生速度远快于传统数据，并且该速度还在快速增长。尽管每条 Twitter 文本限制在 140 个字符内，它每天仍然产生了超过 10TB 的数据。根据 IDC 市场研究公司的调研，数据每两年都会增长一倍以上，因此对企业而言，所需面对的数据量不断激增。了解数据的高速增长对于占据市场优势而言至关重要。

企业对"大数据"感兴趣，是因为它们与更小的数据集相比包含了更多的模式与特例，因而具备提供新的针对顾客行为、天气模式、金融市场活动或其他现象相关信息的潜力。然而，为了从这些数据中获取商业价值，企业需要能够对自己传统企业数据及非传统数据进行管理和分析的新的技术和工具。

为了管理这些大量的无结构、半结构化与结构化的数据，企业通常使用 Hadoop。Hadoop 是一个由 Apache 软件基金会管理的开源软件框架，它可以在廉价的计算机上分布并行处理大量的数据。它可将大数据问题分解为多个子问题，然后将它们分散在数千个廉价的计算机处理节点上，并将分析结果组合在一个较小的、易于分析的数据集上。Hadoop

的应用包括寻找网络上最好的飞机票价、获取通往餐厅的路径或通过 Facebook 与你的朋友保持联系。

大数据的更多知识将在第 12 章中介绍。

小　　结

本章主要介绍了数据库的概念、常见的数据管理工具、设计数据库的方法和 SQL 基础，以及云数据库与大数据的相关知识。

通过对本章的学习，读者应能够辨别因特网中的哪些内容可能是由数据库生成的，并能够使用数据库进行简单的操作。

习　　题

第 11 章在线测试题

一、判断题

1. 数据库可以将其存储的数据按照一定格式输出，并结合邮件功能或其他技术发送给用户。（　　）
2. 视图层是数据库最底层的抽象。（　　）
3. 记录类型的关系与基数通常用实体关系图表示。（　　）
4. 内存数据库将数据保存在计算机内存中，而不是硬盘上。（　　）
5. 网状数据库使用树形结构来描述关系。（　　）
6. 维度数据库采用三维或更多维的"数据空间"来描述数据或关系。（　　）
7. 数据管理软件可以在记录之间建立关系。（　　）
8. 应用程序可以利用 XML 文件的易读性和标记性有针对性地处理 XML 文件。（　　）
9. "一事一表"可以减小数据冗余。（　　）
10. 云数据库除了让企业能够用更少的室内硬件与维护成本来创建简单规模的数据库，还使企业仅仅需要支付数据存储和传输的费用。（　　）

二、选择题

1. （　　）是数据的集合。
   A. 数据库　　　　　　　　　　B. 数据库管理系统
   C. 数据管理软件　　　　　　　D. 字段
2. 数据挖掘和 OLAP 是（　　）的方法。
   A. 整理数据　　B. 查找数据　　C. 分析数据　　D. 传播数据
3. Excel 文件属于（　　）。
   A. 平面文件　　　　　　　　　B. 网状数据库
   C. 关系数据库　　　　　　　　D. 维度数据库
4. 以下不属于 RDBMS 的是（　　）。
   A. Oracle　　　　　　　　　　B. MySQL
   C. Microsoft SQL Server　　　D. MongoDB

5. LAMP 中,M 指( )。
   A. Microsoft　　　　B. MySQL　　　　C. Mainframe　　　　D. MongoDB
6. 以下关于 XML 的说法,正确的是( )。
   A. XML 用来显示数据　　　　　　　B. XML 标签不区分大小写
   C. XML 可以自定义标签　　　　　　D. XML 文件只可以用浏览器打开
7. 以下数据类型适合于存储货币的是( )。
   A. decimal　　　　B. numeric　　　　C. money　　　　D. real
8. 创建新的数据库表应该使用关键字( )。
   A. INSERT　　　　B. UPDATE　　　　C. CREATE　　　　D. JOIN
9. 筛选具有特定格式的电话号码,最好使用关键字( )。
   A. IN　　　　　　　　　　　　　　B. BETWEEN…AND…
   C. LIKE　　　　　　　　　　　　　D. ORDER BY
10. 若只想使用数据库而不想自己去安装,可以考虑使用( )。
    A. 对象数据库　　　B. NoSQL　　　C. 虚拟机映像　　　D. DBaaS

三、思考题

1. 数据库与数据库管理系统的区别是什么?
2. 对于相同的数据类型,数据库也将它们分成了几小类(如浮点数据类型中有 real、float、decimal、numeric;字符数据类型有 varchar 和 nvarchar),查询一下它们的区别是什么?
3. 浏览一下常用网站的注册界面,并评判它们的优劣。
4. 查询一下云数据库的价格,使用云数据库的用户有哪些?
5. 考虑一下如何将 E-R 图转化为关系数据库可以接受的表格。
6. 什么是 Sitemap.xml? 它有什么作用?

第 12 章　　新技术领域

本章主要介绍新技术领域,包括人工智能、大数据、云计算、物联网、虚拟现实、区块链与5G。通过本章的学习,读者应能够对近年来新出现的技术有一个基本的了解。

12.1　人工智能

12.1.1　人工智能简介

人工智能(Artificial Intelligence,AI)也称机器智能,是指由人制造出来的机器所表现出来的智能。通常人工智能是指通过普通计算机程序的手段实现的类人智能技术,以及研究这样的智能系统是否能够实现与如何实现的科学领域。

人工智能的核心问题包括如何赋予机器能够比拟甚至超越人类的推理、知识、规划、学习、交流、感知、移动和操作物体的能力等。自 20 世纪 40 年代开始,人工智能经历了多次低谷与繁荣,研究方向大体可分为以下几个领域。

1. 演绎、推理和解决问题(见图 12-1)

早期的人工智能研究人员直接模仿人类进行逐步的推理,就像是玩棋盘游戏或进行逻辑推理时人类的思考模式。到了 20 世纪八九十年代,利用概率和经济学上的概念,人工智能研究还发展了非常成功的方法处理不确定或不完整的资讯。专家系统就是此领域的一种应用。

2. 知识表示法

如何存储知识使其让机器能够处理并理解,是知识表示法的主要目标。从人工智能的角度来看,知识表示牵扯到了一系列问题,如人类如何表示知识?知识的本质是什么?某种表示法是普适的还是只适用于某领域,其表现力如何?针对这些问题,目前该领域仍然没有完美的答案。

3. 规划

智能机器人必须能够制定目标和实现这些目标。它们需要一种方法来创建一个可预测的世界模型,即将整个世界状态用数学模型表现出来,并能预测它们的行为将如何改变这个世界,这样它们就可以选择功效最大的行为。在传统的规划问题中,智能机器人被假定它是世界中唯一具有影响力的,所以它要做出什么行为是已经确定的。但是,如果事实并非如此,它必须定期检查世界模型的状态是否和自己的预测相匹配。如果不匹配,它必须改变它的计划。因此智能机器人必须具有在不确定结果的状态下推理的能力。强化学习就是该领域的一个延伸方向,如图 12-2 所示。

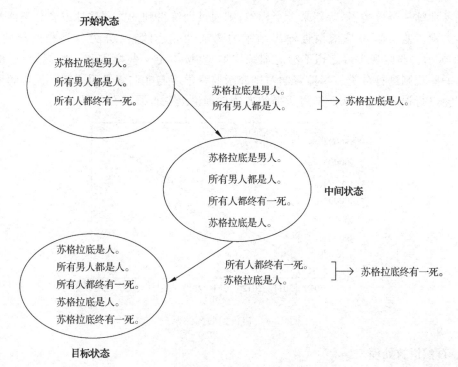

图 12-1 推理的示例

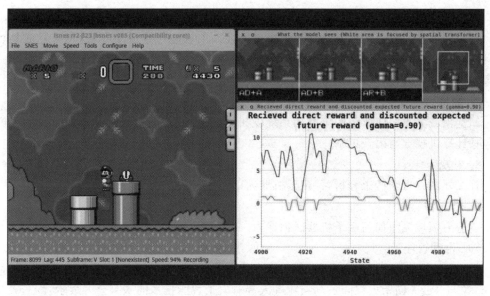

图 12-2 强化学习

4. 机器学习

机器学习的主要目的是为了让机器从输入的数据中获得知识,以便自动地去判断和输出相应的结果。机器学习可以帮助减少错误率,提高解决问题的效率。传统的机器学习方法主要分为监督学习、非监督学习和半监督学习三大类。监督学习是指事先给定机器一些训练样本并且告诉样本的类别,然后根据这些样本的类别进行训练,提取出这些样本的共同属性或者训练一个分类器，等新来一个样本，则通过训练得到的共同属性或者分类器判断该样本的类别。监督学习是指根据输出结果的离散性和连续性，分为分类和回归两类，如图 12-3 所示。非监督学习是指不给定训练样本，直接给定一些样本和一些规则，让机器自动根据一些规则进行分类。半监督学习则介于监督学习与非监督学习之间。无论哪种学习方法都会进行误差分析，从而知道所提的方法在理论上是否误差有上限。

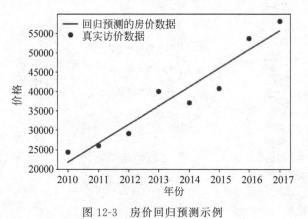

图 12-3　房价回归预测示例

5. 自然语言处理

自然语言处理领域探讨如何处理及应用自然语言，是人工智能和语言学领域的分支学科。

6. 运动和控制（机器人学）

运动和控制领域关注如何设计并制造出承载人工智能系统的机器人，用来达成某种实用目的，如图 12-4 所示。例如，许多机器人从事对人类来讲非常危险的工作，如拆除炸弹、地雷、探索沉船等。

7. 知觉

知觉领域关注如何赋予人工智能系统以知觉，并据此推断世界的状态。常见的研究方向包括计算机视觉与语音识别。

8. 社交

社交领域致力于情感分析，并赋予机器人以情感。

9. 创造力

创造力领域关注如何赋予机器以创造力，如图 12-5 所示。

10. 伦理管理

针对人工智能的伦理讨论由来已久。著名物理学家史蒂芬·霍金、微软创始人比尔·盖茨、Space X 与 Tesla 创始人埃隆·马斯克等人都对人工智能技术的未来公开表示忧心，人工智能若在许多方面超越人类智能水平的智能、不断更新、自我提升，进而获取控制管理权，人类是否有足够的能力及时停止人工智能领域的"军备竞赛"，能否保有最高掌控权。现有事实是：机器常失控导致人员伤亡，这样的情况是否会更加扩大规模出现，历史显然无法给出可靠的乐观答案。马斯克在麻省理工学院航空航天部门百年纪念研讨会上称人工智能是"召唤恶魔"行为。英国发明家、袖珍计算器与家庭计算机先驱克莱夫·辛克莱认为，一旦开始制造抵抗人类和超越人类的智能机器，人类可能很难生存，盖茨同意马斯克和其他人所

图 12-4　承载人工智能系统的机器人

图 12-5　现在的人工智能模型已经可以自动生成逼真的场景图片

言，且不知道为何有些人不担忧这个问题。DeepMind 的人工智能系统 AlphaGo 在 2016 年对战韩国棋王李世石获胜时，开发商表示在内部设立了伦理委员会，针对人工智能的应用制定政策，防范人工智能沦为犯罪开发者。霍金等人在英国独立报发表文章警告未来人工智能可能会比人类金融市场、科学家、人类领袖更能操纵人心，甚至研发出人们无法理解的武器。专家担心发展到无法控制的局面,援引联合国禁止研发某些特定武器的"特定常规武器公约"加以限制。

在不同的年代,一些领域被搁置,另外一些领域获得飞速发展。不同的领域之间也会互相产生联系。例如,知觉领域与自然语言处理领域关系密切;随着深度学习的发展,机器学习、规划、知觉、自然语言处理等诸多领域之间的界限逐渐变得模糊。

12.1.2 人工智能的发展阶段

根据发展阶段,人工智能可由浅入深分为以下三类。

1. 弱人工智能

弱人工智能是指仅在单个领域拥有比拟或超过人类能力的人工智能程序。弱人工智能只不过看起来像是智能的,但并不真正拥有智能,也不会有自主意识。DeepMind 的人工智能系统 AlphaGo 就是弱人工智能的典型代表,其他生活中常见的人脸识别、声纹识别等,都属于弱人工智能的范畴。目前,几乎所有的人工智能应用都属于弱人工智能。

2. 强人工智能

不同于弱人工智能,强人工智能可以像人类一样应对不同层面的问题。强人工智能被认为是有知觉、有自我意识的。目前,强人工智能仍遥不可及。

3. 超人工智能

超人工智能是一种愿景,它拥有能够准确回答几乎所有困难问题的先知模式,能够执行任何高级指令的精灵模式和能执行开放式任务,而且拥有自由意志和自由活动能力的独立意识模式。超人工智能将超过所有人类智能的总和。

12.1.3 图灵测试

1950 年,英国数学家阿兰·图灵发表了一篇具有里程碑性质的论文,其中提出了一个问题:机器能够思考吗? 在慎重地定义了术语智能和思维之后,最终他得出的结论是我们能够创造出可以思考的计算机。但他又提出了另一个问题:如何才能知道何时是成功的呢?

他把这个问题的答案称为图灵测试,根据经验来判断一台计算机是否达到了智能化。这种测试的基础是一台计算机是否能使人们相信它是另一个人。

虽然多年来出现了各种图灵测试的变体,但这里的重点是它的基本概念。图灵测试是这样建立的,由一位质问者坐在一个房间中,用计算机终端与另外两个回答者 A 和 B 通信。质问者知道一位回答者是人,另一位回答者是计算机,但是不知道究竟哪个是人,哪个是计算机。如图 12-6 所示,分别与 A 和 B 交谈之后,质问者要判断出哪个回答者是计算机。这一过程将由多个人反复执行。这个测试的假设是如果计算机能瞒过足够多的人,那么就可以把它看作是智能的。

有些人认为图灵测试很适合测试计算机的智能,因为它要求计算机处理各种各样的知识,还要具有处理交谈中的变化所必需的灵活性。要瞒过质问者,计算机需要掌握的不仅仅是事实知识,还要注意人的行为和情绪。

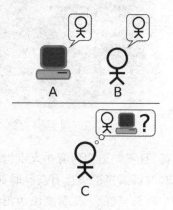

图 12-6 图灵测试示例

另外一些人则认为图灵测试并不能说明计算机理解了交谈的语言,而这一点对真正的智能来说是必需的。他们提出,程序能够模拟语言的内涵,可能足够使计算机通过图灵测试,但只凭这一点并不能说计算机智能化了。通过图灵测试的计算机具有弱等价性,即两个系统(人和计算机)在结果(输出)上是等价的,但实现这种结果的方式不同。强等价性说明两个系统使用的是相同的内部过程来生成结果。有些人工智能研究员断言,只有实现了强等价性(即创造出了能像人一样处理信息的机器),才可能存在真正的人工智能。

纽约的慈善家修斯·洛伯纳组织了首次正式的图灵测试。从 1991 年起,每年举行一次这样的竞赛,其中成功通过图灵测试的计算机将得到 100000 美元的奖金和一块金牌。迄今为止,奖金争夺战仍在进行中。

12.1.4 深度学习

深度学习框架,尤其是基于人工神经网络的框架可以追溯到 1980 年福岛邦彦提出的新认知机,而人工神经网络的历史更为久远。1989 年,燕乐存(Yann LeCun)等人开始将 1974 年提出的标准反向传播算法应用于深度神经网络,这一网络被用于手写邮政编码识别。尽管算法可以成功执行,但计算代价非常巨大,神经网路的训练时间达到了 3 天,因而无法投入实际使用。许多因素导致了这一缓慢的训练过程,其中一种是反向传播中的梯度消失问题。因此深度学习沉寂了很长时间。

到 2012 年,多伦多大学杰弗里·辛顿(Geoffrey Hinton)的实验室设计出了一个深层的卷积神经网络(一种适用于图像的人工神经网络)AlexNet,夺得了当年的 ImageNet LSVRC(一项大规模视觉识别挑战赛)冠军,打败了传统的机器学习与模式识别方法,且准确率远超第二名。自此,深度学习迎来了大爆发。随着硬件性能尤其是 GPU 的飞速发展,以及神经网络新组件的不断发明,深度学习模型的可训练参数越来越多,效果越来越好。如今,在计算机视觉(见图 12-7)、语音识别、自然语言处理、音频识别与生物信息学领域,深度学习都已取得极好的效果并已经进入商业化。

图 12-7　基于深度学习的道路目标检测

12.2　大　数　据

12.2.1　大数据简介

大数据是一个不断发展的概念,可以指任何体量或复杂性超出常规数据处理方法的处理能力的数据。数据本身可以是结构化、半结构化甚至是非结构化的,随着物联网技术与可穿戴设备的飞速发展,数据规模变得越来越大,内容越来越复杂,更新速度越来越快,大数据的研究和应用已成为产业升级与新产业崛起的重要推动力量,如图12-8所示。

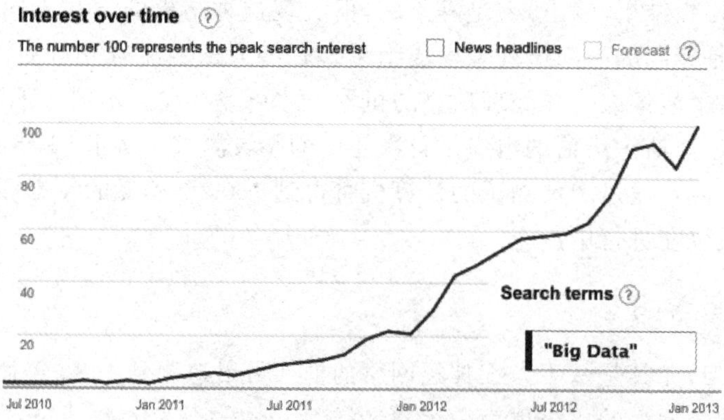

图 12-8 Google 上的"大数据"一词的搜索热度

从狭义上讲,大数据主要是指处理海量数据的关键技术及其在各个领域中的应用,是指从各种组织形式和类型的数据中发掘有价值的信息的能力。一方面,狭义的大数据反映的是数据规模之大,以至无法在一定时间内用常规数据处理软件和方法对其内容进行有效的抓取、管理和处理;另一方面,狭义的大数据主要是指海量数据的获取、存储、管理、计算分析、挖掘与应用的全新技术体系。

从广义上讲,大数据包括大数据技术、大数据工程、大数据科学和大数据应用等与大数据相关的领域。大数据工程是指大数据的规划、建设、运营、管理的系统工程;大数据科学主要关注大数据网络发展和运营过程中发现和验证大数据的规律及其与自然和社会活动之间的关系。

大数据技术是一种新一代技术和构架,它成本较低,以快速地采集、处理和分析技术从各种超大规模的数据中提取价值。大数据技术不断涌现和发展,让我们处理海量数据更加容易、便宜和迅速,成为利用数据的好助手,甚至可以改变许多行业的商业模式。大数据技术的发展可以分为六大方向。

(1) 大数据采集与预处理方向。这个方向最常见的问题是数据的多源和多样性导致数据的质量存在差异,严重影响到数据的可用性。针对这些问题,目前很多公司已经推出了多种数据清洗和质量控制工具,如 IBM 公司的 InfoSphere DataStage,如图 12-9 所示。

(2) 大数据存储与管理方向。这个方向最常见的挑战是存储规模大,存储管理复杂,需要兼顾结构化、非结构化和半结构化的数据。分布式文件系统和分布式数据库相关技术的发展正在有效地解决这些方面的问题。在大数据存储和管理方向,尤其值得我们关注的是大数据索引和查询技术、实时及流式大数据存储与处理的发展。

(3) 大数据计算模式方向。由于大数据处理多样性的需求,目前出现了多种典型的计算模式,包括大数据查询分析计算(如 Hive)、批处理计算(如 Hadoop MapReduce,如图 12-10 和图 12-11 所示)、流式计算(如 Storm)、迭代计算(如 HaLoop)、图计算(如 Pregel)和内存计算(如 HANA),这些计算模式的混合计算方法将成为满足多样性大数据处理和应用需求的有效手段。

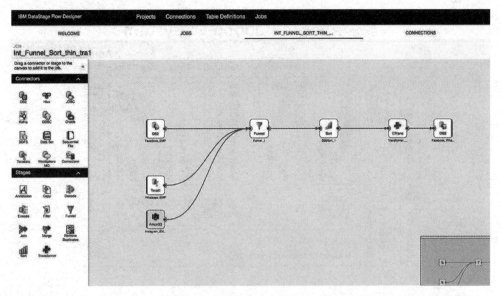

图 12-9 InfoSphere DataStage

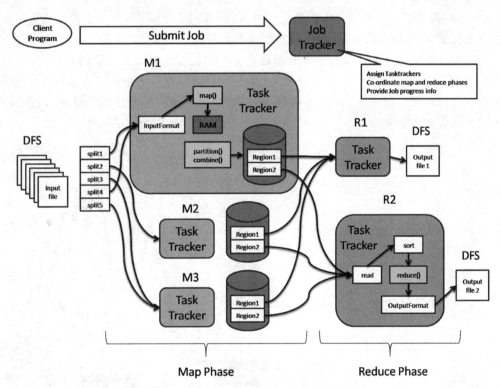

图 12-10 Hadoop MapReduce 的架构

(4) 大数据分析与挖掘方向。在数据量迅速增加的同时,还要进行深度的数据分析和挖掘,并且对自动化分析要求越来越高。越来越多的大数据分析工具和产品应运而生,如用于大数据挖掘的 RHadoop 版、基于 MapReduce 开发的数据挖掘算法等。

(5) 大数据可视化分析方向。通过可视化方式来帮助人们探索和解释复杂的数据,有

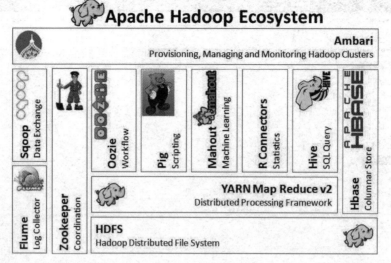

图 12-11　Hadoop 生态系统

利于决策者挖掘数据的商业价值,进而有助于大数据的发展。很多公司也在开展相应的研究,试图把可视化引入其不同的数据分析和展示的产品中,各种可能相关的商品将会不断出现。可视化工具 Tableau 的成功上市反映了大数据可视化的需求,如图 12-12 所示。

(6) 大数据安全方向。当人们在用大数据分析和挖掘获取商业价值的时候,黑客很可能在向我们攻击,收集有用的信息。因此,大数据的安全一直是企业和学术界非常关注的研究方向。文件访问控制权限 ACL、基础设备加密、匿名化保护技术和加密保护等技术正在最大程度地保护数据安全。

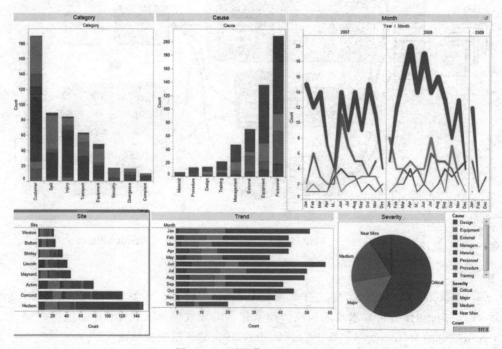

图 12-12　可视化工具 Tableau

12.2.2 大数据的特点

学术界已经总结了大数据的许多特点,包括体量巨大、速度极快、模态多样、潜在价值大等。

IBM 公司使用 3V 来描述大数据的特点。

(1) Volume(体量)。通过各种设备产生的海量数据体量巨大,远大于目前因特网上的信息流量。

(2) Variety(多样)。大数据类型繁多,在编码方式、数据格式、应用特征等多个方面存在差异,既包含传统的结构化数据,也包含类似于 XML、JSON 等半结构化形式和更多的非结构化数据;既包含传统的文本数据,也包含更多的图片、音频和视频数据。

(3) Velocity(速率)。数据以非常高的速率到达系统内部,这就要求处理数据段的速度必须非常快。

后来,IBM 公司又在 3V 的基础上增加了 Value(价值)维度来表述大数据的特点,即大数据的数据价值密度低,因此需要从海量原始数据中进行分析和挖掘,从形式各异的数据源中抽取富有价值的信息。

IDC 公司则更侧重于从技术角度的考量:大数据处理技术代表了新一代的技术架构,这种架构能够高速获取和处理数据,并对其进行分析和深度挖掘,总结出具有高价值的数据。

大数据的"大"不仅仅是指数据量的大小,也包含大数据源的其他特征,如不断增加的速度和多样性。这意味着大数据正以更加复杂的格式从不同的数据源高速向我们涌来。

大数据有一些区别于传统数据源的重要特征,不是所有的大数据源都具备这些特征,但是大多数大数据源都会具备其中的一些特征。

大数据通常是由机器自动生成的,并不涉及人工参与,如引擎中的传感器会自动生成关于周围环境的数据。

大数据源通常设计得并不友好,甚至根本没有被设计过,如社交网站上的文本信息流,我们不可能要求用户使用标准的语法、语序等。

因此大数据很难从直观上看到蕴藏的价值大小,所以创新的分析方法对于挖掘大数据中的价值尤为重要,更是迫在眉睫。

12.2.3 大数据的应用

大数据在各行各业的应用越来越频繁与深入,下面举例来讲述大数据在行业中的应用。

(1) 梅西百货的实时定价机制。根据需求和库存的情况,该公司基于 SAS 的系统对多达 7300 万种货品进行实时调价。

(2) Tipp24 AG 针对欧洲博彩业构建的下注和预测平台。该公司用 KXEN 软件来分析数十亿计的交易及客户的特性,然后通过预测模型对特定用户进行动态的营销活动。这项举措减少了 90% 的预测模型构建时间。

(3) 沃尔玛的搜索。这家零售业寡头为其网站 Walmart.com 自行设计了最新的搜索引擎 Polaris,利用语义数据进行文本分析、机器学习和同义词挖掘等。根据沃尔玛的说法,语义搜索技术的运用使得在线购物的完成率提升了 10%~15%。

（4）快餐业的视频分析。其主要通过视频分析等候队列的长度，然后自动变化电子菜单显示的内容。如果队列较长，则显示可以快速供给的食物；如果队列较短，则显示利润较高但准备时间相对长的食品。

（5）PredPol 和预测犯罪。PredPol 公司通过与洛杉矶和圣克鲁斯的警方及一群研究人员合作，基于地震预测算法的变体和犯罪数据来预测犯罪发生的概率，如图 12-13 所示，可以精确到 500 平方英尺（$1\text{ft}^2 = 0.09\text{m}^2$）的范围内。在洛杉矶运用该算法的地区，盗窃罪和暴力犯罪分别下降了 33% 和 21%。

图 12-13　基于大数据预测犯罪

（6）Tesco PLC（特易购）和运营效率。这家连锁超市在其数据仓库中收集了 700 万部冰箱的数据。通过对这些数据的分析进行更全面的监控，并进行主动的维修以降低整体能耗。

（7）American Express（美国运通，AmEx）和商业智能。以往，AmEx 只能实现事后诸葛式的报告和滞后的预测。专家 Laney 认为，"传统的商务智能已经无法满足业务发展的需要。"于是，AmEx 开始构建真正能够预测忠诚度的模型，基于历史交易数据，用 115 个变量进行分析预测。该公司表示，通过预测，对于澳大利亚将于此后的 4 个月中流失的客户已经能够识别出 24%。

12.3　云　计　算

12.3.1　云计算简介

云计算（Cloud Computing）是分布式计算技术的一种，其最基本的概念，是透过网络将庞大的计算处理程序自动分拆成无数个较小的子程序，再交由多部服务器所组成的庞大系统经搜寻、计算分析之后将处理结果回传给用户。透过这项技术,网络服务提供者可以在数秒之内,达成处理数以千万计甚至亿计的信息,达到和"超级计算机"同样强大效能的网络服务。

对于云计算的定义多种多样。现阶段广为接受的是美国国家标准与技术研究院(NIST)的定义:云计算是一种按使用量付费的模式,这种模式提供可用的、便捷的、按需的网络访问,以享用可配置的计算资源共享池(资源包括网络、服务器、存储、应用软件、服务),且这些资源能够被快速提供,只需投入很少的管理工作,或者与服务供应商进行很少的交互。

云计算中提供资源的网络被称为"云",如图 12-14 所示。"云"中的资源在使用者看来是可以无限扩展的,并且可以随时获取。这种特性经常被比喻为像水电一样使用硬件资源,按需购买和使用。"云"包括了硬件资源(服务器、存储器、CPU 等)和软件资源(应用软件、集成开发环境等),本地计算机只需要通过因特网发送一个需求信息,云端就有成千上万的计算机为用户提供需要的资源并将结果返回给本地计算机。这样,本地计算机几乎不需要做什么,所有的处理都在云

图 12-14　云计算

计算提供商所提供的计算机群来完成。简而言之,云计算是一种商业计算模型,它将计算任务分布在大量计算机构成的资源池上,使用户能够按需获取计算力、存储空间和信息服务。

"云"按使用主体来分可分为公有云、私有云和混合云。公有云是指为外部客户提供服务的云,它所有的服务是供别人使用,而不是自己用。私有云是指企业自己使用的云,它所有的服务不是供别人使用,而是供自己内部人员或分支机构使用。混合云则是指公有云和私有云的混合体,即供自己和客户共同使用的云,它所提供的服务既可以供别人使用,也可以供自己使用。

云计算的组成可以分为 6 个部分,它们由下至上分别为基础设施(Infrastructure)、存储(Storage)、平台(Platform)、应用(Application)、服务(Services)和客户端(Clients)。

1. 基础设施

云基础设施(Infrastructure as a Service,IaaS)是经过虚拟化后的硬件资源和相关管理功能的集合,对内通过虚拟化技术对物理资源进行抽象,对外提供动态、灵活的资源服务,如亚马逊(Amazon)的弹性计算云(Elastic Computer Cloud,EC2)。

2. 存储

云存储负责将数据存储在云端,使其可以随时随地被访问到。云存储通常以存储的数据量来收费。云存储可容纳的数据量远大于本地硬盘,甚至可以被视为具有无限容量,如亚马逊的简单存储服务(Simple Storage Service,S3)。

3. 平台

云平台(Platform as a Service,PaaS)直接提供计算平台和解决方案作为服务,以方便应用程序部署,从而节省购买和管理底层硬件和软件的成本。具体应用如 Google 应用程序引擎(Google App Engine),这种服务让开发人员可以编译基于 Python 的应用程序,并可免费使用 Google 的基础设施来进行托管。

4. 应用

云应用利用云软件架构,往往不再需要用户在自己的计算机上安装和运行该应用程序,从而减轻软件维护、操作和售后支持的负担。具体应用如 Google 的企业应用套件(Google Apps)。

5. 服务

云服务是指产品、服务和解决方案都实时地在因特网上进行交付和使用。这些服务可能通过访问其他云计算的部件来直接和最终用户通信。具体应用如贝宝在线支付系统(PayPal)、Google 地图(Google Maps)等。

6. 客户端

云客户端是指支持云服务的计算机硬件和软件的终端,如苹果手机(iPhone)、Google 浏览器(Google Chrome)。

12.3.2 云交付模型

从用户体验角度来看,云计算主要分为软件即服务(Software as a Service,SaaS)、平台即服务(Platform as a Service,PaaS)和基础设施即服务(Infrastructure as a Service,IaaS)3种交付模型,如图 12-15 所示。对普通用户而言,他们主要面对的是 SaaS 这种服务模式,而且几乎所有的云计算服务最终的呈现形式都是 SaaS。除此之外,还有一种新型的交付模型——CaaS(容器即服务),它是以容器为核心的公有云平台,被认为是云服务中具有革命性的突破。

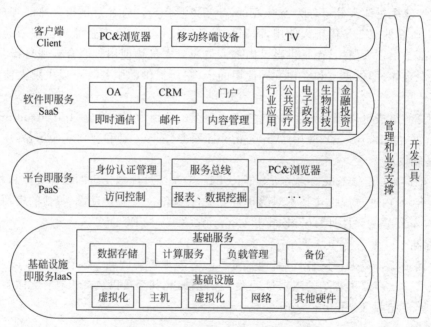

图 12-15 云计算的三种交付模型

1. 软件即服务(SaaS)

SaaS 是一种通过因特网提供软件的模式,用户无须购买软件,而是向提供商租用基于 Web 的软件,来管理企业经营活动。相对于传统的软件,SaaS 解决方案有明显的优势,包括较低的前期成本、便于维护、快速展开使用、由服务提供商维护和管理软件,并且提供软件运行的硬件设施,用户只需拥有接入因特网的终端,即可随时随地使用软件。SaaS软件被认为是云计算的典型应用之一。

SaaS的主要功能如下。

(1) 随时随地访问:在任何时候、任何地点,只要接上网络,用户就能访问这个SaaS服务。

(2) 支持公开协议:通过支持公开协议(如HTML4/5),能够方便用户使用。

(3) 安全保障:SaaS供应商需要提供一定的安全机制,不仅要使存储在云端的用户数据处于绝对安全的境地,而且也要在客户端实施一定的安全机制(如https)来保护用户。

(4) 多用户:多用户机制,不仅能更经济地支持庞大的用户规模,而且能提供一定的可指定性以满足用户的特殊需求。

2. 平台即服务(PaaS)

所谓PaaS,实际上是指将软件研发的平台作为一种服务,以SaaS的模式提交给用户。因此,PaaS也是SaaS模式的一种应用。但是,PaaS的出现可以加快SaaS的发展,尤其是加快SaaS应用的开发速度。

在云计算应用的大环境下,PaaS的优势显而易见。

(1) 开发简单。因为开发人员能限定应用自带的操作系统、中间件和数据库等软件的版本,这样将非常有效地缩小开发和测试的范围,从而极大地降低开发测试的难度和复杂度。

(2) 部署简单。PaaS能将本来需要几天的工作缩短到几分钟,能将本来的几十步操作精简到轻轻一击。并且PaaS支持便捷地将应用部署或者迁移到公有云上,以应对突发情况。

(3) 维护简单。因为整个虚拟器件都是来自于同一个供应商,所以任何软件的升级和技术支持,都只要和一个供应商联系就可以了,不仅避免了常见的沟通不当现象,而且简化了相关流程。

PaaS的主要功能如下。

(1) 良好的开发环境:通过SDK和IDE等工具来让用户能在本地方便地进行应用的开发和测试。

(2) 丰富的服务:PaaS平台会以API的形式将各种各样的服务提供给上层应用。

(3) 自动资源调度:它不仅能优化系统资源,而且能自动调整资源来帮助运行于其上的应用更好地应对突发流量。

(4) 精细的管理和监控:PaaS能够提供应用层的管理和监控。例如,能够通过观察应用运行的情况和具体数值(如吞吐量和反应时间)来更好地衡量应用的运行状态,以及能够通过精确计量应用使用所消耗的资源来更好地计费。

3. 基础设施即服务(IaaS)

IaaS使消费者可以通过因特网从完善的计算机基础设施中获得服务。基于因特网的服务(如存储和数据库)是IaaS的一部分。在IaaS模式下,服务提供商将多台服务器组成的"云端"服务(包括内存、I/O设备、存储和计算能力等)作为计量服务提供给用户。其优点是用户只需提供低成本硬件,按需租用相应的计算能力和存储能力即可。

IaaS 的主要功能如下。

（1）资源抽象：使用资源抽象的方法，能更好地调度和管理物理资源。

（2）负载管理：通过负载管理，不仅使部署在基础设施上的应用能更好地应对突发情况，而且还能更好地利用系统资源。

（3）数据管理：对云计算而言，数据的完整性、可靠性和可管理性是对 IaaS 的基本要求。

（4）资源部署：也就是将整个资源从创建到使用的流程自动化。

（5）安全管理：IaaS 安全管理的主要目标是保证基础设施和其提供的资源被合法地访问和使用。

（6）计费管理：通过细致的计费管理能使用户更灵活地使用资源。

表 12-1 所示为 3 种交付模型的比较。

表 12-1　3 种交付模型的比较

云交付模型	服务对象	使用方式	关键技术	用户的控制等级	系统实例
IaaS	需要硬件资源的用户	使用者上传数据、程序代码、环境配置	虚拟化技术、分布式海量数据存储等	使用和配置	Amazon EC2、Eucalyptus 等
PaaS	程序开发者	使用者上传数据、程序代码	云平台技术、数据管理技术等	有限的管理	Gooale App Engine、Microsoft Azure、Hadoop 等
SaaS	企业和需要软件应用的用户	使用者上传数据	Web 服务技术、因特网应用开发技术等	完全的管理	Google Apps、Salesforce CRM 等

除此之外，新兴的容器即服务（Container as a Service，CaaS）也称为容器云，是以容器为资源分割和调度的基本单位，封装整个软件运行时环境，为开发者和系统管理员提供用于构建、发布和运行分布式应用的平台。CaaS 具备一套标准的镜像格式，可以把各种应用打包成统一的格式，并在任意平台之间部署迁移，容器服务之间又可以通过地址、端口服务来互相通信，做到既有序又灵活，既支持对应用的无限定制，又可以规范服务的交互和编排。

容器云的 Docker 容器几乎可以在任意的平台上运行，包括物理机、虚拟机、公有云、私有云、PC、服务器等。这种兼容性可以让用户把一个应用程序从一个平台直接迁移到另外一个。容器云的这种特性类似于 Java 的 JVM，Java 程序可以运行在任意的安装了 JVM 的设备上，在迁移和扩展方面变得更加容易。

作为后起之秀的 CaaS 介于 IaaS 和 PaaS 之间，起到了屏蔽底层系统 IaaS，支撑并丰富上层应用平台 PaaS 的作用。CaaS 解决了 IaaS 和 PaaS 的一些核心问题，如 IaaS 很大程度上仍然只是提供机器和系统，需要自己把控资源的管理、分配和监控，没有减少使用成本，对各种业务应用的支持也非常有限；而 PaaS 的侧重点是提供对主流应用平台的支持，其没有统一的服务接口标准，不能满足个性化的需求。CaaS 的提出可谓是应运而生，以容器为中心的 CaaS 很好地将底层的 IaaS 封装成一个大的资源池，用户只要把自己的应用部署到这个资源池中，不再需要关心资源的申请、管理，以及与业务开发无关的事情。

12.3.3 云计算的优势与挑战

1. 云计算的优势

(1) 超大规模。"云"具有相当的规模,例如,Google 云计算已经拥有 100 多万台服务器,Amazon、IBM、微软、Yahoo 等的云均拥有几十万台服务器。企业私有云一般拥有数百上千台服务器。"云"能赋予用户前所未有的计算能力。

(2) 虚拟化。云计算支持用户在任意位置、使用任意终端获取应用服务。所请求的资源来自云,而不是固定的、有形的实体。应用在云中某处运行,但实际上用户无须了解,也不用担心应用运行的具体位置。只需要一台笔记本电脑或者一部智能手机,就可以通过网络服务来实现需要的一切,甚至包括超级计算这样的任务。

(3) 高可靠性。云使用了数据多副本容错、计算节点同构可互换等措施来保障服务的高可靠性,使云计算比本地计算机更可靠。

(4) 通用性。云计算不针对特定的应用,在云的支撑下可以构造出千变万化的应用,同一个云可以同时支撑不同的应用运行。

(5) 高可扩展性。云的规模可以动态伸缩,满足应用和用户规模增长的需要。

(6) 按需服务。云是一个庞大的资源池,可以按需购买;云可以像自来水、电、煤气那样计费。

(7) 极其廉价。由于云的特殊容错措施可以采用极其廉价的节点来构成云,云的自动化集中式管理使大量企业无须负担日益高昂的数据中心管理成本,云的通用性使资源的利用率较之传统系统大幅提升,因此用户可以充分享受云的低成本优势,经常只要花费几百美元、几天时间就能完成以前需要数万美元、数月时间才能完成的任务。

虽然我们看到云计算在国内的广阔前景,但也不得不面对一个现实,云计算需要应对众多的客观挑战,才能够逐渐发展成为一个主流的架构。

2. 云计算所面临的挑战

(1) 服务的持续可用性。云服务都是部署及应用在因特网上的,用户难免会担心是否服务一直都可以使用。就像银行一样,储户把钱存入银行是基于对银行倒闭的可能性极小的信任。对一些特殊用户(如银行、航空公司)来说,他们需要云平台提供一种 7×24 的服务。而遗憾的是,微软公司的 Azure 平台在 2014 年 9 月运行期间发生的一次故障影响了 10 种服务,包括云服务、虚拟机和网站,直到两个小时之后,才开始处理宕机和中断问题;Google 的某些功能在 2009 年 5 月 14 日停止服务两小时;亚马逊在 2011 年 4 月故障 4 天。这些网络运营商的停机在一定程度上制约了云服务的发展。

(2) 服务的安全性。云计算平台的安全问题由两方面构成。一是数据本身的保密性和安全性。因为云计算平台,特别是公共云计算平台的一个重要特征就是开放性,各种应用整合在一个平台上,对于数据泄漏和数据完整性的担心都是云计算平台要解决的问题。这就需要从软件解决方案、应用规划角度进行合理而严谨的设计。二是数据平台上软硬件的安全性。如果由于软件错误或者硬件崩溃,导致应用数据损失,都会降低云计算平台的效能。这就需要采用可靠的系统监控、灾难恢复机制以确保软硬件系统的安全运行。

(3) 服务的迁移。如果一个企业不满意现在所使用的云平台,那么它可以将现有数据迁移到另一个云平台上吗?如果企业绑定了一个云平台,当这个平台提高服务价格时,它又有多少讨价还价的余地呢？虽然不同的云平台可以通过 Web 技术等方式相互调用对方平台上的服务，但在现有技术基础上还是会面对数据不兼容等各种问题，使服务的迁移非常困难。

(4) 服务的性能。既然云计算通过因特网进行传输，那么网络带宽就成为云服务质量的决定性因素。如果有大量数据需要传输的时候，云服务的质量就不会那么理想。当然，随着网络设备的飞速发展，带宽问题将不会成为制约云计算发展的因素。

12.3.4 云计算与大数据

大数据正在引发全球范围内深刻的技术和商业变革。如同云计算的出现，大数据也不是一个突然而至的新概念。"云计算和大数据是一个硬币的两面，云计算是大数据的 IT 基础，而大数据是云计算的一个杀手级应用。"百度总裁张亚勤说。云计算是大数据成长的驱动力，而另一方面，由于数据越来越多，越来越复杂，越来越实时，这就更加需要云计算去处理，所以二者之间是相辅相成的。

30 多年前，存储 1TB 数据的成本大约是 16 亿美元，如今存储到云上只需不到 100 美元，但存储下来的数据，如果不以云计算的模式进行挖掘和分析，就只是僵死的数据，没有太大价值。目前，云计算已经普及并成为 IT 行业主流技术，其实质是在计算量越来越大、数据越来越多、越来越动态、越来越实时的需求背景下被催生出来的一种基础架构和商业模式。个人用户将文档、照片、视频、游戏存档记录上传至"云"中永久保存，企业客户根据自身需求，可以搭建自己的"私有云"，或者托管、租用"公有云"上的 IT 资源与服务。可以说，云是一棵挂满了大数据的苹果树。

本质上，云计算与大数据的关系是静与动的关系。云计算强调的是计算，这是动的概念；而数据则是计算的对象，是静的概念。如果结合实际的应用，前者强调的是计算能力，或者看重的是存储能力。但是这样说，并不意味着两个概念就如此泾渭分明。一方面，大数据需要处理大数据的能力(数据获取、清洗、转换、统计等能力)，其实就是强大的计算能力；另一方面，云计算的动也是相对而言，如基础设施即服务中的存储设备提供的主要是数据存储能力，所以可谓是动中有静。

云计算为大数据带来的变化如下。

首先，云计算为大数据提供了可以弹性扩展、相对便宜的存储空间和计算资源，使得中小企业也可以像亚马逊公司一样通过云计算来完成大数据分析。

其次，云计算 IT 资源庞大，分布较为广泛，是异构系统较多的企业及时准确处理数据的有力方式，甚至是唯一方式。

当然，大数据要走向云计算还有赖于数据通信带宽的提高和云资源的建设，需要确保原始数据能迁移到云环境，以及资源池可以随需弹性扩展。

12.4 物联网

12.4.1 物联网简介

物联网技术的定义：通过射频识别(RFID)、红外感应器、全球定位系统、激光扫描器等信息传感设备,按约定的协议,将任何物品与因特网相连接,进行信息交换和通信,以实现智能化识别、定位、追踪、监控和管理的一种网络技术。"物联网技术"的核心和基础仍然是"因特网技术",是在因特网技术基础上的延伸和扩展的一种网络技术,其用户端延伸和扩展到了任何物品和物品之间,进行信息交换和通信。

在物联网应用中有三项关键技术。

(1) 传感器技术,也是计算机应用中的关键技术。例如,许多智能手机、虚拟现实头盔和汽车内部导航系统。它们包含 3 个传感器,即加速度计(见图 12-16)、陀螺仪和磁强计。

(2) RFID。RFID 技术融合了无线射频技术和嵌入式技术,在自动识别、物品物流管理有着广阔的应用前景。

(3) 嵌入式系统技术。嵌入式系统是综合了计算机软硬件、传感器技术、集成电路技术、电子应用技术为一体的复杂技术。经过几十年的演变,以嵌入式系统为特征的智能终端产品随处可见;小到人们身边的 MP3,大到航天航空的卫星系统。嵌入式系统正在改变着人们的生活,推动着工业生产及国防工业的发展。

图 12-16 智能手机中的加速度计

12.4.2 物联网的应用

物联网可以被用于多种多样的领域,常见的有以下几个领域。

1. 农业

(1) 农业标准化生产监测:将农业生产中最关键的温度、湿度、二氧化碳含量、土壤温度、土壤含水率等数据信息实时采集,实时掌握农业生产的各种数据。

(2) 动物标识溯源:实现各环节一体化全程监控、达到动物养殖、防疫、检疫和监督的有效结合,对动物疫情和动物产品的安全事件进行快速、准确的溯源和处理。

(3) 水文监测:包括传统近岸污染监控、地面在线检测、卫星遥感和人工测量为一体,为水质监控提供统一的数据采集、数据传输、数据分析、数据发布平台,为湖泊观测和成灾机理的研究提供实验与验证途径。

2. 工业

(1) 电梯安防管理系统:通过安装在电梯外围的传感器采集电梯正常运行、冲顶、蹲底、停电、关人等数据,并经无线传输模块将数据传送到物联网的业务平台。

(2) 输配电设备监控、远程抄表：基于移动通信网络，实现所有供电点及受电点的电力电量信息、电流电压信息、供电质量信息及现场计量装置状态信息实时采集，以及用电负荷远程控制。

(3) 企业一卡通：基于 RFID 的大中小型企事业单位的门禁、考勤及消费管理系统；校园一卡通及学生信息管理系统等。

3. 服务业

(1) 个人保健：人身上可以安装不同的传感器，对人的健康参数进行监控，并且实时传送到相关的医疗保健中心，如果有异常，保健中心会通过手机提醒体检。

(2) 智能家居(见图 12-17)：以计算机技术和网络技术为基础，包括各类消费电子产品、通信产品、信息家电及智能家居等，完成家电控制和家庭安防功能。

图 12-17　智能家居系统

(3) 智能物流(见图 12-18)：通过移动网络提供数据传输，以实现物流车载终端与物流公司调度中心的通信，实现远程车辆调度，实现自动化货仓管理。

图 12-18　智能物流系统

(4) 移动电子商务：实现手机支付、移动票务、自动售货等功能。

(5) 机场防入侵(见图12-19)：铺设传感节,覆盖地面、栅栏和低空探测,防止人员的翻越、偷渡、恐怖袭击等攻击性入侵。

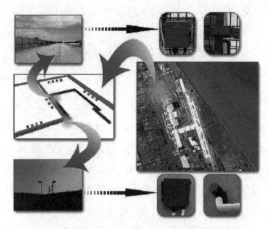

图 12-19　机场防入侵系统

4. 公共事业

(1) 智能交通：通过物联网定位、监控车辆运行状态,关注车辆预计到达时间及车辆的拥挤状态。

(2) 平安城市：利用监控探头,实现图像敏感性智能分析并与公安、医院、消防等系统交互,从而构建和谐安全的城市生活环境。

(3) 城市管理：运用地理编码技术,实现城市区域的分类、分项管理,可实现对城市管理问题的精确定位。

(4) 环保监测：将传统传感器所采集的各种环境监测信息,通过无线传输设备传输到监控中心,进行实时监控和快速反应。

(5) 医疗卫生：远程医疗、药品查询、卫生监督、急救及探视视频监控。

12.4.3　物联网安全

物联网的安全和因特网的安全问题一样,永远都会是一个被广泛关注的话题。由于物联网连接和处理的对象主要是机器或物及相关的数据,其"所有权"特性导致物联网信息安全要求比以处理"文本"为主的因特网要高,对"隐私权"保护的要求也更高,此外还有可信度问题,包括"防伪"和拒绝服务(即用伪造的终端侵入系统,造成真正的物联网终端无法使用等),因此物联网安全是一个极为重要的课题。

物联网系统的安全除了包含IT系统的8个安全尺度(读取控制、隐私保护、用户认证、不可抵赖性、数据保密性、通信层安全、数据完整性、随时可用性),还面临着特有的挑战。

(1) 四大类(有线长距离、有线短距离、无线长距离、无线短距离)网络相互连接组成的异构、多级、分布式网络导致统一的安全体系难以实现"桥接"和过度。

(2) 设备大小不一,存储和处理能力的不一致导致安全信息的传递和处理难以统一。

(3) 设备可能无人值守,丢失,处于运动状态,连接可能时断时续,可信度差,种种这些因素增加了信息安全系统设计和实施的复杂度。

(4) 在保证一个智能物件要被数量庞大,甚至未知的其他设备识别和接受的同时,又要同时保证其信息传递的安全性和隐私权。

(5) 多用户单一实例服务器的 SaaS 模式对安全框架的设计提出了更高的要求。

目前对于物联网安全的研究和产品开发仍处于起步阶段。

12.5 虚拟现实

12.5.1 虚拟现实简介

虚拟现实(Virtual Reality,VR)是利用计算机模拟产生一个三维空间的虚拟世界,提供用户关于视觉等感官的模拟,让用户感觉仿佛身历其境,可以及时、没有限制地观察三维空间内的事物。用户进行位置移动时,计算机可以立即进行复杂的运算,将精确的三维世界视频传回产生临场感。该技术集成了计算机图形、计算机仿真、人工智能、感应、显示及网络并行处理等技术的最新发展成果,是一种由计算机技术辅助生成的高技术模拟系统。

虚拟现实系统的基本特征可以用 3 个 i 来形容:沉浸(immersion)、交互(interaction)、构想(imagination)。这 3 个特征强调了在虚拟现实系统中的人的主导作用:从过去人只能从计算机系统的外部去观测处理的结果,到人能够沉浸到计算机系统所创建的环境中;从过去人只能通过键盘、鼠标与计算环境中的单维数字信息发生作用,到人能够用多种传感器与多维信息的环境发生交互作用;从过去的人只能以定量计算为主的结果中启发从而加深对事物的认识,到人有可能从定性和定量综合集成的环境中得到感知和理性的认识从而深化概念和萌发新意。总之,在未来的虚拟现实系统中,人们的目的是使这个由计算机及其他传感器所组成的信息处理系统去尽量满足人的需要,而不是强迫人去适应计算机。

现在的大部分虚拟现实技术都是视觉体验,一般是通过计算机屏幕、特殊显示设备或立体显示设备获得的,不过一些仿真中还包含了其他的感觉处理,如从音响和耳机中获得声音效果。在一些高级的触觉系统中还包含了触觉信息,也称力反馈,在医学和游戏领域有这样的应用。人们与虚拟环境交互要么通过使用标准装置(如键盘与鼠标),要么通过仿真装置(如有线手套),要么通过情景手臂或全方位踏车。虚拟环境是可以和现实世界类似的,如飞行仿真和作战训练;也可以和现实世界有明显差异,如虚拟现实游戏等。就目前的实际情况来说,它还很难形成一个高逼真的虚拟现实环境,这主要是技术上的限制造成的,这些限制来自计算机处理能力,图像分辨率和通信带宽。然而,随着时间的推移,处理器、图像和数据通信技术变得更加强大,并具有成本效益,这些限制将最终被克服。

虚拟现实是多种技术的综合,其关键技术和研究内容包括以下几个方面。

1. 环境建模技术

环境建模技术即虚拟环境的建立,目的是获取实际三维环境的三维数据,并根据应用的需要,利用获取的三维数据建立相应的虚拟环境模型。

2. 立体声合成和立体显示技术

在虚拟现实系统中,消除声音的方向与用户头部运动的相关性,同时在复杂的场景中实时生成立体图形。

3. 触觉反馈技术

在虚拟现实系统中,让用户能够直接操作虚拟物体并感觉到虚拟物体的反作用力,从而产生身临其境的感觉。

4. 交互技术

在虚拟现实系统中,人机交互远远超出了键盘和鼠标的传统模式,利用数字头盔、数字手套等复杂的传感器设备,三维交互技术与语音识别、语音输入技术成为重要的人机交互手段。

5. 系统集成技术

由于虚拟现实系统中包括大量的感知信息和模型,因此系统的集成技术为重中之重,包括信息同步技术、模型标定技术、数据转换技术、识别和合成技术等。

常常和虚拟现实一同被提起的还有增强现实和混合现实。与虚拟现实类似,增强现实同样需要配备显示设备,但与虚拟现实完全沉浸到虚拟世界中不同,增强现实(Augmented Reality,AR)的目标是在真实世界中叠加虚拟内容,如文字通知、虚拟图像等,如图 12-20 和图 12-21 所示。混合现实(Mixed Reality,MR)则介于 VR 和 AR 之间,试图把两者的优点集于一身。如果说 AR 的主体还是真实世界的话,那么 MR 就是将真实世界和虚拟世界混合在一起以产生新的可视化环境。严格来说,AR 也是 MR 的一种表现形式。MR 的典型例子如精灵宝可梦 Go,如图 12-22 所示。

图 12-20 基于增强现实的地点标注

图 12-21 基于增强现实的 3D 渲染

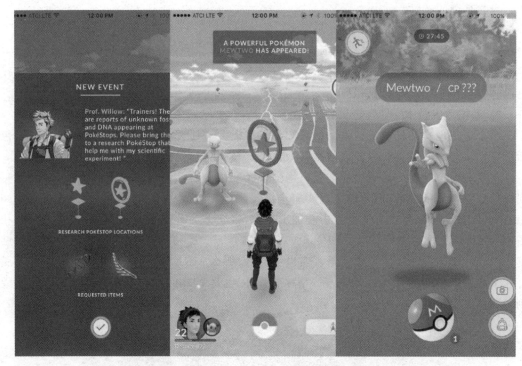

图 12-22 精灵宝可梦 Go

12.5.2 虚拟现实的应用

虚拟现实技术在多种多样的领域有着丰富的应用,常见的有以下几种领域。

1. 医学

虚拟现实技术在医学方面的应用具有十分重要的现实意义。在虚拟环境中,可以建立虚拟的人体模型,借助于跟踪球、头盔显示器(见图 12-23)、感觉手套(见图 12-24),学生可以很容易了解人体内部各器官结构,这比现有的采用教科书的方式要有效得多。借助于头盔显示器及感觉手套,使用者可以对虚拟的人体模型进行手术。但该系统有待进一步改进,如需提高环境的真实感,增加网络功能,使其能同时培训多个使用者,或者可在外地专家的指导下工作等。

图 12-23 虚拟现实头盔显示器

图 12-24 虚拟现实感觉手套

在医学院校，学生可在虚拟实验室中，进行"尸体"解剖和各种手术练习。由于应用这项技术不受标本、场地等的限制，因此培训费用大大降低。一些用于医学培训、实习和研究的虚拟现实系统，仿真程度非常高，其优越性和效果是不可估量和不可比拟的，如图12-25所示。例如，导管插入动脉的模拟器，可以使学生反复实践导管插入动脉时的操作；眼睛手术模拟器，根据人眼的前眼结构创造出三维立体图像，并带有实时的触觉反馈，学生利用它可以观察模拟移去晶状体的全过程，并观察到眼睛前部结构的血管、虹膜和巩膜组织及角膜的透明度等。还有麻醉虚拟现实系统、口腔手术模拟器等。

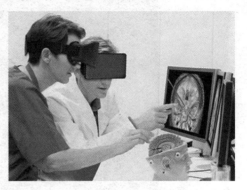

图 12-25　虚拟现实手术训练

外科医生在真正动手术之前，通过虚拟现实技术的帮助，能在显示器上重复地模拟手术，移动人体内的器官，寻找最佳手术方案并提高熟练度。在远距离遥控外科手术，复杂手术的计划安排，手术过程的信息指导，手术后果预测及改善残疾人生活状况，乃至新药研制等方面，虚拟现实技术都能发挥十分重要的作用。

2. 娱乐与艺术

丰富的感觉能力与3D显示环境使得虚拟现实成为理想的视频游戏工具。由于在娱乐方面对虚拟现实的真实感要求不是太高，因此近些年来虚拟现实在该方面发展最为迅猛，如图12-26所示。例如，芝加哥开放了世界上第一台大型可供多人使用的虚拟现实娱乐系统，其主题是关于3025年的一场未来战争；英国开发的称为"Virtuality"的虚拟现实游戏系统，配有头盔显示器，大大增强了真实感。另外，在家庭娱乐方面虚拟现实也显示出了很好的前景。

图 12-26　虚拟现实游戏

作为传输显示信息的媒体，虚拟现实在未来艺术领域方面所具有的潜在应用能力也不可低估，如图12-27所示。虚拟现实所具有的临场参与感与交互能力可以将静态的艺术（如油画、雕刻等）转化为动态的，可以使观赏者更好地欣赏作者的思想艺术。另外，虚拟现实提高了艺术表现能力，如一个虚拟的音乐家可以演奏各种各样的乐器，手足不便的人或远在外地的人可以在他生活的居室中去虚拟的音乐厅欣赏音乐会等。

图 12-27　虚拟现实艺术博物馆

对艺术的潜在应用价值同样适用于教育,如在解释一些复杂的、系统抽象的概念(如量子物理)等方面,VR 是非常有力的工具。Lofin 等人在 1993 年建立了一个"虚拟的物理实验室",如图 12-28 所示,用于解释某些物理概念,如位置与速度、力量与位移等。

图 12-28　虚拟的物理实验室

3. 军事航天

模拟训练一直是军事与航天工业中的一个重要课题,这为虚拟现实技术提供了广阔的应用前景,如图 12-29 所示。美国国防部高级研究计划局 DARPA 自 20 世纪 80 年代起一直致力于研究称为 SIMNET 的虚拟战场系统,以提供坦克协同训练,该系统可连接 200 多台模拟器。另外,利用虚拟现实技术,可模拟零重力环境,以取代标准的水下训练宇航员的方法。

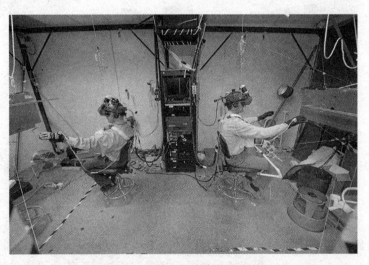

图 12-29　虚拟现实宇航员训练

4. 室内设计

虚拟现实不仅仅是一个演示媒体,而且还是一个设计工具。它以视觉形式反映了设计者的思想,如装修房屋之前,首先要做的事是对房屋的结构、外形做细致的构思,为了使之定量化,还需设计许多图纸,当然这些图纸只有内行人才能读懂,虚拟现实可以把这种构思变成看得见的虚拟物体和环境,使以往只能借助传统的设计模式提升到数字化的即看即所得的完美境界,大大提高了设计和规划的质量与效率。运用虚拟现实技术,设计者可以完全按照自己的构思去构建装饰"虚拟"的房间,并可以任意变换自己在房间中的位置,去观察设计的效果,直到满意为止,如图 12-30 所示。这既节约了时间,又节省了做模型的费用。

图 12-30 虚拟现实室内设计

5. 房产开发

随着房地产业竞争的加剧,传统的展示手段如平面图、表现图、沙盘、样板房等已经远远无法满足消费者的需要。虚拟现实技术是集影视广告、动画、多媒体、网络科技于一身的最新型的房地产营销方式,在国内的广州、上海、北京等大城市,国外的加拿大、美国等经济和科技发达的国家都非常热门,是当今房地产行业一个综合实力的象征和标志。通过虚拟现实技术,房产商可对项目周边配套、内部业态分布等进行详细剖析展示,由外而内表现项目的整体风格,并可通过鸟瞰、内部漫游、自动动画播放等形式对项目逐一展示,增强了讲解过程的完整性和趣味性。

6. 工业仿真与应急演练

虚拟现实已经被世界上一些大型企业广泛地应用到工业的各个环节,对企业提高开发效率,加强数据采集、分析、处理能力,减少决策失误,降低企业风险起到了重要的作用。虚拟现实技术的引入,将使工业设计的手段和思想发生质的飞跃,更加符合社会发展的需要,可以说在工业设计中应用虚拟现实技术是可行且必要的。一些工业仿真的例子包括石油、电力、煤炭行业多人在线应急演练,消防应急演练等,如图 12-31 所示。

7. 文物古迹

利用虚拟现实技术,并结合网络技术,可以将文物的展示、保护提高到一个崭新的阶段,甚至可以重现古迹的昔日风采,如图 12-32 所示。首先,表现在将文物实体通过影像数据采集手段,建立起实物三维或模型数据库,保存文物原有的各项形式数据和空间关系等重要资源,实现濒危文物资源的科学、高精度和永久的保存;其次,利用这些技术来提高文物修复的精度和预先判断、选取将要采用的保护手段,同时可以缩短修复工期。通过计算机网络来整合统一大范围内的文物资源,并且通过网络在大范围内来利用虚拟现实技术更加全面、生

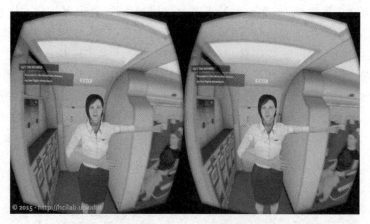

图 12-31　虚拟现实应急演练

动、逼真地展示文物，从而使文物脱离地域限制，实现资源共享，真正成为全人类可以"拥有"的文化遗产。使用虚拟现实技术可以推动文博行业更快地进入信息时代，实现文物展示和保护的现代化。

图 12-32　虚拟现实重现圆明园

8．城市规划

用 VR 技术不仅能十分直观地表现虚拟的城市环境，而且能很好地模拟各种天气情况下的城市，可以一目了然地了解排水系统、供电系统、道路交通、沟渠湖泊等；能模拟飓风、火灾、水灾、地震等自然灾害的突发情况。对于政府在城市规划的工作中起到了举足轻重的作用。

12.5.3　虚拟现实面临的挑战

尽管虚拟现实有着丰富的应用前景，但是从现在来看，虚拟现实技术想要真正进入消费级市场，还有一段很长的路要走。虚拟现实仍然面临着诸多挑战。

(1) 没有真正进入虚拟世界的方法。在虚拟现实头盔 Oculus Rift 开发圈有一个著名的笑话，每当有人让使用者站起来走走时，对方通常都不敢轻易走动，因为 Oculus Rift 还依然要通过线缆连接到计算设备上，而这也大幅度限制了使用者的活动范围，包括 Oculus Rift 在内的各种虚拟现实装备依然在阻挡着用户和虚拟世界之间的交流。这些装置盖住了我们的眼睛，只是改变了我们的视线，但是并非涵盖了我们所有的视野范围。本来笨手笨脚的配合鼠标和键盘使用就已经非常尴尬，而任何尝试大范围移动的行为都会被各种线缆束缚。

（2）如何互动。Oculus Rift 只是对用户的头部进行跟踪，但是并不能追踪身体的其他部位。例如，玩家的手部动作现在就无法真正模拟。虽然有控制器、手套等辅助设备，但是人们需要的是一种专门为虚拟现实设备开发的专用输入设备，并且会成为主流。它不一定很完美，但是必须要超越一把剑、一支枪，甚至是一双手。这是非常困难的。

（3）缺乏统一的标准。虚拟现实技术目前仍处于初级阶段，虽然许多开发者对虚拟现实充满了热情，但是似乎大家都没有一个统一的标准。

（4）容易让人感到疲劳。所有游戏开发商或电影制作公司都应该了解如何在虚拟现实场景中合理地使用摄像机。移动着观看和静坐观看，两者带来的体验是截然不同的。镜头的加速移动，就会带来不同的焦点，而这些如果运用不当，就会给用户带来恶心的感觉，甚至如果镜头移动的过于迅速，直接会暂时影响用户的视力。

（5）外形不美观。目前的虚拟现实头盔、手套等佩戴起来非常笨重并且不自然，甚至看起来不美观。

12.6 区 块 链

12.6.1 区块链简介

区块链（blockchain）是用分布式数据库识别、传播和记载信息的智能化对等网络，也称为价值因特网。从狭义来讲，区块链是一种按照时间顺序将数据区块以顺序相连的方式组合成的一种链式数据结构，并以密码学方式保证的不可篡改和不可伪造的分布式账本。从广义来讲，区块链技术是利用块链式数据结构来验证与存储数据、利用分布式节点共识算法来生成和更新数据、利用密码学的方式保证数据传输和访问的安全、利用由自动化脚本代码组成的智能合约来编程和操作数据的一种全新的分布式基础架构与计算方式。2008年，中本聪在《比特币白皮书》中提出了"区块链"概念，并在 2009 年创立了比特币社会网络，开发出第一个区块，即"创世区块"。

区块链是一连串包含信息的区块，如图 12-33 所示。每个区块包含了数据、该区块的哈希值及前一个区块的哈希值。哈希值可以理解为指纹，它唯一表示了区块及区块中的内容，在区块创建时被计算出来。如果区块包含的信息被改变，其对应的哈希值也会发生变化。由于每一个区块都记载了前一个区块的哈希值（除了创世区块外），一旦某个区块的内容被篡改，该区块的哈希值也会对应改变，此时便会与下一个区块对前一个区块的哈希值记录产生冲突；而简单改变下一个区块对前一个区块的哈希值记录也是不可行的——该记录也是区块包含信息的一部分，因此该记录的改变会导致区块本身哈希值的改变。换言之，改变一个区块会使后面的所有区块无效。区块链就是使用这种"链式验证"的方法确保数据的真实性。

图 12-33　区块链

然而,仅仅使用哈希值并不能完全防止被篡改——如今计算机的运算速度非常快,在篡改一个区块内容后可以在短时间内重新计算出所有后续区块的哈希值。因此需要用一种额外的技术来增强区块链的安全性,即"共识机制"。

所谓共识机制,是通过特殊节点的投票,在很短的时间内完成对交易的验证和确认;对一笔交易,如果利益不相干的若干个节点能够达成共识,我们就可以认为全网对此也能够达成共识。对于比特币来说,其共识机制为工作量证明,即需要先计算完成某个复杂的随机哈希散列数值,才能记录新区块的数值。当新区块被创建时,这个区块会被发送给所有节点以便验证其真实性,只有得到超过50%节点认同的新区块才会被增加到各个节点自己的区块链上。工作量证明可以减慢新区块的创建速度,以增强区块链的安全性。除了工作量证明机制外,还有权益证明机制、股份授权证明机制、Pool验证池等共识机制。

区块链具有以下特性。

(1) 分布式账本,即交易记账由分布在不同地方的多个节点共同完成,而且每一个节点都记录的是完整的账目,因此它们都可以参与监督交易合法性,同时也可以共同为其作证。不同于传统的中心化记账方案,没有任何一个节点可以单独记录账目,从而避免了单一记账人被控制或者被贿赂而记假账的可能性。另一方面,由于记账节点足够多,理论上讲除非所有的节点被破坏,否则账目就不会丢失,从而保证了账目数据的安全性。

(2) 非对称加密和授权技术,存储在区块链上的交易信息是公开的,但是账户身份信息是高度加密的,只有在数据拥有者授权的情况下才能访问到,从而保证了数据的安全和个人的隐私。

(3) 共识机制。只有在控制了全网超过50%的记账节点的情况下,才有可能伪造出一条不存在的记录。当加入区块链的节点足够多时,这基本上不可能,从而杜绝了造假的可能。

12.6.2 区块链的应用

区块链可以用于多种多样的领域,常见的有以下几个领域。

(1) 艺术行业。艺术家可以使用区块链来声明所有权,发行可编号、限量版的作品,甚至可以进行买卖而无须任何中介服务。

(2) 法律行业。区块链可以负责公正、验证证书、知识产权的真实性。

(3) 公共网络服务。例如,基于区块链的域名服务系统,以增强域名解析的安全性。

(4) 金融、保险行业。区块链提供的可信度可以简化金融、保险行业的复杂验证流程。

(5) 物流供应链。区块链提供的透明可靠的统一信息平台可以减少供应链中不同实体之间的交流成本,提高供应链管理的效率。

12.7 5G

12.7.1 5G简介

5G,即第五代移动通信技术,是4G之后的延伸。与2G、3G、4G不同的是,5G并不是独立的、全新的无线接入技术,而是对现有无线接入技术(包括2G、3G、4G和Wi-Fi)的技术演进,以及一些新增的补充性无线接入技术集成解决方案的总称,如图12-34所示。从某种程度上讲,5G将是一个真正意义上的融合网络。以统一的标准,提供人与人、人与物,以及物与物之间高速、安全和自由的联通。

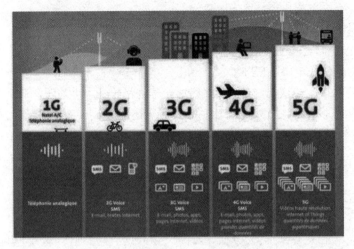

图12-34　5G

对于普通用户来说,5G带来的最直观感受将是网速的极大提升。目前4G/LTE的峰值传输速率达到100Mbps,而5G的峰值速率将达到10Gbps。换句话说,5G的数据下载速度是4G/LTE的100倍。

从专业角度来讲,除了要满足超高速的传输需求外,5G还需满足超大带宽、超高容量、超密站点、超可靠性、随时随地可接入性等要求。因此,通信界普遍认为,5G是一个广带化、泛在化、智能化、融合化、绿色节能的网络。

美国国家仪器公司于2012年8月宣布将与德累斯顿工业大学合作,使用NI LabVIEW系统设计软件对5G无线系统的新技术进行探索。德国、新加坡、法国等国家的运营商也都开始了战略布局。

2013年5月13日,韩国三星电子有限公司宣布已成功开发第5代移动通信技术(5G)的核心技术,这一技术预计将于2020年开始推向商业化。该技术可在28GHz超高频段以每秒1GB以上的速度传送数据,且最长传送距离可达2km。与韩国目前4G技术的传送速度相比,5G技术要快数百倍。利用这一技术,下载一部高画质HD电影只需一秒钟。

中国工信部电信研究院标准所所长王志勤对外透露,工信部电信研究院已经启动了对于5G技术的研究工作。华为公司一位不愿透露姓名的工程师透露:"华为在海外已经建立了16个独立的研发中心,2009年就开始研发5G,目前已有数百人的研发团队投入研究,已经在通信基础研究领域进入了世界第一梯队。"华为在2013年11月6日宣布将在2018年前投资6亿美元对5G的技术进行研发与创新,并预言在2020年用户会享受到20Gbps的商用5G移动网络。

12.7.2　5G规范

下一代移动网络联盟(Next Generation Mobile Networks Alliance)定义了5G网络的以下要求。

(1) 以 10Gbps 的数据传输速率支持数万用户。

(2) 以 1Gbps 的数据传输速率同时提供给在同一楼办公的许多人员。

(3) 支持数十万的并发连接以用于支持大规模传感器网络的部署。

(4) 频谱效率应当相比 4G 显著增强。

(5) 覆盖率比 4G 有所提高。

(6) 信令(指控制交换机动作的操作命令)效率应得到加强。

(7) 延迟应显著低于 4G/LTE。

下一代移动网络联盟认为，5G 应会在 2020 年陆续推出，以满足企业和消费者的需求。除了简单的提供更快的速度外，他们预测 5G 网络还需要满足新的使用案例需求，如物联网(网络设备建筑物或 Web 访问的车辆)、广播类服务，以及在发生自然灾害时的生命线通信。

小　　结

本章主要介绍了人工智能、大数据、云计算、物联网、虚拟现实、区块链与 5G 等新技术。通过对本章的学习，读者应能够了解新技术领域的基础概念，并可以对新技术领域的前景有基本的判断。

习　　题

第 12 章在线测试题

一、判断题

1. 自然语言处理是人工智能和语言学领域的分支学科。　　　　　　　　　　(　　)
2. 机器学习方法可以分为监督学习和非监督学习两大类。　　　　　　　　　(　　)
3. 通过了图灵测试就完全可以说明计算机理解了交谈的语言。　　　　　　　(　　)
4. 大数据通常是由人工生成的。　　　　　　　　　　　　　　　　　　　　(　　)
5. "云"按使用主体来分可分为公有云、私有云和混合云。　　　　　　　　　(　　)
6. 在 PaaS 中，用户可以完全控制整个系统。　　　　　　　　　　　　　　(　　)
7. 物联网技术的核心和基础是"因特网技术"。　　　　　　　　　　　　　　(　　)
8. 虚拟现实只提供视觉感官的模拟。　　　　　　　　　　　　　　　　　　(　　)
9. 在区块链中，每一个区块都存储了前一个区块的哈希值。　　　　　　　　(　　)
10. 5G 是独立的、全新的无线接入技术。　　　　　　　　　　　　　　　　(　　)

二、选择题

1. 以下属于人工智能研究方向的是(　　)。
   A. 知识表示　　　　B. 机器学习　　　　C. 演绎　　　　D. 以上都是
2. "AlphaGo"属于(　　)。
   A. 弱人工智能　　　B. 强人工智能　　　C. 超人工智能　　D. 以上都不是
3. 批处理计算是属于(　　)。
   A. 大数据计算模式　　　　　　　　　　B. 大数据可视化
   C. 大数据存储与管理　　　　　　　　　D. 大数据采集与预处理

4. 以下属于大数据特点的是(　　)。
   A. 体量　　　　B. 多样　　　　C. 速率　　　　D. 以上都是
5. Google 地图属于云计算中的(　　)。
   A. 基础设施　　B. 应用　　　　C. 服务　　　　D. 客户端
6. Docker 容器属于(　　)。
   A. SaaS　　　　B. CaaS　　　　C. PaaS　　　　D. IaaS
7. 以下属于物联网关键技术的是(　　)。
   A. RFID　　　　B. 传感器　　　C. 嵌入式系统　D. 以上都是
8. 以下属于虚拟现实系统特征的是(　　)。
   A. 通用性　　　B. 高可靠性　　C. 沉浸　　　　D. 以上都是
9. 工作量证明属于区块链的(　　)。
   A. 非对称加密和授权技术　　　　B. 共识机制
   C. 分布式账本　　　　　　　　　D. 以上都不是
10. 5G 的峰值速率是(　　)。
    A. 100Gbps　　B. 10Gbps　　　C. 1Gbps　　　　D. 100Mbps

三、思考题

1. 人工智能、机器学习与深度学习之间有什么关系与区别？
2. 估计一下人类有史以来的数据总量是多少？搜索一下看和估计的数值差距如何？
3. 自动驾驶汽车算不算物联网技术？
4. 查阅更多资料以便深刻了解虚拟现实、增强现实、混合现实之间的联系与区别。
5. 区块链和比特币是什么关系？
6. 查一查区块链有哪些已经投入使用的应用？思考一下它们的前景如何。

第 13 章　计算机编程

本章主要介绍计算机编程的相关知识,包括编程基础知识、计算机编程和软件工程的区别、编程语言和范例,以及编程工具等。通过本章的学习,读者应能够了解计算机编程的过程和编程范例的原理。

13.1　编程基础知识

本节主要介绍与编程相关的基础知识,如计算机编程和软件工程的区别、编程语言和范例、编程流程等。

13.1.1　计算机编程和软件工程

在计算机的世界中,程序是由一行行的代码构成的——这些代码指示计算机按部就班地完成任务。

程序的代码量与程序的功能密切相关,简单的程序(如计算器、进制转换)只需要几十或上百行代码,而复杂的程序(如操作系统),可能会包含数千万行代码。但需要注意的是,对于程序,并不是代码量越多,程序就越好;对于软件工程师或计算机程序员,也并不是每天能编写的代码行数越多,技术就越高超。事实上,即使是最高超的软件工程师,每天能编写、测试并存档的代码可能也只有 20 行,但这短短的 20 行可能就会使整个程序的效率大幅度提高。

在日常生活中,人们常常把软件工程师和计算机程序员混为一谈,尽管它们有交集,但实际上它们是不同的两个职业——计算机程序员负责计算机编程;而软件工程师负责软件工程。

计算机编程包括程序的设计、编码、测试和程序文档编写,计算机程序员更关注于编写代码的过程;而软件工程类似于前面介绍的信息系统的分析与设计,常应用于大型软件项目上,软件工程师也能进行代码的编写,但他们更关注于设计和测试的工作。相比计算机程序员,软件工程师需要更高的数学和计算机科学基础——当编写一个搜索程序时,计算机程序员可能只是简单地遍历查找,而软件工程师则会考虑计算机体系结构和数据的特征,以便选择合适的数据结构来加快查找效率。

随着软件产业的飞速发展,软件工程和信息系统分析与设计的重叠面正逐渐增大。在目前看来两者的区别是:信息系统分析与设计关注于硬件、软件和人员等方面;而软件工程更关注于软件开发的过程。

13.1.2 编程语言和范例

编程语言俗称计算机语言,是一套关键字和语法规则,旨在生成计算机可以理解和执行的指令。前面介绍的 SQL 就是编程语言的一种,其他比较流行的编程语言如 Java、C++、Python、C♯等,如图 13-1 所示。

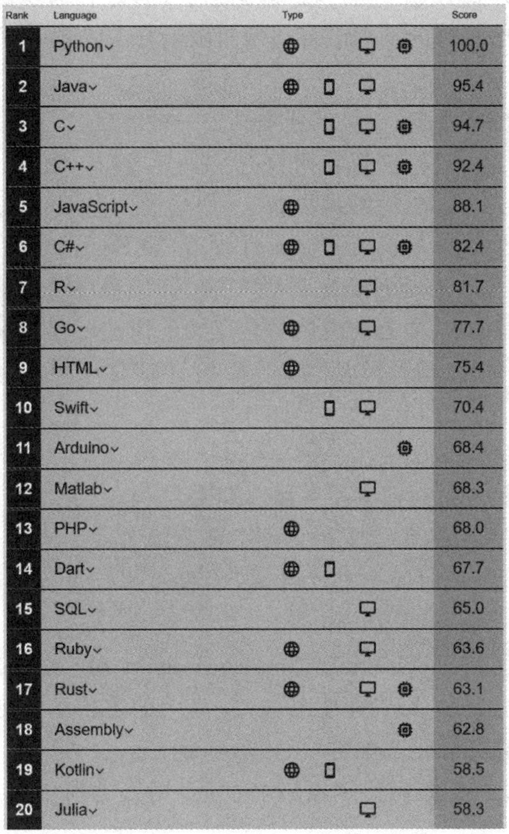

Rank	Language	Type	Score
1	Python	🌐	100.0
2	Java	🌐 📱 💻	95.4
3	C	💻 🖥	94.7
4	C++	💻 🖥	92.4
5	JavaScript	🌐	88.1
6	C#	🌐 📱 💻 🖥	82.4
7	R	💻	81.7
8	Go	🌐 💻	77.7
9	HTML	🌐	75.4
10	Swift	📱 💻	70.4
11	Arduino	🖥	68.4
12	Matlab	💻	68.3
13	PHP	🌐	68.0
14	Dart	🌐 📱	67.7
15	SQL	💻	65.0
16	Ruby	🌐 💻	63.6
17	Rust	🌐 💻 🖥	63.1
18	Assembly	🖥	62.8
19	Kotlin	🌐 📱	58.5
20	Julia	💻	58.3

图 13-1　2021 年年度编程语言排行榜(数据来源:IEEE Spectrum)

在编程语言编写的程序中,每行代码都由关键字和参数按照语法规则组合在一起。关键字是由对应编程语言的编译器或解释器预先定义的,每个关键字都有其特殊的含义,如 C++中的 if else、public、friend、extern 等。例如,代码:

```
enum weather {sunny, cloudy, rainy, windy};
```

其中,enum 是关键字,sunny、cloudy、rainy、windy 是参数,语句中的大括号、逗号和分号是 C++的语法规则。

编程语言可以按照多种方式进行分类,以下为几种常见分类。

1. 低级语言和高级语言

(1) 低级语言直接为最底层硬件编写指令,可分为机器语言和汇编语言。机器语言完全由 0、1 二进制字符串组成,可直接交由处理器处理;汇编语言稍微简便一些——它可以使用处理器提供的特有指令(如移位操作、简单的加减法)。编写低级语言是非常烦琐的过程,编写程序花费的时间往往是实际运行时间的几百倍甚至上万倍,且非常容易出错。

(2) 高级语言使用了符合人类语言的语法和关键字,通过使用容易理解的命令来代替难以理解的二进制代码或汇编代码——这一工作交由编译器或解释器进行。高级语言符合人类逻辑,方便进行编写与调试,并且一行代码可以代替几行甚至数十行低级语言代码,大大提高了编程效率。目前流行的编程语言都是高级语言。

2. 代次

编程语言的划代标准非常多,这里仅列举其中一种。

(1) 第一代编程语言(1GL),即机器语言。

(2) 第二代编程语言(2GL),即汇编语言。

(3) 第三代编程语言(3GL),高级程序设计语言,如 Fortran、Pascal、C、C++、Java。

(4) 第四代编程语言(4GL),更接近人类语言的高级程序设计语言,如 SQL。

(5) 第五代编程语言(5GL),目前有两种定义:一种是可视化编程语言,即利用可视化或图形化接口编程;另一种是自然语言,即最接近日常生活用语的编程语言,LISP 和 Prolog 正在向这方面靠近。

3. 编程范例

编程范例是指编程语言是如何将任务概念化和结构化,并据此解决任务的。编程范例之间并不冲突,即一种编程语言可以支持多种编程范例。

(1) 过程化编程:即强调时间上的线性,按照程序执行过程按部就班地编写代码。过程化编程语言如 BASIC、Pascal、Fortran 等。

(2) 面向对象编程(Object Oriented Programming,OOP):针对程序处理过程的实体及其属性和行为进行抽象封装,以获得更加清晰、高效的逻辑单元划分,程序由一系列的对象和方法构成。面向对象编程语言如 C++、Java。

(3) 说明性编程:专注于如何使用事实和规则,用人类易于理解的方式描述问题。说明性编程语言如 Prolog。

(4) 事件驱动编程:即用户的某种行为(如单击鼠标、屏幕手势)会触发相应的事件处理方法,如 Microsoft.NET 平台和苹果的 Cocoa 框架。

(5) 面向方面编程(Aspect Oriented Programming,AOP):针对程序处理过程中的切面进行提取,它所面对的是处理过程中的某个步骤或阶段,以降低逻辑过程中各部分之间的耦合性。AOP 与 OOP 的区别是:OOP 面向的是静态的实体;而 AOP 面向的是动态的动作。

13.1.3 程序设计

大多数需要通过计算机程序求解的问题都是模糊的,即用户一般只提出需求,而不关心如何达成需求。因此在程序编码前,软件工程师或计算机程序员需要先将需求抽象成可以用编程语言编写的逻辑构造——这就是程序设计。

在程序设计阶段,首先需要定义问题陈述,即明确问题的范围、清楚指定已知信息,并指定问题什么时候算是已经解决。

(1) 明确问题的范围可以减少程序需要考虑的情况数。例如,如果只是说需要算多个物体的重叠体积,那么程序就要考虑很多种物体情况;而如果限定了物体只是球体,那么程序就会简单许多。

(2) 已知信息在程序中通常用变量或常量表示。常量是始终不变的,在程序编写时就已经被定义,如圆周率 π;变量则是可以改变的,一般要求用户进行输入。

(3) 大多数问题解决的标志是程序输出一个结果,结果既可以是一个文件,也可以是一个数值或一个孰优孰劣的判定。只要结果能正确且有效地满足用户的需求,问题就解决了。

在问题陈述定义好后,还需要选择一种软件开发方法,目前常用的软件开发方法有预测方法和敏捷方法。

(1) 预测方法在设计阶段需要完成类似于信息系统分析与设计中的软件设计说明书,说明书中会指定软件每个模块的逻辑流程,编程人员按照说明书中的流程即可按部就班地编写程序。说明书一旦完成一般就不会做较大更改,适合于在多个地点工作的多人团队,或者是大型的软件项目;但如果客户需求在编码阶段会不断改变,预测方法就难以应对了。

(2) 敏捷方法专注于灵活开发的过程,它的软件设计说明书是随着项目开发进度而不断发展的。敏捷方法适合于在同一个地点工作的小型团队,或者是客户需求变化性很高的项目。在敏捷方法中,团队会将编码任务分成很多个小阶段,在每一个阶段只集中完成程序的一个小模块,并随时与客户进行交流,根据客户的需求进行修改与完善。

13.1.4 程序编码

编程人员在编码时需要借助一些"载体",如文本编辑器、程序编辑器和可视化开发环境。

(1) 文本编辑器(如 Windows 的"记事本")是最简单的文字处理软件,它也可以用来编程。编程人员可以在文本编辑器中进行代码的编写,然后使用命令提示符(Windows)或终端(Linux)进行编译。

(2) 程序编辑器可以理解为是专门用来进行代码编写的文本编辑器,它们提供了辅助编程的工具,如将关键字用彩色显示、自动补全、查找替换、格式化代码等,如图 13-2 所示。

(3) 可视化开发环境(Visual Development Environment,VDE)提供了可视化编程的工具,编程人员可以在其中拖动代表对象的控件并设置其属性,VDE 会自动地编写对应代码,如图 13-3 所示。VDE 可以减少编程人员需要编写的代码量,但核心代码如控件的事件(鼠标单击按钮事件、文本框内容改变事件等)仍然需要编程人员自己去编写,如图 13-4 所示。

```
*0-1背包.cpp ×
11   int z_o_bag(int v[],int w[],int size,int area)
12   {
13       memset(dp,0,sizeof(dp));
14       for(int i=1;i<=size;i++)
15           for(int j=0;j<=area;j++)
16           {
17               if(i==0 || j==0) dp[i][j]=0;
18               else if(v[i-1]>j) dp[i][j]=dp[i-1][j];
19               else dp[i][j]=Max(dp[i-1][j],(dp[i-1][j-v[i-1]]+w[i-1]));
20           }
21       return dp[size][area];
22   }
```

图 13-2　程序编辑器

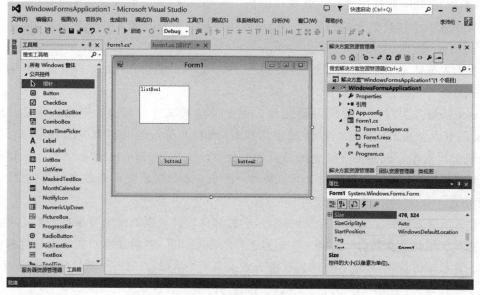

图 13-3　可视化开发环境

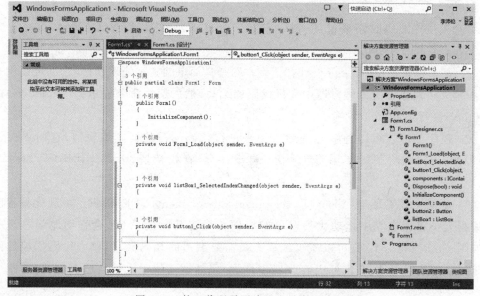

图 13-4　核心代码需要编程人员自己编写

需要注意的是，这3种开发方式并没有孰优孰劣之分，需要依具体的项目类型和编程语言而定。一些编程语言没有VDE，甚至由于流行度不高或刚刚兴起而没有对应的程序编辑器，就只能先用文本编辑器编写；对于一般的后台应用程序，程序编辑器即可胜任；而图形界面应用程序使用VDE开发更为便捷。

13.1.5 程序测试和文档

当代码编写完毕后，编程人员需要进行测试以确保程序没有bug（错误）。bug大体可分为以下几类。

（1）语法错误，即由于编码时的手误或对于编程语言的不够熟悉，而导致程序无法通过编译。例如，将C++的for循环语句中的分号写成了逗号。语法错误一般可在编译时进行检查与修正——编译器会将不符合编程语言语法的部分显示出来，并解释错误原因，如图13-5所示。

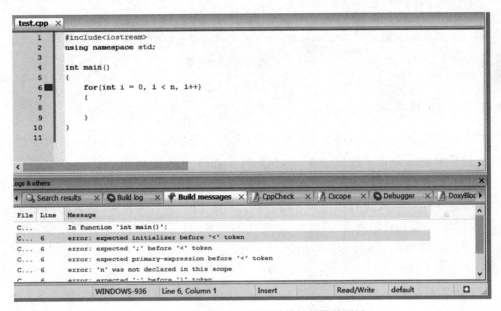

图13-5　编译器检查出错误并解释错误原因

（2）运行时错误，即程序在运行时突然出现的停止工作现象，如图13-6所示。运行时错误的原因多种多样，如访问越界、堆栈溢出、除0异常等。有些运行时错误很好发现其原因；而另外一些则很难，需要长时间的调试才可能找出产生错误的原因。

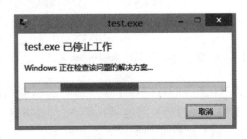

图13-6　运行时错误

（3）逻辑错误，即程序可以正常运行，但输出的结果却是错的。例如，公式使用错误、问题定义不充分、数值溢出等多种因素都能导致逻辑错误，如图13-7所示。

当发现bug时，编程人员可以使用调试器来逐行检查程序。通过调试器可以检查程序执行到特定步骤时的变量值。

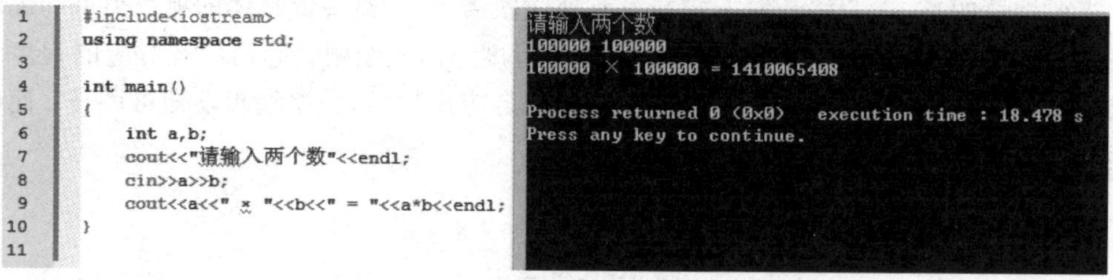

```
1   #include<iostream>
2   using namespace std;
3
4   int main()
5   {
6       int a,b;
7       cout<<"请输入两个数"<<endl;
8       cin>>a>>b;
9       cout<<a<<" x "<<b<<" = "<<a*b<<endl;
10  }
11
```

图 13-7　数值溢出导致的逻辑错误

在程序代码中也可以加入称为注释的文档,用于帮助自己或他人明确程序某个模块的功能或某个数值的含义。目前,大多数编程语言使用"//"作为注释的标志,编译器在程序编译时会忽略注释内容,因此注释不会对程序产生影响,如图 13-8 所示。

```
#define Max(a,b)  (a>b?a:b)
const int MAXI=5001; //物品数最大值+1
const int MAXJ=5001; //容量最大值+1
int dp[MAXI][MAXJ]; //dp[i][j]:将前i个物品装到容量为j的背包中的最大总重量
int z_o_bag(int v[],int w[],int size,int area) //size物品数 area背包容量 v体积 w权重 v,w从0开始
```

图 13-8　清晰明了的注释

13.1.6　编程工具

文本编辑器、程序编辑器都属于编程工具,但在一般情况下,编程人员不会只使用它们进行编程工作,而是趋向于使用包含了大量编程工具的 SDK 或 IDE。

(1) SDK(Software Development Kit,软件开发工具包)是指某种语言特有的工具集,编程人员可以利用 SDK 进行相应语言的开发。SDK 通常包含编译器、语言文档和安装说明,一些 SDK 还会包含编辑器、调试器、图形化用户界面设计和 API(应用程序编程接口)。SDK 提供的开发工具一般没有统一的用户界面,要获得更好的开发环境,编程人员可以使用 IDE。

(2) IDE(Integrated Development Environment,集成开发环境)可以理解为是 SDK 的一种,它将多种开发工具整合到了一个统一的应用程序中(如 Eclipse、Microsoft Visual Studio),使它们拥有统一的菜单和控件集,如图 13-9 所示。编程人员可以使用这个应用程序很方便地进行编程,而不必再四处寻找 SDK 提供的编程工具。

13.1.7　编译器和解释器

未编译的按照程序设计语言规范书写的文本为源代码。源代码不能直接被计算机识别,必须经过转换才能被执行,按转换方式可将它们分为两类。

(1) 解释类。执行方式类似于日常生活中的"同声翻译",应用程序源代码一边由相应语言的解释器"翻译"成目标代码,一边执行。解释器在程序运行时,一次只会转换并执行一条语句。在一条语句被执行后,解释器才会转换到下一条语句,如此循环直到程序结束。这种方式效率较低,应用程序不能离开其解释器,但比较灵活,可以动态地调整、修改应用程序。

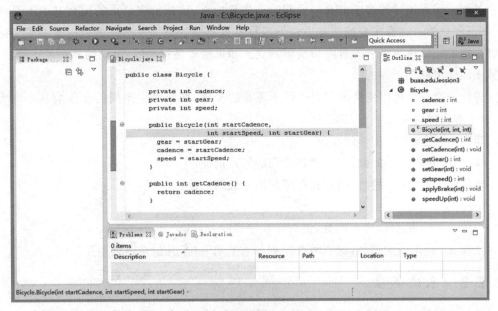

图 13-9 IDE 开发环境

（2）编译类。编译是指在应用源程序执行之前，就将程序源代码"翻译"成目标代码。编译需要借助编译器进行，编译器能一次性转换一个程序中的所有语句，并将生成的目标代码放在新文件中。使用编译器生成的目标程序可以脱离其语言环境独立运行，使用比较方便、效率较高。但如果需要修改应用程序，则需要先修改其源代码，再重新编译。

13.1.8 API

在讲到计算机编程时，API 是指 Application Program Interface（应用程序接口）或者 Application Programming Interface（应用编程程序接口）的缩写。API 是程序员在自己编写的程序中可以访问的一组应用程序或操作系统的功能。

例如，Windows API 包括了对话框控件分类的代码，这些控件对于任何使用 PC 的用户来说也许都应该很熟悉。浏览文件夹的功能是 Windows API 的元素之一，它对于任何一种允许用户打开或保存文件的应用程序来说也许是很有用的。API 通常是作为 SDK 的一部分提供给程序员的。

13.2 过程化编程

本节通过算法来关注过程化编程，介绍过程化编程的原理、方式、语言及应用。

13.2.1 算法

传统的编程方法使用的是过程化范例，将问题的解决方案概念化为一系列的步骤。支持过程化范例的编程语言被称为过程化语言（如机器语言、汇编语言、COBOL、Fortran、C 语言和很多其他的第三代语言等）。

过程化编程编写的程序都有一个起始点和终结点,从开始到结束的流程基本上是线性的、按部就班的。过程化编程非常适合于编写不太复杂的算法——算法是指能够写下来并能够实现的用以达成需求的有限长步骤列表。如果输入是正确的,设计的算法是正确的,那么输出的结果就是正确的。

设计一个算法可以先抽象出人工解决需要的步骤,如要将一系列的无序数从小到大排序,人工解决可以采用如下方案。

步骤1:记录初始的排列顺序。

步骤2:挑出最小的数,把它放在序列的最左面。

步骤3:挑出次小的数,把它放在序列的左数第二位。

……

步骤$n-1$:挑出第二大的数,把它放在序列的右数第二位。

步骤n:挑出最大的数,把它放在序列的右数第一位,并记录序列顺序。

13.2.2 表达算法

抽象出算法的人工解决步骤后,需要将其表达出来。由于算法并不依赖于任何编程语言,因此表达算法也不太适合于用某种编程语言进行——不熟悉这种编程语言的人就很难理解算法了。可以使用多种不同的方式表达算法,如结构化英语、流程图和伪代码。

结构化英语是指英语语言的一个子集,具有有限的几种限制性地选择能够反映处理活动的句子结构。流程图是一种图形化的表示方法,用于表示计算机在执行任务时应该如何从一条指令跳到下一条指令。

表达算法的常用方式是伪代码。伪代码是一种类似自然语言的算法描述语言,它并没有统一的格式要求,只要能够清晰地表述出算法流程即可。伪代码结构清晰、代码简单、可读性好——使用伪代码的目的就是使被描述的算法可以容易地以任何一种编程语言实现。

对于冒泡排序的算法,可以采用如图13-10所示的伪代码描述。这种通过两两交换,像水中的泡泡一样,小的先冒出来,大的后冒出来的排序方法称为冒泡排序。

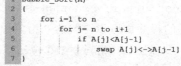

图13-10 用伪代码描述冒泡排序算法

伪代码编写好后,应当进行走查以验证是否有逻辑错误,即使用几组有代表性的测试数据,按照伪代码的流程进行对应的人工核实。

13.2.3 顺序、选择和循环控制

在通常情况下,程序是按从上到下的顺序按部就班地执行命令的,但也可以应用一些控制结构以改变程序对命令的执行顺序。

(1)顺序控制结构。可以通过调用函数将程序执行转移至函数体,函数执行完后再返回到主要的顺序执行路径。函数调用在一定程度上等同于将调用函数的语句替代为函数的内容,从而整个执行路径依然是顺序进行的。但函数调用可以调用多次或传入不同的参数,这在某些情况下会方便很多,如图13-11所示。

（2）选择控制结构。可以使用 if…else…或 switch 结构在程序执行时进行动态的分支判断，如图 13-12 所示。例如，在图 13-11 所示的斐波那契函数中，如果传入的值是 1，那么函数直接返回 1；如果传入的值是 5，那么函数就会进行多次的递归调用。

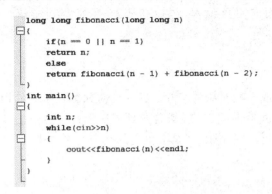

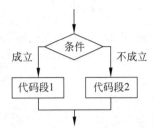

图 13-11　调用 fibonacci() 函数来计算斐波那契数列特定项的值

图 13-12　选择控制结构的流程图

（3）循环控制结构。可以使用 do…while、while…、for…等多种命令控制循环，如图 13-13 所示。例如，图 13-11 所示的斐波那契主函数中的 while 循环只要用户不结束程序，循环就一直进行。而图 13-14 所示的 for 循环将会特定地进行 $n-2$ 次——变量 i 的初值是 1，每次循环前，判断 i 是否小于等于 $n-2$，如果满足，进入循环，循环结束后将 i 加 1；如果不满足，则循环结束。

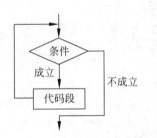

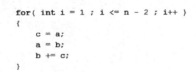

图 13-13　循环控制结构的流程图

图 13-14　循环结构代码

一个算法通常是由许多的顺序、选择与循环控制结构组成的，通过使用这些控制结构可以完美、高效地实现算法逻辑。

13.2.4　过程化语言及应用

最初的编程语言都是过程化语言，常见的过程化语言有 Fortran、Pascal、C 等。

过程化编程最适合于可以通过按部就班的步骤来解决的问题——这正符合过程化编程的逻辑。大部分的结构化问题如数学中的面积计算、物理中的路径分析及生活中的事务处理都可以通过过程化编程解决。

过程化编程可以开发出运行速度快、系统资源利用效率高的程序，且过程化编程的灵活性很高，可以同时处理一类的问题，而只做少许修改甚至无须修改。过程化编程的缺点在于它并不适合于非结构化问题或非常复杂的算法。

13.3 面向对象编程

本节介绍在大型项目中比较流行的面向对象编程,包括其概念、特征、结构、语言及应用。

13.3.1 对象和类

面向对象编程将问题的解决方案抽象成一些对象的交互。在面向对象编程中常使用类和对象的概念:对象是一个抽象的或现实世界中的实体,是类的具体实例;而类则是具有相似特征的一组对象的抽象。例如,某个具体学生"张三"是学生类的一个实例,"张三"在这里就是一个对象。

通常会使用 UML(Unified Modeling Language,统一建模语言)图来设计程序中需要使用的类。使用 UML 绘制的类图和对象图如图 13-15 和图 13-16 所示。

```
┌─────────────────┐       ┌─────────────────────┐       ┌─────────────────┐
│     Student     │       │        Book         │       │    Librarian    │
├─────────────────┤  1   *├─────────────────────┤*    * ├─────────────────┤
│ +id : int       │───────│ +id : int           │───────│ +id : int       │
│ +name : string  │       │ +name : string      │       │ +name : string  │
│ +borrow() : bool│       │ +author : string    │       │ +lend() : bool  │
└─────────────────┘       │ +getInfo() : object │       └─────────────────┘
                          │ +edit() : bool      │
                          └─────────────────────┘
```

图 13-15 使用 UML 绘制的类图

```
┌─────────────────────┐   ┌───────────────────────────────────┐   ┌─────────────────────────┐
│    john : Student   │   │            se : Book              │   │      jim : Librarian    │
├─────────────────────┤   ├───────────────────────────────────┤   ├─────────────────────────┤
│ id : int = 1        │   │ id : int = 17                     │   │ id : int = 13           │
│ name : string = Mike B│ │ name : string = software engineering│ │ name : string = Jim L   │
│                     │   │ author : string = Dbernd          │   │                         │
└─────────────────────┘   └───────────────────────────────────┘   └─────────────────────────┘
```

图 13-16 使用 UML 绘制的对象图

在类中可以定义属性以表示对象的特征。例如,在如图 13-17 的学生类中,第一行代码定义了类的名称;接下来的每一行依次定义了一个属性的作用域、数据类型和名称;花括号只是定义了类的开始和结束;对象张三的属性可以为 name=张三,sex=男,age=20,Sid=1001。可以对类属性设置作用域,如公有或私有等。公有属性可以被任何类访问;而私有属性只能被定义该属性的类访问。这种通过设置作用域而隐藏一部分类的细节的方式称为封装,封装是面向对象的特征之一。

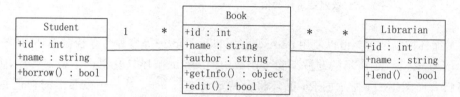

图 13-17 学生类示例

13.3.2 继承

面向对象的另一特征是继承。继承是指将某些特征从一个类传递到其他类,其中被继承属性的类被称为超类,继承属性的类被称为子类,如图 13-18 所示。

继承赋予了类很大的灵活性——如果多个类具有一些同样的属性,则可以把这些属性抽象为一个超类。例如,图 13-19 所示的本科生子类和研究生子类都继承了学生超类的属性——这些属性不必再重复定义。除去相同的属性外，它们也有自己特有的属性，如本科生比较关心 GPA，就定义有一个 GPA 属性；研究生比较关心发表论文数，就定义有一个 paperNum 属性。

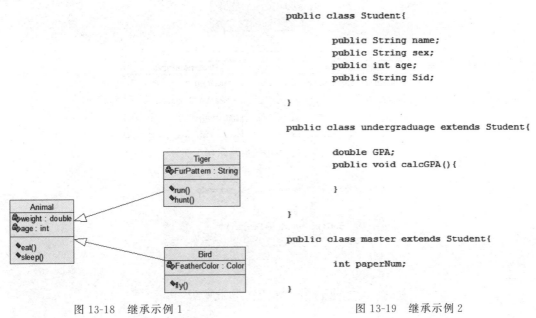

图 13-18　继承示例 1　　　　　　　　　　图 13-19　继承示例 2

在为一个类构造对象时，需要同时为它的继承属性和特有属性赋值。例如，构造一个本科生对象张三，可以赋值为 name＝张三，sex＝男，age＝20，Sid＝1001，GPA＝3.8。

13.3.3　方法和消息

面向对象编程中的方法和消息与过程化编程顺序控制结构中的函数类似。简单来说，方法就相当于函数，而消息相当于函数调用语句，用以激活方法。不同的是，在面向对象编程中，方法是定义在类中的，属于类或类的对象，消息也需要通过类或类的对象来调用对应方法。

如图 13-20 所示，getSquareInchPrice()方法和任何形状的比萨饼都相关，所以它可以定义成 Pizza 类的一部分。然而，要计算每平方英寸比萨饼的价格，还需要知道比萨饼的面积。这项计算可以通过定义一个 getArea()方法来实现。计算圆形比萨饼面积和计算矩形比萨饼面积有着不同的面积计算方式。所以 getArea()方法应该成为 RoundPizza 子类和 RectanglePizza 子类的一部分。

如图 13-21 所示，在本科生类中声明了计算 GPA 的方法（省略了方法内容），则计算张三的 GPA 的消息为"张三.calcGPA()"。

方法不仅支持继承——子类可以拥有超类的公有方法，还支持多态。多态是面向对象的第三个特征，它是指在子类中重新定义方法的能力。

如图 13-22 所示，RectanglePizza 类和 RoundPizza 类中都可以用 getArea()方法。getArea()方法所执行的计算在 RectanglePizza 类中以一种方式定义，而在 RoundPizza 类中以另一种方式定义，这样可根据比萨饼的形状，利用不同的计算面积的公式计算比萨饼的

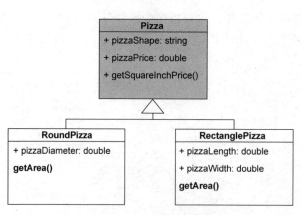

图 13-20　类中的方法示例 1

```
public class undergraduage extends Student{
    double GPA;
    public void calcGPA(){

    }
}
```

图 13-21　类中的方法示例 2

面积。这就是多态。

如图 13-23 所示，多边形的超类中定义了 calcArea() 的计算面积方法，三角形子类和正方形子类继承了多边形超类的属性和方法，并对方法进行了重写，以适应各自的面积计算公式。

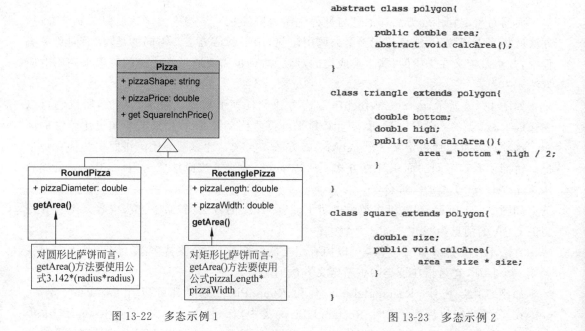

图 13-22　多态示例 1　　　　　　　　　　　　图 13-23　多态示例 2

通过多态可以动态调用对象的方法,有助于简化代码量和程序逻辑,使程序易于维护。但是,分别创建具有独特名称的方法,将会增加程序的复杂性,并使得程序扩展变得更加困难。

13.3.4 面向对象的程序结构

在面向对象程序中,类只是一个模板,不代表任何实例。要使用类,需要通过主方法来创建类的对象,并进行对象之间的操作。面向对象程序执行时,会寻找名为 main() 的主方法,并按部就班地执行其中的命令。如图 13-24 所示,程序执行时会寻找 main() 主方法,创建一个 stu 对象,然后调用 display() 方法,将对象内容输出。

```
public class Student{
    public String name;
    public String sex;
    public int age;
    public String Sid;
    public Person(String n, String s, int a, String S){
        name=n;
        sex=s;
        age=a;
        Sid=S;
    }
    public void display(){
        System.out.println("姓名: "+name+","+"性别: "+sex+","+"年龄: "+age+","+"学号: "+Sid);
    public static void main(String[] args){
        Student stu=new Student("张三","男",20,"1001");
        stu.display();
    }
}
```

图 13-24 面向对象的程序结构示例

13.3.5 面向对象的语言及应用

面向对象的编程语言大多数也支持过程化的技术,因此这些语言也称混合语言,如 C++、C#、Objective-C、Java、Python 等。

面向对象编程适合于大规模软件的制作——如果使用过程化编程,这些软件的逻辑会变得非常复杂,甚至使得编程工作寸步难行;而面向对象编程则可以有效地梳理软件逻辑。

面向对象编程与人感知世界的方式很相似,因此使用面向对象编程有助于设想问题的解决方案。面向对象的缺陷在于程序运行效率较低——由于有继承和多态的特性,一些调用需要在运行时才能判断。

13.4 面向方面编程

面向方面编程(Aspect Oriented Programming,AOP)是一种在总体软件程序设计基础上,继续把其分化为更小、更可操控的部分,以最大限度地减少程序设计中功能上的重复性的程序设计方法。面向方面编程能更加清晰地分离不同功能,使程序部件能够互不干扰地独立开发和修改,并能轻易地得以重新使用。

过程化编程和面向对象编程集中于如何将程序分离(如通过模板和类),但它们并不能轻易分离解决方案中具有共同功能的模块。使用过程化编程或面向对象编程,一些模块(如安全检查、异常处理或打开一个数据库链接)会穿插分散于程序代码的成百上千个位置,在需要时难以修改。面向方面编程则不同,它能把这些功能模块封装在"方面"中,需要时不用重复代码而只使用"方面"即可——这能有效减少程序的冗余,提高软件的质量,并降低 IT 开发和维护的费用。

据 IBM 公司宣称,AOP 已在代码质量和编程人员输写程序的速度方面做出了重大的贡献。尽管一些 AOP 宣扬者认为 AOP 是编程领域的下一个革命,但现在普遍认为 AOP 和 OOP 是互补的,而非竞争的技术。

13.5 可适应和敏捷软件开发

可适应软件开发是指在程序开发过程中旨在使开发更快、更有效,并集中于适应程序的方法论。可适应软件开发的典型特征是迭代开发(将一个项目分成一系列的小项目)或增量开发(先开发主要功能模块,再开发次要功能模块,逐步完善,最后开发出符合需求的软件产品)。

最新的可适应软件开发的方法之一是敏捷软件开发(Agile Software Development,ASD)。ASD 的目的在于快速编写软件,它集中于在工程进度中书写和递交应用程序的小功能块,而非在工程的最后递交一个大的应用程序。每一个小功能块通常被看作是一个分开的极小的软件,开发过程对每一个小块都是重复不变的——定义、需求分析、设计、实现与测试。ASD 强调人的团队性,即编程人员、管理人员、市场人员及最终用户共同负责软件开发,在工程进行时不断地对软件进行学习、适应与修改——最终用户在开发过程中所占的分量是极其重要的。

随着移动 App 的流行,一些开发者在 ASD 的基础上更进一步,他们采用持续移动创新——将移动开发视为快速的且不间断的过程,一旦有想法就立刻生成产品并发布,然后在此基础上不断地对其进行周期性的更新。

小 结

本章主要介绍了计算机编程的基础知识、计算机编程和软件工程的区别、编程语言和范例以及编程工具等。

通过对本章的学习,读者应能够了解计算机程序的产生与常用的编程范例。

第 13 章在线测试题

习 题

一、判断题

1. 代码量越多,程序就越好。						( )
2. 软件工程师和计算机程序员没有什么区别。				( )
3. 过程化编程强调时间上的线性。					( )

4. 敏捷方法专注于灵活开发的过程。（　　）
5. VDE减少了一部分代码量,但核心代码仍需要编程人员自己去编写。（　　）
6. SDK将多种开发工具整合到了一个统一的应用程序中。（　　）
7. 过程化编程适合于编写不太复杂的算法。（　　）
8. 过程化编程适合于非结构化问题或非常复杂的算法。（　　）
9. 继承赋予了类很大的灵活性。（　　）
10. 多态有助于简化代码量和程序逻辑。（　　）

二、选择题

1. 软件工程师更注重于（　　）。
   A. 设计　　　　B. 工程　　　　C. 编码　　　　D. 开发
2. 下面的代码中,关键字为（　　）。

```
enum status {open, close};
```

   A. enum　　　　B. status　　　　C. open　　　　D. close
3. 使用处理器提供的特有指令进行直接编程的语言属于（　　）。
   A. 机器语言　　B. 汇编语言　　C. 高级语言　　D. 脚本语言
4. 对于需求经常变动的项目,最好使用（　　）进行开发。
   A. 预测方法　　　　　　　　　　B. 敏捷方法
   C. 过程化编程语言　　　　　　　D. 面向对象编程语言
5. 图形界面应用程序最好使用（　　）进行开发。
   A. 文本编辑器　B. 程序编辑器　C. VDE　　　　D. 终端
6. Microsoft Visual Studio是一种（　　）。
   A. SDK　　　　B. IDE　　　　C. 文本编辑器　　D. 程序编辑器
7. 算法最好使用（　　）进行描述。
   A. C　　　　　B. Java　　　　C. Fortran　　　D. 伪代码
8. 面向对象的特征是（　　）。
   A. 封装　　　　B. 继承　　　　C. 多态　　　　D. 以上都是
9. 对象是类的（　　）。
   A. 抽象　　　　B. 实例　　　　C. 特征　　　　D. 两者没有关系
10. 面向对象程序最开始执行的方法是（　　）。
    A. 代码的第一个方法　　　　　B. 类的第一个方法
    C. main方法　　　　　　　　　D. 随机一个方法

三、思考题

1. 为什么编程人员每天编写的代码行数很少?
2. 数值溢出等bug可能会导致什么潜在的危害?如何精确定位到产生漏洞的代码?
3. 事实上注释并不只有"//"一种,查一查还有什么注释的方式?代码注释有何规范?
4. 为什么控制循环结构的命令有很多种?它们有何区别?
5. 叙述一下对象和类的区别与联系。
6. 在面向对象编程中,类为什么要封装?

第 14 章　计算机安全

本章介绍计算机领域诸多方面的安全问题,包括非受权使用、恶意软件、在线入侵、社交安全等。通过本章的学习,读者应能够更加有效地保护自己。

14.1　非授权使用

本节介绍非授权使用问题,包括加密与授权、密码破解、安全的密码等。

14.1.1　加密与授权

随着信息时代的到来,越来越多的人开始注重保护自己的隐私数据,其中授权便是最常见的手段。授权通过设定一个密码,使得用户只有在输入正确的密码后才可以访问数据。密码的形式可以是多种多样的,从常见的文字形式,到最新的指纹密码、人脸识别。台式计算机、手机(见图 14-1)与一些软件都可以通过授权的方式以限制非授权者的使用。

保护隐私或机密数据的另一种方法是加密。与授权只是设定访问密码不同,加密是以某种加密算法改变原有的信息数据,使得未经授权的用户即使获取了已加密的信息,但因不知解密的方法,仍然无法了解信息的内容。没有加密的原始消息通常称明文,加密后的消息称为密文,即加密是将明文转化成密文的过程,而解密是将密文翻译回明文的过程。

加密通常用在传输于有线网络或无线网络上的数据包、银行卡号、发送给电子商务网站的其他个人数据、含有保密信息的电子邮件、数字设备的整个存储容量,以及含有敏感信息的个人文件。

加密的两个要素是加密算法和密钥。加密算法如 RSA、AES 等是完全公开的,任何人都知道其加密和解密的方式,如"恺撒加密"就是简单的让字母按字母表顺序偏移特定位。密钥通常是进行加密数据和解密数据时,必须知道的词、数字或词语。密码通常作为要进行加密或解密的数据的密钥。加密的密钥一般要保留,是保护信息的关键,只有经过授权

图 14-1　设置密码

的用户才能得知。

根据破解密钥的难度可将加密分为弱加密和强加密。

(1) 弱加密(如"恺撒加密")很容易被破解——密钥是一个偏移量,只有几十种情况,通过分析字母出现的频率即可推断出,甚至一个一个去猜也不难。

(2) 强加密则很难被破解,它使用的密钥通常很长,如128位二进制数或更多。强加密的密钥很难蛮力枚举破解,也没有什么规律可循,因此可以认为是极其安全的。随着计算机计算能力的日渐提升,强加密的密钥长度也在不断增加——增加一位二进制数,就可使破解时间翻倍。

加密根据使用密钥的方式又可分为对称式和非对称式两种。

(1) 对称式加密的双方采用共同密钥,即密钥既用来加密消息,也用来解密消息。对称式密钥有很大的安全隐患——授权一个用户就需要把密钥发给用户,而一旦发送途中密钥被截取,所有加密信息就不再安全。

(2) 非对称式加密使用两个密钥,其一是公共密钥简称公钥,它是完全公开的,任何人都可以使用公钥加密信息,但无法使用公钥破译公钥加密的信息;另一个是私人密钥简称私钥,它是对外保密的,只有私钥才可破译公钥加密的信息;反之亦然。也就是说,使用私人密钥加密的信息只能使用公共密钥解密,使用公共密钥加密的信息只能使用私人密钥解密。非对称式加密很好地保证了密钥的安全性,是目前主流的加密方式,常用于文件加密及数字签名。

14.1.2 密码破解

随着因特网的发展,密码的安全性也变得越来越重要,一旦密码被不法者得知,不法者就可以利用用户的身份牟利。因此了解密码是如何被破解及如何保护密码安全是十分重要的。以下是一些密码破解的常用方式。

(1) 字典破解,即尝试一些常用的字或词以破解密码。字典破解可以枚举400万甚至更多的密码组合,如图14-2所示。

(2) 蛮力破解,即遍历所有字符的可能组合。

(3) 嗅探,截取计算机网络中发送的信息以获取明文密码。

(4) 网络钓鱼,通过电子邮件诱使用户泄露密码。

(5) 虚假网站,通过与真实网站极其相似的虚假网站诱使用户自己输入密码。

(6) 按键记录,通过植入木马记录用户的按键行为以获取密码。

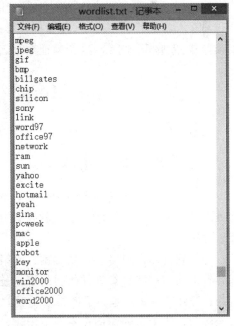

图14-2 字典破解

14.1.3 安全的密码

针对以上密码破解的方式,用户可以采取如下对策以获得相对安全的密码。

(1) 使用高强度密码,即尽量使用长的字母、符号和数字的组合(至少8位以上),字母还可以分大小写。

(2) 不要使用生日、身份证号等容易被获取的信息作为密码,可以考虑使用自己最喜欢的句子的首字母,外加特殊符号组成密码,这种密码非常难以被字典破解或蛮力破解。

(3) 指定几个不同等级的密码。对关键账户应用高安全级别的密码,对普通账户应用中等安全级别的密码,而对不太重要的账户只使用低级密码。不要对所有账户不分重要性地应用同样的密码。

(4) 合理使用浏览器的记住密码功能。浏览器记住密码后可以自动登录用户账户,这可以减少用户的密码输入次数,增加密码的安全性。但如果在公共计算机上,记住密码就是不明智的行为了。

(5) 合理使用密码管理器。密码管理器是一种应用软件,它可将用户所有账户的用户名和密码加密存储,用户只需要知道密码管理器的主密码即可。大多数密码管理器还具有自动填表、自动生成随机密码、验证密码强度等实用功能,这些功能也能增加密码安全。在使用密码管理器的同时,最好也记住常用账户的密码,以应对不方便使用密码管理器的场合。

(6) 维护软件安全。使用安全套件,并定期对计算机进行杀毒。

(7) 在网站中输入密码前,先确定网站的真伪,检查其网址是否与网站对应。

14.1.4 生物识别设备

生物识别设备通过将个人特征(如指纹)转换成数字代码,与验证物理或行为特征的计算机和移动设备所存储的数字代码进行比较来验证身份。如果计算机或移动设备内的数字代码与个人特征代码不匹配,计算机或移动设备就会拒绝访问。常见的生物识别设备如指纹读取器、人脸识别系统、语音验证系统、签名验证系统、虹膜识别系统等。

14.2 恶意软件

本节介绍计算机恶意软件,并介绍一些防范恶意软件的手段。

14.2.1 恶意软件威胁

恶意软件是指任何用来暗中进入计算机、未经授权访问数据或扰乱正常处理操作的计算机程序。恶意软件包括病毒、蠕虫、木马、僵尸网络和间谍软件等。

视频讲解

恶意软件是由黑客、骇客、黑帽或网络犯罪分子编制并释放的。而恶意软件背后的动机却各有不同。一些恶意软件的目的本来是无害的恶作剧,或者只是会做出一些恼人的野蛮行为;而另外一些却是为了散布政治信息,或者是要破坏特定公司的运营而编制的。以获取经济利益为动机的案例在不断地增长。用作身份盗窃或敲诈勒索的恶意软件给个人与企业带来了巨大的威胁。

计算机在运行时可能受到多种多样恶意软件的攻击，常见的有以下几种。

(1) 计算机病毒。计算机病毒是一种程序指令，它可以将自身附加到文件中，进行自我复制并传播到其他文件中。当人们传输文件时，病毒可能就随着文件侵入了接收者的计算机。病毒可以在计算机中潜伏很长时间，直到某个特定的条件满足时才开始发作。病毒可以破坏文件、毁坏数据或者扰乱计算机的操作。

(2) 蠕虫。蠕虫是一种能够利用系统漏洞通过网络进行自我传播的恶意程序。它是独立存在的，不需要附着在其他文件上。当蠕虫形成规模、传播速度过快时，会极大地消耗网络资源，从而导致大面积网络拥塞甚至瘫痪。

(3) 木马。木马(也称为"特洛伊木马")是指一种看似在执行某一功能，实际上却在做其他事情的计算机程序。木马不会自我繁殖，也不会感染其他文件。木马通常伪装成有用的软件，不知情的用户会下载并执行它们，木马运行后会向施种木马者提供打开被种主机的门户，使施种者可以任意毁坏、窃取被种者的文件，记录用户的键盘输入从而获取密码，甚至远程操控被种主机。

(4) 僵尸网络。在恶意机器人程序控制下的计算机也称为僵尸主机，因为它会执行来自于恶意指挥人的指令。将众多僵尸主机连接在一起组成僵尸网络。僵尸网络采用多种传播手段，将大量计算机感染僵尸程序，从而在控制者和被感染计算机之间形成一对多控制网络。控制者可以利用僵尸网络进行网站攻击、数据解密、发送垃圾邮件等不法行为。

(5) 间谍软件。间谍软件是指一类在被害人不知情的情况下秘密收集个人信息的程序，通常用作广告或其他商业目的。间谍软件的入侵方式与木马类似，它能依附在看似正当的软件中，用户可能在无意间将间谍软件下载到计算机中。一旦间谍软件被安装，它就会监视用户的个人信息、网站浏览等行为，这些数据可能会被用于商业目的，也有可能被犯罪分子利用。

rootkit 是指一种软件工具，用来隐藏已安装到受害者计算机上的恶意软件和后门。rootkit 可以隐藏机器人程序、键盘记录器、间谍软件、蠕虫和病毒。黑客在使用了 rootkit 后，就能持续利用受害者的计算机而很难被发现。而 rootkit 通常是随木马传播的。

为避免受到恶意软件攻击，用户在使用计算机时需要注意以下几点。

(1) 使用安全套件和杀毒软件。

(2) 保证软件补丁的及时更新。

(3) 不打开可疑的电子邮件附件。

(4) 安装软件时先用安全套件对其进行扫描。

(5) 不要访问不良网站。

(6) 将文件扩展名显示出来。一些木马会命名为如 look.jpg.exe 的格式，如果没有显示文件扩展名，用户可能会以为这是一个图片，但实际上这是一个可执行程序。

当用户发现自己的计算机响应时间变长、网络阻塞、运行不稳定、文件丢失或频繁崩溃时，就可能感染了恶意软件，这时需要立即使用安全套件和杀毒软件对计算机进行扫描。

14.2.2 安全套件

安全套件通常集成了杀毒模块、防火墙模块和反间谍软件模块，可以保护计算机免受常见恶意软件的攻击。一些安全套件还提供了家长控制、Wi-Fi 侦测、文件恢复、网络问题修复等实用功能。

一台计算机通常只能安装一种安全套件,如果安装了多种,它们会互相竞争对计算机的保护,反而不能有效保证计算机的安全与性能。常见的安全套件有 McAfee、avast!、MSE 等,它们有的是收费的,有的提供了限制一部分功能的免费使用,还有一部分则是完全免费的。其中,MSE(Microsoft Security Essentials)内嵌在了最新版 Windows 的 Windows Defender 中,如图 14-3 所示。

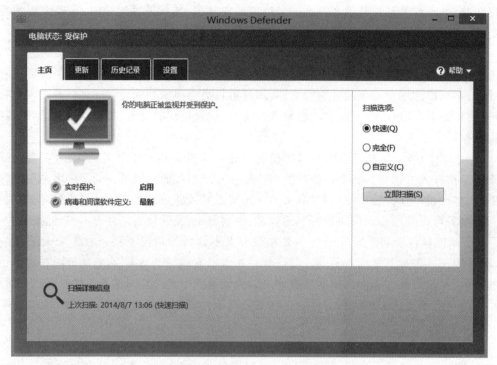

图 14-3　Windows Defender

14.2.3　杀毒软件

杀毒软件是能够查找并清除病毒、蠕虫、木马和僵尸程序的实用软件。一些杀毒软件作为杀毒模块包含在了安全套件中;另外一些则作为独立的软件出现。无论其形式是模块还是软件,杀毒软件的原理都是一样的——它利用病毒的特征代码在计算机中查找恶意软件。病毒特征代码是程序代码的一部分,就像通过指纹可以判断一个人一样,通过病毒特征代码就可判定文件是否是恶意软件。流行的杀毒软件包括 Norton AntiVirus、Kaspersky Anti-Virus、F-Secure Anti-Virus、Windows Defender 和 Avast。

杀毒软件将病毒特征代码存储在一个病毒定义数据库中,这个数据库需要及时更新以确保杀毒软件能检测出最新的恶意软件,如图 14-4 所示。当杀毒软件检测出恶意软件后,会将其放入隔离文件夹使不法分子无法访问,之后用户可通过杀毒软件对隔离文件夹中的文件进行尝试杀毒或确认删除。

当计算机接收到新的文件时(如插入 U 盘、从网络上下载文件),杀毒软件会自动对其进行扫描。用户也可使用杀毒软件进行全盘扫描以检查是否有存留的恶意软件。

14.2.4 流氓软件与捆绑安装

严格来说,流氓软件与捆绑安装软件并不算是恶意软件,但它们仍在很大程度上影响了用户对设备的正常使用。

流氓软件是介于恶意软件和正规软件之间的软件。如果计算机中有流氓软件,可能会出现以下几种情况:用户上网时,会有窗口不断跳出;计算机浏览器主页被莫名更换;用户默认浏览器被莫名修改,等等。

捆绑安装软件则是指用户在安装一个软件时,安装程序会在并未告知用户或并未在显著位置明确告知用户的情况下,静默安装其他软件,如图 14-5 所示。另外一些捆绑安装软件则是在安装完毕后,以勋章或其他形式诱使用户安装其他软件,如图 14-6 所示。

图 14-5　捆绑安装其他软件

图 14-6 安装其他软件

14.3 在线入侵

本节介绍在线入侵威胁及其防范手段。

14.3.1 入侵威胁

在线入侵是指黑客、罪犯或者其他未经授权的人通过因特网对数据或程序的访问。大部分在线入侵都始于恶意软件。在计算机遭受入侵后，数据可能被盗取或修改，系统配置会被更改成可能遭受更多入侵的状态，而且黑客还会偷偷安装软件暗中对受害计算机进行远程控制。在因特网中，时时刻刻都有不法分子谋求侵入用户计算机。获取对因特网中计算机的未经授权访问的常用手段是查找计算机打开的端口。端口是计算机的虚拟接口，因特网服务都是通过端口进行的，如 HTTP 请求使用的是 80 端口，FTP 通常为 21 端口。不法分子可以使用端口扫描软件快速扫描互联网中的计算机端口，一旦发现有打开的且易受入侵的端口，就有可能发动攻击。可以通过在线端口扫描工具检查本机的端口是否是打开的（见图 14-7），专业人员使用 netstat 等实用工具也可检测本机的端口情况，如图 14-8 所示。

14.3.2 保护端口

视频讲解

端口是计算机与因特网沟通的门户，在使用因特网服务时会不可避免地打开，但可以通过如下方式来保护端口，使其不会被攻击，或者即使被攻击，也不会被攻破。

（1）在不使用计算机的时候将其关闭。计算机处于关闭状态时，端口也就不再工作了。需要注意的是，计算机休眠时，端口仍在工作，因此休眠的计算机不能有效防止攻击。

（2）及时更新操作系统及软件补丁。

（3）使用防火墙。防火墙是用来过滤计算机和因特网之间数据硬件和软件的结合，它可以阻止未经授权的入侵或来自于可疑 IP 地址的活动，并记录下来报告用户。最新的 Windows 操作系统内置了防火墙，如图 14-9 所示。

（4）关闭不必要的共享。文件共享和打印机共享也需要通过端口进行，如果没有这些共享需求，就把它们关闭。

端口	描述	结果
218.253.0.76:21	FTP	关闭!
218.253.0.76:23	Telnet	关闭!
218.253.0.76:25	SMTP	关闭!
218.253.0.76:79	Finger	关闭!
218.253.0.76:53	DNS	关闭!
218.253.0.76:80	HTTP	关闭!
218.253.0.76:110	Pop3	关闭!
218.253.0.76:135	Location Service	关闭!
218.253.0.76:137	Netbios-DGM	关闭!
218.253.0.76:139	Netbios-SSN	关闭!
218.253.0.76:443	HTTPS	关闭!
218.253.0.76:1080	SOCKS - Socks	关闭!
218.253.0.76:1433	MSSQL	关闭!
218.253.0.76:3306	MYSQL	关闭!
218.253.0.76:3389	远程桌面	关闭!
218.253.0.76:8080	Http Proxy	关闭!
218.253.0.76:65301	pcAnywhere	关闭!

图 14-7　通过在线端口扫描工具检查本机的端口情况

```
C:\Users\lpl>netstat

活动连接

  协议  本地地址              外部地址            状态
  TCP   127.0.0.1:1541        LPL-WINDOWS:5354    ESTABLISHED
  TCP   127.0.0.1:1542        LPL-WINDOWS:5354    ESTABLISHED
  TCP   127.0.0.1:1594        LPL-WINDOWS:65001   ESTABLISHED
  TCP   127.0.0.1:1604        LPL-WINDOWS:27015   ESTABLISHED
  TCP   127.0.0.1:1647        LPL-WINDOWS:7790    ESTABLISHED
  TCP   127.0.0.1:1650        LPL-WINDOWS:45520   ESTABLISHED
  TCP   127.0.0.1:1697        LPL-WINDOWS:1698    ESTABLISHED
  TCP   127.0.0.1:1698        LPL-WINDOWS:1697    ESTABLISHED
  TCP   127.0.0.1:1699        LPL-WINDOWS:1700    ESTABLISHED
  TCP   127.0.0.1:1700        LPL-WINDOWS:1699    ESTABLISHED
  TCP   127.0.0.1:5354        LPL-WINDOWS:1541    ESTABLISHED
  TCP   127.0.0.1:5354        LPL-WINDOWS:1542    ESTABLISHED
  TCP   127.0.0.1:7790        LPL-WINDOWS:1647    ESTABLISHED
  TCP   127.0.0.1:27015       LPL-WINDOWS:1604    ESTABLISHED
  TCP   127.0.0.1:45520       LPL-WINDOWS:1650    ESTABLISHED
  TCP   127.0.0.1:65001       LPL-WINDOWS:1594    ESTABLISHED
  TCP   192.168.0.102:2283    112.90.77.148:http  CLOSE_WAIT
  TCP   192.168.0.102:2493    123.151.93.20:http  CLOSE_WAIT
  TCP   192.168.0.102:2494    123.151.93.73:http  CLOSE_WAIT
  TCP   192.168.0.102:2495    123.151.93.20:http  CLOSE_WAIT
```

图 14-8　通过 netstat 检测本机的端口情况

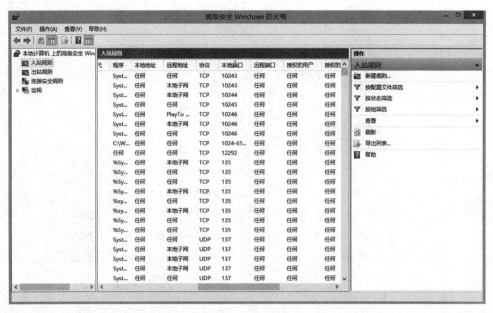

图 14-9 防火墙

14.3.3 NAT

除了采用保护端口的措施外,路由器也可以有效地保护计算机使其不受入侵。路由器采用了 NAT(Network Address Translation,网络地址转换)技术,可以将局域网内用户的设备屏蔽起来。

NAT 的原理类似于公司中的接线员,外部的电话统一打到接线员,再由接线员转接到对应部门,NAT 也是如此。如果用户不使用路由器,而将计算机直接连到因特网中,计算机就会被分配一个可路由 IP 地址(Routable IP Address,如 123.4.5.6),因特网中的数据包可以通过这个 IP 地址路由到对应计算机中,不法分子也可通过这个 IP 地址对打开的端口进行攻击。而如果用户使用了路由器,这个可路由 IP 地址(即 123.4.5.6)会被分配给路由器,路由器再分配专用 IP 地址(Private IP Address,如 192.168.0.102)给局域网内的设备,这样因特网中的数据包只能根据可路由 IP 地址路由到路由器,再由路由器根据专用 IP 地址进行分配——路由器不存储数据,不怕被攻击,因此可以保护局域网内的设备。简单来说,局域网中的所有设备共用一个可路由 IP 地址,路由器相当于将局域网中的设备屏蔽了起来,如图 14-10 所示。

知道了 NAT 的原理,便不难理解为什么局域网中设备的 IP 地址大多都是以 192.168 开头的了——因为它们都是由路由器分配的专用 IP 地址。处于同一局域网内的设备可以通过专用 IP 地址找到彼此,但处于不同局域网中的设备就不行了——需要借助可路由 IP 地址才能建立连接。

14.3.4 VPN

VPN(Virtual Private Network,虚拟专用网络)是一种在公用网络上建立的专用网络,

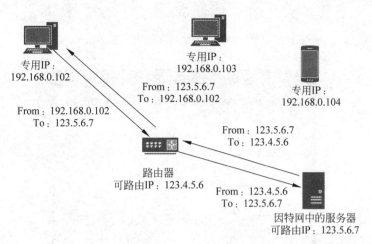

图 14-10　路由器 NAT

它采用加密通信,可以使授权用户在远程访问到企业、组织或学校内部网的内容。例如,学生可以在家中通过 VPN 访问学校内部的教务系统,以进行选课或查询成绩等操作。

由于 VPN 会对数据进行加密,因此可以认为 VPN 是安全的。

14.4　社交安全

本节介绍因特网中的社交安全,防范常用的网络诈骗手段。

14.4.1　Cookies 利用

Cookies 能够为用户上网带来方便,但也有一些 Cookies 可能会侵害用户的隐私。

(1) 广告服务 Cookies。当用户单击网站上的广告时,广告提供商可能会生成广告服务 Cookies,跟踪用户在广告站点的活动。尽管广告提供商声称 Cookies 仅用来选择和显示用户感兴趣的广告,但还是有泄露隐私的风险。

(2) Flash Cookie。和 Web 上的 Cookies 类似,Flash Cookie 记录用户在访问 Flash 网页的时候保留的信息。Flash Cookie 的容量更大,没有默认的过期时间,且很难找到其存储地点,因此其风险性也很大。Flash 网页可以偷偷地收集并存储用户数据,甚至操纵计算机内置摄像头。

为了避免 Cookies 侵害隐私,用户可以禁用 Cookies、定期删除 Cookies、调整浏览器设置(见图 14-11)或使用实用工具管理 Cookies。

14.4.2　垃圾邮件

用户的电子邮件账户可能经常会收到各种各样的垃圾邮件——推销、贷款、广告或是诈骗。较大的电子邮件服务提供商都提供了邮件过滤的功能,可以滤掉大部分垃圾邮件,如图 14-12 所示;用户也可以使用电子邮件客户端提供的垃圾邮件过滤功能,如图 14-13 所示。但可能仍有少数垃圾邮件未被滤掉,这时用户就需要提高警惕了——不要单击垃圾邮件中的链接,也不要回复邮件。

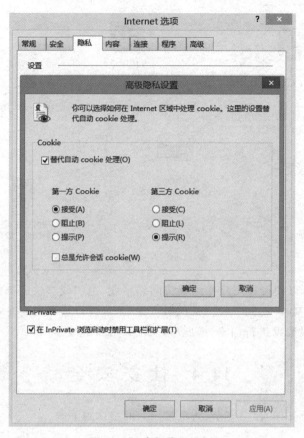

图 14-11　高级隐私设置

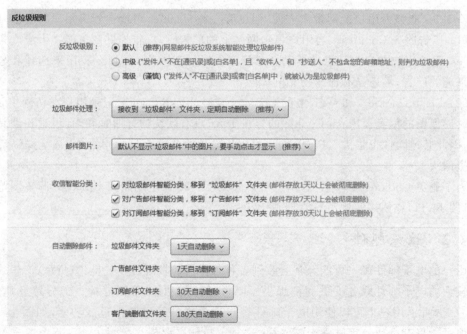

图 14-12　电子邮件服务提供商提供了邮件过滤功能

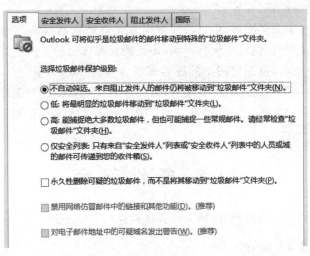

图 14-13　在电子邮件客户端中设置垃圾邮件过滤

用户在防范垃圾邮件的同时，自己最好也不要发送垃圾邮件或疑似垃圾邮件。一些电子邮件服务提供商会对疑似发送垃圾邮件的账户进行封禁处理，如图 14-14 所示。

尊敬的邮箱用户，以下行为可能造成您的电子邮箱暂时无法发送邮件：

1. 短时间内注册过多的帐号。（批量注册）
2. 发送大量的广告信/推广信。（广告邮件）
3. 发送了用户事先并未提出要求或者同意接收的邮件。（垃圾邮件）
4. 发送的邮件包含大量不存在的收件人。
5. 恶意上传或共享，占用大量网络带宽。
6. 发送虚假的中奖信息，损害他人利益的邮件。
7. 发送破坏国家宗教政策，宣扬邪教和封建迷信的邮件。
8. 发送散布谣言，扰乱社会秩序，破坏社会稳定的邮件。
9. 发送煽动民族仇恨、民族歧视，破坏民族团结的邮件。
10. 违反了网易邮箱服务条款的内容。
11. 帐号密码设置过于简单，被他人恶意盗取用来发送垃圾邮件。

图 14-14　网易邮箱的封禁规则

14.4.3　网络钓鱼

网络钓鱼是基于电子邮件的诈骗，诈骗者可能会伪称为银行、网上商店或 ISP 等，诱使用户回复邮件或在其提供的链接中输入账户和密码。当遇到这种邮件而不能分辨真伪时，用户可以拨打对应企业的客服电话，或者进入其官网查看，而千万不要拨打邮件中提供的电话或单击邮件中的链接。

14.4.4　假冒网站

假冒网站是和正规网站极其相似的用于诈骗的网站，用户可能在无意间就将账户和密码输入到了假冒网站中。

避免受到假冒网站的危害，首先要尽量规避进入假冒网站的方式——查看邮件时，不单击不能确定身份的发件方提供的链接；网络聊天时，不轻易相信对方提供的链接；Web 浏览时,不单击警示性的广告,等等。

而一旦怀疑进入了假冒网站,最直接的辨别方式就是根据网址。假冒网站的网址通常和正规网站的网址很相似,但只要认真辨别,还是能发现区别的。一些技术高超的不法分子可能会入侵 DNS 服务器,将正规网站的域名解析为假冒网站的 IP——这种假冒网站是最难辨别的,因为它的网址和正规网站一模一样,只是 IP 不同,而用户通常不关心网站的 IP。目前的主流浏览器会记录常用网站的 IP,一旦 IP 不同会发出警告,这时用户就需要提高警惕了。

14.5 备份安全

视频讲解

本节介绍备份安全基础知识,包括文件备份和操作系统备份。

14.5.1 备份基础知识

人们无法永远阻止突发事件的发生,如硬盘会有使用寿命、计算机可能被盗或中病毒,天灾突降等。这时如果有备份,就可将数据还原;如果没有及时备份,数据就很有可能永久丢失掉了。

备份的频率取决于数据的重要性和变化性。不常用的数据只需每个月备份一次,经常使用的数据可以每周备份一次,而非常重要的数据如项目文档、论文最好每天都备份。备份可以存储在移动硬盘或 U 盘中,也可以上传到用户的网盘,或者专门提供备份服务的网站上。

备份也需要注意安全性,即不会被不法者偷走,也不会发生原文件和备份文件同时损坏的情况。非常重要的文件最好备份多个并放在较安全的地方,如果将重要文件备份到因特网中,最好将其提前加密。

下面将提供一些常用的备份手段。

14.5.2 文件备份

最简单的备份方法就是直接复制文件到备份载体上,需要备份的时候再复制回来。可以考虑对以下文件进行定期备份。

(1) 用户制作的文档、图像、音频、视频等数据文件。这些文件是唯一的,且很难再现。

(2) 电子邮件。如果用户使用 POP3 协议(本机从服务器上将邮件下载完毕后,服务器上的邮件会被删除),就需要自己备份电子邮件。

(3) 常用软件的验证码、密钥或激活码,以备重新激活时使用。

(4) 一些不常用账户的账号和密码。如果信息存在密码管理器中,可使用密码管理器提供的备份功能。

14.5.3 同步

同步是指对两个设备的文件内容进行比较,并使其相同。用户可以利用同步功能进行备份,即将原设备数据同步到备份设备上,需要还原时,再将备份设备数据同步到原设备。

最常用的同步软件是 macOS 中的 Time Machine,它会每小时同步计算机存储设备中的所有文件到备份介质上。当用户需要时,可以还原特定时间点的特定文件,甚至还原整个系统,如图 14-15 所示。

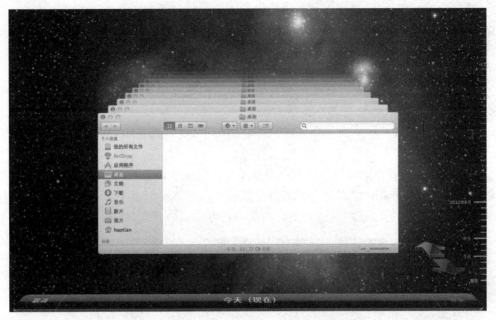

图 14-15　通过 Time Machine 软件进行系统备份

14.5.4　Windows 操作系统备份

Windows 系统也提供了文件备份软件,用户可以使用文件备份软件或第三方提供的文件备份实用程序对需要的文件进行备份,备份软件会定期将所选文件压缩后放入备份介质中,如图 14-16 所示。

图 14-16　文件历史记录功能对文件进行定期备份

在使用备份软件时,可能需要知道以下几种备份的含义与区别。

(1) 完全备份,即为所有备份文件创建一份新的副本。

(2) 差异备份,只备份在上次完全备份后添加或修改过的文件。当还原文件时,首先还原完全备份,再还原最近的差异备份。

(3) 增量备份,只备份在上次完全备份或增量备份后添加或修改过的文件。当还原文件时,首先还原完全备份,再按时间顺序从先到后还原增量备份。可以理解为,差异备份只需还原一次,而增量备份则需还原多次。

备份软件需要在操作系统上运行,而如果操作系统不能正常运行(如硬盘故障),可以先采用如下方式修复,再进行备份还原。

(1) 启动盘。启动盘是存储有操作系统文件的移动存储介质,如光盘、U 盘,可以通过启动盘来启动计算机,并修复或重装操作系统。

(2) 恢复盘。恢复盘包含了计算机出厂时的数据,使用恢复盘可以将计算机恢复到出厂时的默认状态。

Windows 注册表存储有计算机所有设备和软件的配置信息,因此备份注册表也是十分重要的。可以通过创建还原点的方式备份注册表。还原点是计算机设置的快照,如果计算机出现了问题,可以通过还原点恢复到之前能够正常使用的状态,如图 14-17 所示。

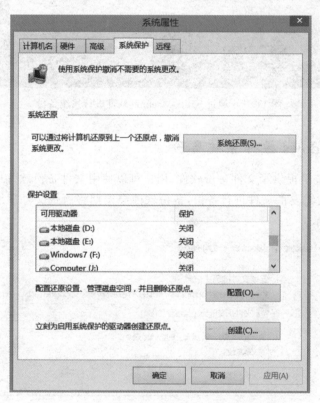

图 14-17 通过还原点恢复系统设置

14.5.5 裸机还原与磁盘镜像

通过裸机还原可以一次性地还原整个操作系统的全部文件与配置,带有裸机还原功能的备份软件会存储操作系统、驱动程序、应用程序和数据到磁盘镜像中。当需要时,可直接从磁盘镜像还原。

磁盘镜像对磁盘中的所有数据进行精确的、完全的复制，就像是磁盘的一个副本。制作磁盘镜像需要花费相当长的时间，不过这是很有意义的——当操作系统崩溃时，可从磁盘镜像一步还原，而不必再经过修复操作系统、安装驱动、安装应用程序等繁杂过程。

14.5.6 平板电脑和智能手机备份

平板电脑和智能手机有以下两种备份方式。

（1）通过与台式计算机或笔记本电脑同步进行备份，如苹果的 iPhone、iPod 和 iPad 利用 iTunes 软件同步，当用户需要时，可以选择备份文件还原，如图 14-18 所示。

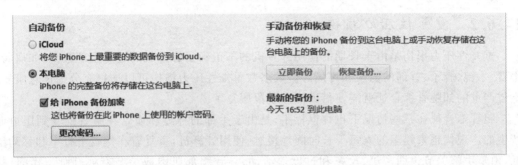

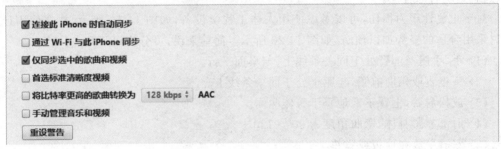

图 14-18　通过 iTunes 软件同步进行备份

（2）将备份存储在 SD 卡或备份应用提供商维护的云端。安卓设备可以采用这种方式进行备份，不过需要安装第三方应用。

14.6　工作区安全和人体工程学

本节介绍与计算机相关的人体安全问题，并提出一些解决方案。

14.6.1　辐射

辐射是一种传播能量的方式，自然界中的一切物体，只要温度在绝对零度以上，都以电磁波和粒子的形式源源不断地辐射能量。日常生活中的大多数辐射被认为是安全的，如可见光、红外热等；另外一些辐射如 X 射线，如果接触时间过长，对人类是有害的。

数字设备在使用时也不可避免地有辐射——如果没有辐射，它们就不能正常工作了。例如，显示器发出的光和数字设备的电磁信号都是不可或缺的。

人们可能会担心数字设备的辐射会影响健康,但实际上数字设备的辐射对人的影响是非常小的。即便是早期的阴极射线管显示器,其覆铅玻璃也能阻挡住绝大部分 X 射线辐射,更不用说现在常用的辐射更小的 LCD、LED 显示器了。数字设备的辐射水平会随距离的增加而急剧减小,一般来说,只要距离显示器和计算机主机约 50cm,就可避免绝大部分辐射。

智能手机等移动设备在使用尤其是通话时也会辐射能量,科学家还在研究多大的移动设备辐射量对长期使用是安全的,不过在得出结论前,人们仍可以采取一些措施——使用耳机或免提功能,尽量在手机通话时远离手机。

14.6.2 重复性压力损伤

重复性压力损伤是由于长期的使用计算机的不正确姿势造成的过劳生理紊乱,如肩膀、手臂、手腕、脖子、背部的僵硬和疼痛等。大多数重复性压力损伤可以通过充分的休息康复,不过严重的如腕管综合征就需要借助医疗手段康复了。

腕管综合征在某些情况下也称鼠标手,是由于手部的神经和血管在腕管处受到压迫而产生的。现代越来越多的人每天长时间地接触、使用计算机,重复着在键盘上打字和移动鼠标,由于手腕关节长期密集、反复和过度地活动,导致腕部肌肉或关节麻痹、肿胀、疼痛、痉挛,这就是腕管综合征。

对于重复性压力损伤,可以考虑使用人体工程学设备,如图 14-19 所示,并在使用计算机时采用合适的姿势加以预防,如图 14-20 所示。简单来说,可分为以下几点。

(1) 手、手腕及前臂处于同一条线上,与桌面平行。

(2) 头挺直或稍向前倾,与躯干处于同一条线上。

(3) 放松肩膀,上臂正常地垂于身体两侧。

(4) 肘部靠紧身体,弯曲角度为 90°～120°。

(5) 双脚平放在地板或脚垫上。

(6) 将背部轻轻靠在椅背上,使得整个背部都能够得到支撑。

图 14-19 人体工程学显示器

图 14-20 正确的坐姿

14.6.3 眼疲劳

使用计算机时间过长容易造成眼睛的干涩、痛痒、疲倦、视物模糊、烧灼感、流泪等疲劳症状。尽量避免长期使用计算机是最好的缓解眼疲劳的方式,使用计算机时每隔一段时间可以休息一下。除此之外,以下一些措施也可缓解眼疲劳的症状。

(1) 调整显示器的位置,保证自己与显示器大概一臂距离,并尽量减少屏幕上的反光和眩光。

(2) 调整显示器亮度。当周围环境很暗时,也把显示器亮度调暗。

(3) 调整显示器的分辨率。分辨率越小,相同的文字、界面就显示的越大。

(4) 使用过滤蓝色光的显示器或眼镜。有调查表明,长期的短波蓝光照射视网膜会产生自由基,而这些自由基会导致视网膜色素上皮细胞衰亡,从而引起视网膜病变等多种眼科疾病。防蓝光的眼镜或显示器可以大大减轻蓝光对眼睛的刺激,消除眼睛酸涩、发热或者疼痛等不适症状,缓解眼睛疲劳。使用一款名为 f.lux 的软件,则可以在日落后自动将显示器色调由冷色调缓慢调整至暖色调,以缓解眼睛疲劳。

14.6.4 久坐

长时间地保持坐姿会限制血液循环,也有健康风险。因此每坐一段时间,最好站起来活动一下,可以使用休息提醒实用工具来定期提醒自己。另外,为了让座椅不影响腿部的血液循环,小腿与座椅前端的间隙不应少于 5cm,且大腿应和地面平行。

小 结

本章主要介绍了计算机领域的诸多安全性问题,包括非授权使用、恶意软件、在线入侵、社会安全等。

通过对本章的学习,读者应能够在使用计算机时更加有效地保护自己的安全。

习 题

一、判断题

1. 在授权中,只能将密码设定为文字。 ( )
2. 将身份证号设为密码是安全的。 ( )
3. 病毒可以在计算机中潜伏很长时间,直到某个特定的条件满足时才开始发作。 ( )
4. 按键记录盗窃密码是指通过植入蠕虫记录用户的按键行为以获取密码。 ( )
5. Time Machine 可以还原特定时间点的特定文件,甚至还原整个系统。 ( )
6. 通过裸机还原可以一次性地还原整个操作系统的全部文件与配置。 ( )
7. 路由器可以有效保护计算机使其不受入侵。 ( )
8. 邮箱中任意邮件中的链接都可以随意单击。 ( )

9. 一旦怀疑进入了假冒网站,最直接的辨别方式就是根据网址。 ( )
10. 眼疲劳与显示器的位置无关。 ( )

二、选择题

1. 以下说法正确的是( )。
   A. 授权与加密没有区别   B. 加密算法不能被公开
   C. 使用生日作为密码是很安全的   D. 非对称式加密比对称式加密更安全
2. 以下恶意软件中,不会自我繁殖的是( )。
   A. 病毒   B. 蠕虫   C. 木马   D. 以上都不是
3. 以下属于恶意软件的是( )。
   A. 僵尸网络   B. 间谍软件   C. 蠕虫   D. 以上都是
4. Windows注册表可以通过( )备份。
   A. 完全备份   B. 增量备份   C. 差异备份   D. 创建还原点
5. 若接收到了对方发送的私钥加密的强加密信息,则可以使用( )解密。
   A. 私钥   B. 公钥
   C. 私钥或公钥皆可   D. 蛮力破解
6. 以下不能直接保护端口的是( )。
   A. 防火墙   B. 杀毒软件
   C. 路由器   D. 不使用时关闭计算机
7. 以下Cookies中侵害用户隐私可能性较低的是( )。
   A. Flash Cookie   B. 广告服务Cookies
   C. 第一方Cookie   D. 第三方Cookie
8. 流氓软件是( )。
   A. 正规软件   B. 恶意软件
   C. 介于正规软件和恶意软件之间 D. 以上都不是
9. 专业人员可以使用( )检测本机的端口情况。
   A. ping   B. netstat   C. route   D. tracert
10. 以下说法正确是( )。
    A. 计算机辐射可以消除   B. 腕管综合征通过休息即可康复
    C. 长期的短波蓝光照射对眼睛伤害较大 D. 久坐对健康无影响

三、思考题

1. 如果使用是的笔记本电脑,找一找它的防盗锁锁孔在哪里?
2. 设置几个不同安全等级的密码。
3. 如何清除Flash Cookie?
4. 查找自己常用浏览器的设置,在网页不安全时它会以何种方式提示?
5. 审视自己的工作区,看看有没有什么不符合工作区安全和人体工程学的地方。
6. 为何非对称式加密(如RSA加密)中的公钥和私钥能互相地加密与解密?尝试了解其原理。

第 15 章　计算机职业与道德

本章主要介绍计算机职业与道德的相关知识,包括与计算机相关的职位和薪水、教育和认证、求职与简历的基础知识,以及职业道德。通过本章的学习,读者应能够更加了解计算机职业与道德,更好地使用计算机和因特网搜索各个领域的职位。

15.1　计算机专业人员的职业

本节介绍与计算机相关的职位和薪水、教育和认证,以及求职和简历的基本知识。

15.1.1　职位和薪水

计算机专业人员是指在工作中主要涉及计算机硬件或软件的设计、分析、开发、配置、修改、测试或安全的人。大多数的计算机专业人员都在 IT 部门工作,IT 职位大体可分为以下几类。

(1) 编程/软件工程,负责软件的开发与维护。

(2) 系统分析与整合,负责信息系统的规划、架构等。

(3) 数据库管理与开发,负责数据库的架构、开发与维护,负责管理、分析数据。

(4) 网络设计与管理,负责规划、安装与维护局域网,并与因特网连接。

(5) Web 营销与社交网络,利用网站和社交网站上的关系进行营销。

(6) Web 开发与管理,负责网站和网页的设计。

(7) 数字媒体,负责多媒体的制作。

(8) 技术写作,利用计算机和网络出版书籍、文档、文献。

(9) 技术支持,负责解决用户遇到的硬件或软件问题。

(10) 移动技术与 App 开发,通过移动因特网,专注于手机应用软件的开发与服务。

(11) 信息系统安全,负责保护计算机硬件、软件、数据不因偶然的或恶意的原因而遭受破坏、更改、泄露。

(12) 人工智能,负责研究、开发用于模拟、延伸和扩展人的智能的理论、方法、技术及应用系统。

(13) 软件测试,负责在规定的条件下对程序进行操作,以便发现程序错误、衡量软件质量,并对其是否能满足设计要求进行评估的过程。

(14) 系统运维,负责保障系统正常运行。

(15) 项目管理,负责在项目活动中运用专门的知识、技能、工具和方法,使项目能够在有限资源限定条件下,实现或超过设定的需求和期望的过程。

常见 IT 职位如表 15-1 所示。

表 15-1 常见 IT 职位

信息系统安全	人工智能	软件测试	系统运维	项目管理
计算机安全专家 移动安全专家 网络安全管理员 安全分析师 安全系统项目经理 数字证书分析师	AI/机器学习工程师 数据标签专业人员 AI 硬件专家 数据保护专家 数据挖掘工程师 算法工程师 智能机器人研发工程师	测试工程师 测试经理	运维工程师 系统管理员 运维开发工程师	项目助理 项目经理
编程/软件工程	系统分析与整合	数据管理与开发	网络设计与管理	Web 营销与社交网络
计算机程序员 软件工程师 软件架构师 操作系统工程师 操作系统分析员 软件测试员 软件质量保证专家 企业分析员 程序经理	云架构师 系统分析员 系统架构员 系统集成员 信息系统架构师 信息系统规划师 数据系统设计员 应用程序集成员 数据系统经理	数据库管理员 数据库分析员 数据库开发员 数据库安全专家 知识架构师 数据库经理 数据科学家 数据分析师 数字取证审查员 网站分析员	网络架构师 网络工程师 网络分析员 网络管理员 网络运维分析员 网络安全分析员 通信分析员 网络专家 网络经理	客户关系管理专家 社交网络营销专家 搜索引擎优化专家 用户体验设计师 社交网站分析员
Web 开发与管理	数字媒体	技术写作	技术支持	移动技术与 App 开发
Web 架构师 Web 设计员 Web 管理员 网站开发员 网页开发员 网站管理员 Web 专家	动画制作人 音频工程师 视频工程师 制图师 媒体设计师 多媒体制作人 多媒体开发员 多媒体专家 流媒体专家 虚拟现实专家	桌面出版人 电子出版人 教学设计员 文献专家 编辑 文献书写员 出版经理	客户联络人 客户服务代表 产品支持工程师 销售支持技术员 咨询台技术员 技术支持代表	App 应用开发者 游戏设计师 移动策略师 移动技术专家

除了在 IT 部门就职外,计算机专业人员还可以选择其他与计算机相关的职位,如计算机硬件工程师、计算机销售代表、应用程序文档编写等。

在 IT 产业中,不同公司、不同地区、不同学位、不同职位的薪资水平有所不同,但总体来说较高于同地区的其他产业。表 15-2 列举了部分 IT 企业本科毕业生的基本薪资水平(k 表示 1000)。

表 15-2 部分 IT 企业的基本薪资水平

IT 企业	薪资水平	IT 企业	薪资水平
百度	11～15k×14	网易	11～13k×16
腾讯	12～16k×16	搜狐	13～14k×14
阿里巴巴	13～16k×15	微软	15～16k×12
360	13～16k×14	IBM	12～14k×14
美团	12～14k×14	华为	10～12k×14
字节跳动	17～18k×16	新浪	11～12k×16

相比于 IT 企业的高薪,在非 IT 企业(如金融机构)就职的计算机专业人员薪资水平则相对较低。

15.1.2 教育和认证

专科学位、本科学位和研究生学位的从业人员都可以在 IT 产业中找到合适的工作,但对大多数的 IT 职位来说,本科学位是最基本的要求。

在我国,与计算机直接相关的本科专业有两个,即计算机科学和软件工程。这两个专业的课程覆盖范围大致相同,但侧重不同,计算机科学致力于研究计算机体系结构及如何通过为计算机编程使它们能够有效且高效地工作;软件工程则更侧重于软件与应用。除此之外,还有很多专业与计算机有着直接或间接的关系,如计算机工程、信息系统、信息技术、通信工程、电子信息工程、自动化、数学与应用数学等。

与计算机相关的研究方向则更多,如人工智能、大数据、虚拟现实、物联网、移动云计算、计算机游戏、网络信息安全、因特网营销与管理、嵌入式软件、软件质量管理与测试等。

与其他行业相似,计算机领域也有认证。不同的认证分量不同,许多雇主也会选择性地评判证书的价值。与证书相比,应聘者的实际能力更重要。

认证考试是指一种能够证明某一专门技术或者学科知识水平的客观测试。在从桌面出版到网络安装等专业领域中,总共包含了大约 300 种计算机相关的认证考试。认证考试可以分为计算机综合知识、软件应用、数据库管理、网络和云及计算机硬件。

在我国,计算机领域的认证主要有计算机等级考试和行业认证两种。

(1) 计算机等级考试。全国计算机等级考试(National Computer Rank Examination,NCRE)是由教育部主办,面向社会,用于考查应试人员计算机应用知识与能力的全国性计算机水平考试体系。NCRE 共设 4 个等级,其中一级考核计算机基础知识和使用办公软件及因特网的基本技能;二级考核计算机基础知识和使用一种高级计算机语言编写程序及上机调试的基本技能;三级分为"数据库技术""网络技术""软件测试技术""信息安全技术"和"嵌入式系统开发技术"等 5 个科目;四级分为"网络工程师""数据库工程师""软件测试工程师""信息安全工程师"和"嵌入式系统开发工程师"等 5 个类别。

(2) 行业认证。行业认证是由企业或协会主办的与计算机相关的认证,用于考查应试人员对企业或协会涉足领域的理解与技术水平。例如,微软认证包括系统管理方向、数据库方向和开发方向的证书;Oracle 认证主要是数据库管理;Adobe 认证包括 Adobe 产品技术认证、Adobe 动漫技能认证、Adobe 平面视觉设计师认证等;华为认证包括华为认证网络工程师、华为认证网络资深工程师、华为认证互联网专家等。

15.1.3 求职基础知识

在 IT 产业中谋求工作和在其他产业中寻找工作一样,都需要经过如下的求职步骤。

(1) 确定想要的工作。确定自己能够胜任的职位,职位可以是一个范围,如"数据库管理与开发"。

(2) 撰写个人简历。写好的个人简历可以发布在 Web 上。

(3) 寻找职位空缺。可以通过因特网、报纸的招聘版面或其他渠道寻找空缺职位。

(4) 投递简历。将自己的简历以信件或电子邮件的形式投递给潜在雇主。

(5) 准备面试。雇主可能会通过面试考察应聘者的专业水平,一些雇主还会安排笔试。

(6) 评估工作机会。如果通过了面试并得到雇主的邀请,需要评估得到的工作机会。

(7) 接受新工作。

15.1.4 简历制作及发布

无论应聘者想要应聘哪个行业,电子简历都一样重要。但对于计算机领域的应聘者来说,他们还可以通过处理简历的方式向潜在雇主展示自己的能力。例如,可以使用桌面出版软件润色简历,还可以制作简历的 HTML 或 XML 版本。

一份好的简历应该包含有应聘者的姓名、联系信息、教育/培训经历、工作经历、所获荣誉、专业技能、个人爱好等信息,并且需要注意种种细节。

(1) 简历内容简明扼要,页数最好控制在一页。

(2) 确保字体容易阅读,不要太小或太大,不要过多使用粗体或下画线,不用奇怪的字体。

(3) 页边距不要太窄。

(4) 不要有语法或拼写错误。

(5) 不要编造故事。

(6) 针对不同的雇主定制简历,而不要对所有的潜在雇主发放相同的简历。

一些文字处理软件提供了简历模板,如微软的 Word 就提供了多种简历模板供使用者参考,如图 15-1 所示。但为了避免自己的简历和其他应聘者的相似,最好设计属于自己的简历模板。

应聘者还可以将自己的简历制作成 HTML 或 XML 格式,发布至网站。简历中可以包含链接,可以让企业的招聘专员通过链接直观地了解到应聘者的相关信息或项目经验。

15.1.5 专业网络站点

求职者在寻找职位空缺时,除了通过对应企业的招聘页面外,还可以通过专业网络站点进行查询或搜索。专业网络站点可以分为职业社交网站和职位搜索引擎两种。

最著名的职业社交网站是 LiinkedIn,中文名为领英,领英致力于向全球职场人士提供沟通平台。国内其他比较大的职业社交网站有天际网、若邻网、环球人脉网等。通过职业社交网站不仅可以进行职位搜索(见图 15-2),还可以打造职业形象、获取商业机遇、拓展职业人脉等。

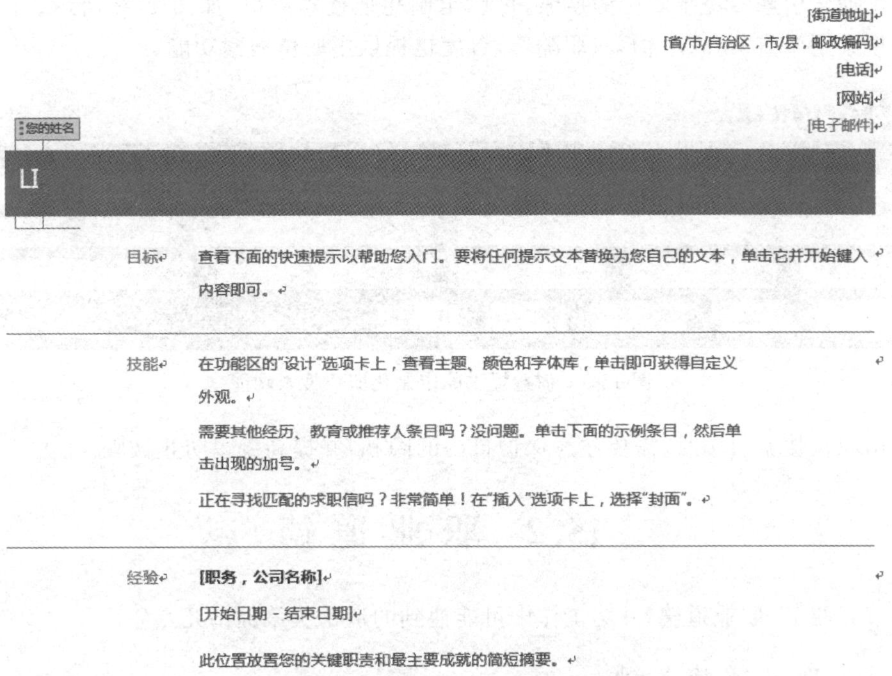

[街道地址]
[省/市/自治区，市/县，邮政编码]
[电话]
[网站]
[电子邮件]

[您的姓名]

LI

目标　查看下面的快速提示以帮助您入门。要将任何提示文本替换为您自己的文本，单击它并开始键入内容即可。

技能　在功能区的"设计"选项卡上，查看主题、颜色和字体库，单击即可获得自定义外观。
需要其他经历、教育或推荐人条目吗？没问题。单击下面的示例条目，然后单击出现的加号。
正在寻找匹配的求职信吗？非常简单！在"插入"选项卡上，选择"封面"。

经验　[职务，公司名称]
[开始日期 - 结束日期]
此位置放置您的关键职责和最主要成就的简短摘要。

图 15-1　Word 提供的简历模板

图 15-2　领英网络提供的职位搜索功能

职位搜索引擎专注于职位的搜索,可以定制化地搜索职位,如图15-3所示。国内常用的职位搜索引擎有Indeed、伯益、职酷等,百度也提供了职位搜索功能。

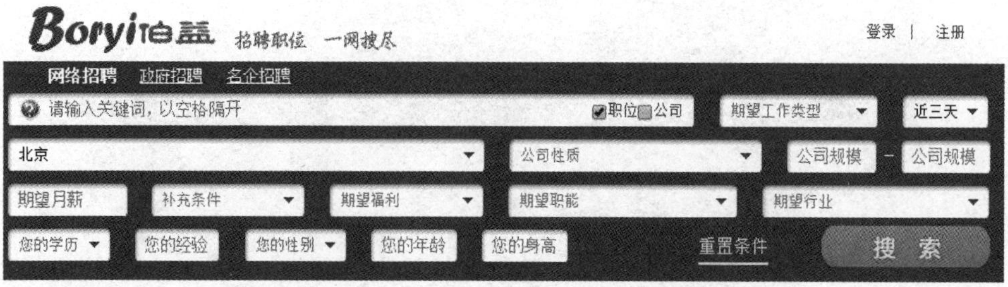

图15-3 伯益提供的定制化职位搜索功能

使用职位搜索引擎时,需要注意保护自己的隐私,并提高警惕防止被骗。

15.2 职业道德

本节介绍IT职业道德,并为工作中可能遇到的道德决策提出几点建议。

15.2.1 职业道德基础知识

职业道德是同职业活动紧密联系的符合职业特点的道德准则。员工在工作中可能会遇到两难的抉择,如老板要求员工透露其前雇主的某些竞争项目的内容,如果员工同意了,将获得很多好处,但这却是不公平的,这时便需要做出符合职业道德的决定。简而言之,职业道德就是"勿以善小而不为,勿以恶小而为之"。

职业道德并不等同于法律。法律是提倡道德行为的,但并不等价于道德规范,即一些行为是合法的,却不一定合乎道德。还有一些法律并不健全,可能被"钻空子"。因此讲道德的人一般会比法律要求的做得更多一些。

15.2.2 IT道德规范

在IT领域中,需要道德抉择的情形可分为软件版权、隐私、保密、黑客、工作计算机的使用、软件质量等类型。

1. 软件版权

目前,市面上破解软件、盗版软件大行其道,在监督不完善的情况下,安装正版软件还是盗版软件就成为了道德问题。除此之外,是否要违反单用户许可证而给多台计算机安装软件副本也是道德问题。一般来说,符合软件许可协议的操作都是道德的。

2. 隐私

隐私又分为客户隐私和员工隐私。存储在数据库中的客户隐私应该严格保密,而不能为了一己私利泄露。在员工不知情、公司政策未说明的情况下监控其活动也是不道德的。管理者和员工都应该熟知有关隐私的法律及公司政策。

3. 保密

在IT领域中,人员的流动是非常频繁的,因此经常有可能出现员工正在开发的软件与其前雇主的软件是竞争关系,或者竞争对手以重金购买员工正在开发的软件信息。为了避免损害公司利益,公司一般会与员工签署非竞争条款,其作用时间可以超过工作合同的期限。例如,禁止向竞争对手泄露机密信息或新开一家竞争性的企业,有的公司甚至要求员工离职后两年内不得从事与公司相同业务的工作。

4. 黑客

技术很高的计算机专业人员可能会遇到这样的道德抉择——是做黑客还是做白客。黑客是破坏者,利用恶意软件破坏计算机和网络;白客是维护者,站在道德的角度和黑客对抗,维护计算机和网络的安全。黑客可以通过一款恶意软件谋得大量利益;而白客的收入可能相对较少。

5. 工作计算机的使用

是否可以将工作计算机用于个人行为,有时也是一个道德抉择。一些企业在与员工签订工作合同时会明确限定工作计算机的使用,如果没有限定,就需要员工自己去判断了。例如,如果员工想要在非工作时段使用工作计算机编写属于自己的软件,就需要先明确这个软件的版权是属于公司还是属于自己。

6. 软件质量

在软件编码过程中,bug 是不可避免的,出现的 bug 需要通过软件测试阶段尽量消除。而一旦开发延期或截止日期提前,测试时间就有可能被压缩,此时测试人员就要面临两难的抉择——是以降低软件质量的代价保证在截止日期前交工,还是保证软件质量但可能在截止日期前不能完工。一些公司允许发布的软件中存在一定数量的 bug,但测试人员仍需考虑测试时间减少可能带来的后果。

15.2.3 道德抉择

1. 计算机相关法律法规

当遇到道德抉择时,首先可以通过查阅相关法律、法规做出选择,下面列举了一些我国的计算机相关法律法规。

(1)《中华人民共和国反不正当竞争法》,1993 年 12 月。

(2)《中华人民共和国计算机信息系统安全保护条例》,1994 年 2 月。

(3)《计算机信息系统安全专用产品检测和销售许可证管理办法》,1997 年 12 月。

(4)《计算机信息网络国际联网安全保护管理办法》,1997 年 12 月。

(5)《计算机病毒防治管理办法》,2000 年 4 月。

(6)《计算机软件保护条例》,2001 年 12 月。

(7)《计算机软件著作权登记办法》,2002 年 2 月。

(8)《软件产品管理办法》,2009 年 2 月。

(9)《中华人民共和国专利法》,2009 年 10 月。

(10)《中华人民共和国著作权法》,2012 年 3 月。

如果法律、法规没有明确规定,可以考虑如下策略。

① 与可信任的人交谈,如向家人、朋友或导师咨询建议。

② 换位思考问题,将自己放在利害关系的另一方考虑问题。
③ 考虑自己的行为一旦被公开会有何后果。
④ 了解职业道德规范,可以参考国外一些组织制定的道德和职业行为规范。
下面列举了美国在计算机职业领域所规定的部分行为准则。

2. ACM(美国计算机协会)《伦理与职业行为准则》(部分)

(1) 为社会和人类福祉做出贡献。
(2) 避免伤害其他人。
(3) 做到诚实可信。
(4) 遵守公正并在行为上无歧视。
(5) 尊重包括版权和专利权在内的所有权。
(6) 尊重知识产权。
(7) 尊重其他人的隐私。
(8) 保守机密。
(9) 努力在职业工作的过程和产品两个方面实现最理想的质量、效率,并保持尊严。
(10) 获取并保持本领域的专业能力。
(11) 了解并遵守与专业相关的现有法律。
(12) 接受并提供合适的专业评论。
(13) 对计算机系统的影响与风险应有完整地了解并给出详细的评估。
(14) 遵守合同、协议和分配的责任。
(15) 增进非专业人员对计算机工作原理和运行结果的理解。
(16) 仅仅在获得授权时才使用计算和通信资源。

3. 美国计算机伦理协会为计算机伦理学所制定的 10 条戒律

(1) 不应用计算机去伤害别人。
(2) 不应干扰别人的计算机工作。
(3) 不应窥探别人的文件。
(4) 不应用计算机进行偷窃。
(5) 不应用计算机作伪证。
(6) 不应使用或复制没有付款的软件。
(7) 不应未经许可而使用别人的计算机资源。
(8) 不应盗用别人的智力成果。
(9) 应该考虑所编的程序的社会后果。
(10) 应该以深思熟虑和慎重的方式来使用计算机。

4. 南加利福尼亚大学网络伦理声明指出的 6 种网络不道德行为类型

(1) 有意地造成网络交通混乱或擅自闯入网络及其相连的系统。
(2) 商业性地或欺骗性地利用大学计算机资源。
(3) 偷窃资料、设备或智力成果。
(4) 未经许可而接近他人的文件。
(5) 在公共用户场合做引起混乱或造成破坏的行动。
(6) 伪造电子邮件信息。

道德抉择的好与坏就像"塞翁失马"一样,有时并不能马上得出。但无论如何,都需为自己的抉择可能造成的后果负责。

15.2.4 举报

举报是指由雇员(或专业人员)揭露,关系到工作场所、雇主或同事的,有关与危险、欺诈或者其他非法、不道德行为有关的秘密信息。

当发现同事、雇主有不道德或违法行为时,员工可以考虑向上级或法律机构举报。但举报的风险也很大,举报者有可能因此失去工作。为了降低举报的风险,在举报前可考虑如下建议。

(1) 保持冷静。不要因为一时的挫折而去举报,冷静后再思考是否遇到了不道德或违法行为,确认后再举报。

(2) 先向公司管理层报告。如果公司内部可以解决,就不要公之于众。

(3) 搜集证据。将举报需要的证据记录下来。

(4) 不要因为举报而违反道德或法律。搜集证据及举报时不要违反保密协议,不要侵害他人的权利。

(5) 考虑匿名举报或集体举报,这样可以降低举报的风险。

小　　结

本章主要介绍了计算机职业与道德相关知识,包括与计算机相关的职位和薪水、教育和认证、求职与简历的基础知识,以及职业道德。

通过对本章的学习,读者应能够更加了解计算机职业和道德,并能利用计算机和因特网搜索职位。

习　　题

第 15 章在线测试题

一、判断题

1. 计算机专业人员是指在工作中主要涉及计算机软件的设计、分析、开发、配置、修改、测试或安全的人。　　　　　　　　　　　　　　　　　　　　　　　　　　(　　)
2. 在 IT 产业中,不同地区、不同职位的薪资水平大体相同。　　　　　　(　　)
3. 对大多数的 IT 职位来说,本科学位是最基本的要求。　　　　　　　　(　　)
4. 与计算机相关的本科专业只有计算机科学与技术和软件工程两个。　　(　　)
5. 与证书相比,应聘者的实际能力更重要。　　　　　　　　　　　　　　(　　)
6. 计算机二级考核计算机基础知识和使用办公软件及因特网的基本技能。(　　)
7. 最好对不同的雇主定制不同的简历。　　　　　　　　　　　　　　　　(　　)
8. 职位搜索引擎可以打造职业形象、获取商业机遇、拓展职业人脉。　　(　　)
9. 在非工作时段,可以将工作计算机用于任意的个人行为。　　　　　　(　　)
10. 不要因为举报而违反道德或法律。　　　　　　　　　　　　　　　　(　　)

二、选择题

1. 网站开发员属于(　　)。
   A. 系统分析与整合　　　　　　　　B. Web 开发与管理
   C. 网络设计与管理　　　　　　　　D. 数字媒体

2. (　　)负责信息系统的规划。
   A. 编程/软件工程　　　　　　　　B. 技术支持
   C. 系统分析与整合　　　　　　　　D. Web 开发与管理

3. 以下不属于行业认证的是(　　)。
   A. Oracle 数据库认证　　　　　　　B. Adobe 认证
   C. 微软开发认证　　　　　　　　　D. NCRE 认证

4. 可以通过(　　)寻找空缺职位。
   A. 职位搜索引擎　　B. 报纸　　C. 职业社交网站　　D. 以上均可

5. 以下关于简历的说法,正确的是(　　)。
   A. 简历内容越多越好　　　　　　　B. 简历的页边距不能太窄
   C. 可以在简历中编造故事　　　　　D. 可任意加粗需要引起注意的文字

6. 职业社交网站可以(　　)。
   A. 搜索职位　　　B. 扩展人脉　　　C. 寻找商机　　　D. 以上均可

7. 员工在对软件版权有疑问时,应(　　)。
   A. 查阅其软件许可协议　　　　　　B. 查阅法律
   C. 询问上级　　　　　　　　　　　D. 直接使用

8. 公司一般会与员工签署(　　),以防止员工向竞争对手泄密。
   A. 非竞争条款　　　　　　　　　　B. 工作合同
   C. 职业行为准则　　　　　　　　　D. 道德规范

9. 以下行为不道德的是(　　)。
   A. 接受并提供合适的专业评论　　　B. 不用计算机作伪证
   C. 未经许可而接近他人的文件　　　D. 尊重知识产权

10. 在搜集证据时,可以(　　)。
    A. 窥探别人的文件　　　　　　　　B. 干扰别人的计算机工作
    C. 未经许可而使用别人的计算机资源　D. 以深思熟虑和慎重的方式搜集

三、思考题

1. 查一查更多的 IT 公司与非 IT 公司的薪水待遇。
2. 了解全国计算机等级考试的具体考试形式与考试内容。
3. 除了上文中介绍到的外,还有哪些比较权威的行业认证?
4. 尝试使用职位搜索引擎搜索特定的职位。
5. 查找美国计算机协会伦理与职业行为准则的详细内容。
6. 在当今的 IT 产业中,有哪些比较明显的商业道德问题?

附录 A 计算机发展史

计算机的发展历史

前计算机时代与早期计算机

最早的有记录的计算设备，算盘，被认为是中国人（一说巴比伦人，尚无定论）在公元前 500 年和公元前 100 年之间的某个时候发明的。它和相似类型的计数板都仅被用于计数。

公元前 500 年

Blaise Pascal 发明了第一台机械式计算器，被称为 Pascaline 算术机器。它有八位数的运算能力，可以进行加和减。

1642

John V. Atanasoff 博士与 Clifford Berry 设计并建造了 ABC（Atanasoff-Berry 计算机），世界上第一台电子数字计算机。

1937

1621

计算尺—电子计算器的前身，被发明了。它主要用于执行乘法、除法、平方根和对数的计算，其广泛的使用一直持续到 20 世纪 70 年代。

1804

法国的丝绸编织者 Joseph-Marie Jacquard 建造了织机，织机通过阅读硬木的一组小薄板上穿过孔的小洞控制编织的模式。这台自动化的机器引入了穿孔卡片并表明它们可以用来传达一系列指令。

1944

Mark I 被认为是第一台数字计算机，由 IBM 推出。它是与哈佛大学合作开发的，超过 50 英尺长，重达近 5 吨，并使用机电式继电器，解决加法问题只需要不到 1 秒钟，乘法和除法分别需要大约 6 秒和 12 秒。

前计算机和早期的计算机（大约在 1945 年之前）

大多数前计算机和早期的计算机是通过齿轮和手柄工作的机械设备。机电设备（使用电力和齿轮和手柄）在这个时代的即将结束时开始发展。

第一代计算机（大约在 1946 年-1957 年）

使用真空管的计算机的速度通常比机电设备更快，但它们大而笨重，产生过多的热量，并且必须采用物理连接，每次运行程序都需要重启。输入主要通过穿孔卡片；输出在穿孔卡片或纸张上。在这些计算机上编程通常采用机器语言和汇编语言。

UNIVAC 1为最早进行大规模生产并投入一般使用的计算机,由Remington Rand推出。在1952年,它被用来分析美国总统大选的选票,并在投票结束仅45分钟后就正确地预测出Dwight D. Eisenhower(艾森豪威尔)将赢得票选。不过结果没有立即播送,因为这不会被相信的。

由Grace Hopper博士负责的美国工程标准委员会研制出了COBOL编程语言。

推出了软盘(直径为8英寸)。

AT&T公司的贝尔实验室研制出了UNIX操作系统;AMD公司成立了;ARPANET(现代互联网的先驱)成立了。

IBM公司对它的部分硬件和软件分别计价,并开始分别出售它们,这使一些软件公司得以涌现。

1951　　1960　　　　　　　　1967　　1969

第一代计算机　　第二代计算机　　第三代计算机

1947　　1957　　1964　　　　　　1968

推出了FORTRAN编程语言。

Robert Noyce和Gordon Moore成立了Intel公司。

John Bardeen、Walter Brattain和William Shockley发明了晶体管,同具有相同功能的真空管相比,它更快,很少损坏,消耗更少能量,产生更少的热量。在1956年,他们因这一发明获得诺贝尔奖,自此之后计算机开始使用晶体管。

Doug Engelbart发明了鼠标。

推出了IBM的System/360计算机。不同于早先的计算机,System/360包含了一整套兼容计算机,使得升级更容易。

第二代计算机(1958—1963年)
第二代计算机使用晶体管代替真空管。它们使计算机成为体积更小,功能更强大,更可靠,而且速度比以前更快。输入主要采用穿孔卡和磁带;输出在穿孔卡和纸张上;存储设备采用磁带和磁盘。在这些计算机上编程通常采用高级编程语言。

第三代计算机(1964—1970年)
当集成电路(IC)——计算机芯片开始被用来代替传统的晶体管时,第三代计算机开始得以演进。此时计算机变得更小,更可靠。推出了键盘和显示器用于输入和输出;磁盘被用于存储。操作系统的出现意味着使用者不再需要手动复位继电器和手动接线。

Ted Hoff设计了最早的微处理器Intel 4004。这个单处理器包含了2250个晶体管，每秒钟能够执行60000次运算。

Bill Gates（比尔·盖茨）和Paul Allen为Altair计算机写了一个BASIC语言版本，它是最早用于个人计算机的编程语言。Bill Gates从哈佛大学辍学与Paul Allen成立了微软公司。

最早的电子表格和个人计算机业务程序发布了，它名为Software Arts' Visi-Calc。这一程序被视作个人计算机首先在商业世界中被广泛接受的原因之一。

IBM公司推出了IBM PC机。这一基于DOS操作系统的PC使用4.77 MHz的8088 CPU，64KB的内存，它迅速成为商用个人计算机的标准配置。

1971   **1975**   **1979**   **1981**

第四代计算机

1972   **1976**   **1980**   **1982**

贝尔实验室的Dennis Ritchie研制出了C语言。

被称为"超级计算之父"的Seymour Cray成立了Cray研究所，持续建造了一些世界上最快的计算机。

索尼电子公司推出了3.5英寸的软盘和驱动器。

Steve Wozniak与Steve Jobs（乔布斯）成立了苹果计算机公司并发布了Apple I（一款单板计算机），之后发布了Apple II（一款在1977年获得快速成功的完整个人计算机）。他们最初是在乔布斯父母家中的车库运营这家公司的。

Seagate技术公司宣布了最早的Winchester 5.25英寸硬盘，这是对计算机存储的一次变革。

IBM公司选择微软公司为其即将推出的个人计算机开发操作系统PC-DOS。

Intel公司推出了80286 CPU。

"时代"杂志提名计算机为1982年的"年度机器"，强调计算机在当时社会的重要性。

第四代计算机（1971年至今）

第四代计算机开始大规模集成（LSI），这导致芯片可能包含数千个晶体管。超大规模集成（VLSI）导致了微处理器和微型计算机的出现。键盘和鼠标是主要的输入设备，尽管也有许多其他类型的输入设备；显示器和打印机提供输出，磁盘、光盘和存储芯片用于存储。

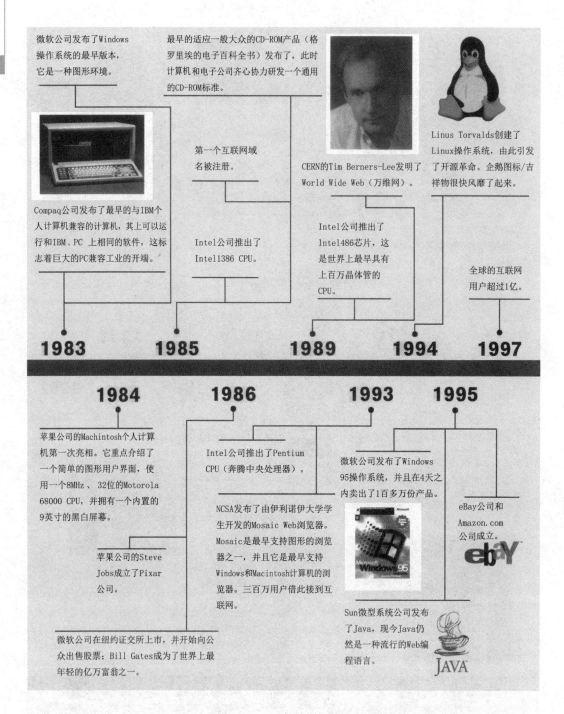

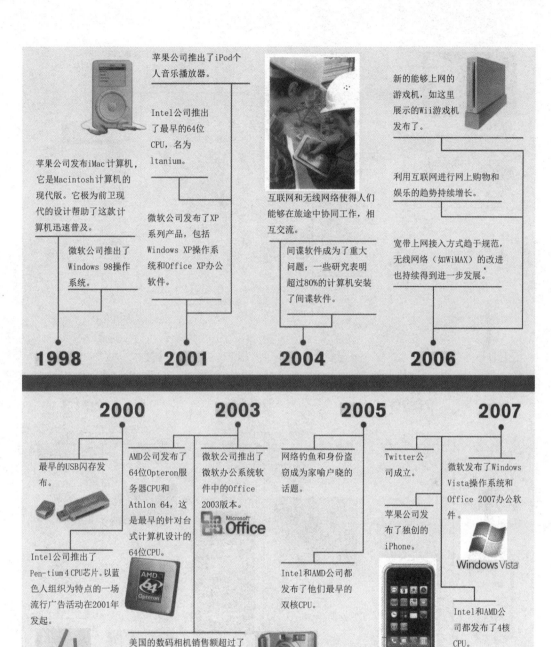

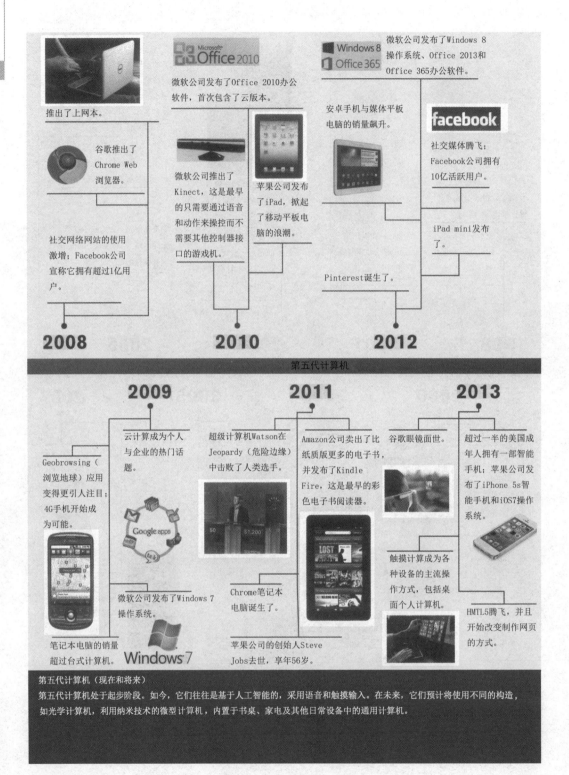

中国科学院发布了覆盖个人计算机、智能终端等平台的操作系统——中国操作系统 COS。

阿里巴巴正式在纽交所挂牌交易，创下了有史以来规模最大的一桩 IPO 交易。

微软收购诺基亚设备与服务业务，诺基亚正式退出手机市场。

历经近 8 年完善，HTML5 标准正式发布。

2014

苹果公司发布了 iPhone 6，公布了智能手表 Apple Watch。

Microsoft .NET 宣布开源，Visual Studio 和 .NET 真正开始走向跨平台化。

Windows XP 停止服务。

谷歌进军远程医疗。

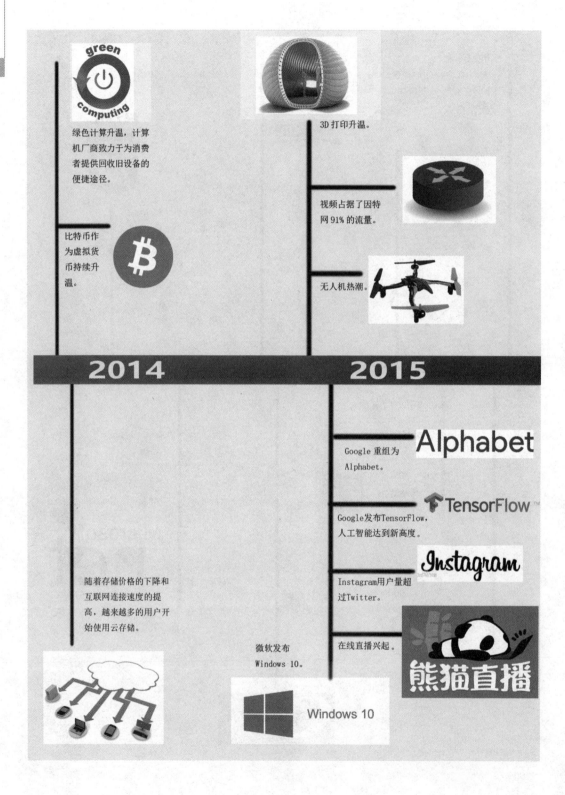

AlphaGo战胜围棋世界冠军李世石。

"永恒之蓝"勒索蠕虫爆发。

共享单车创业热潮。

AlphaGo战胜柯洁人工智能引起广泛关注。

魏则西事件引发网络热议。

2016　　　　　　　　2017

滴滴出行收购优步中国。

区块链技术升温。

人工智能贴近商业化。

无人零售兴起。

无人驾驶升温，各大科技公司纷纷涉足。

全面屏手机普及。

VR升温。

Windows 10推出创意者更新，加入诸多新功能。

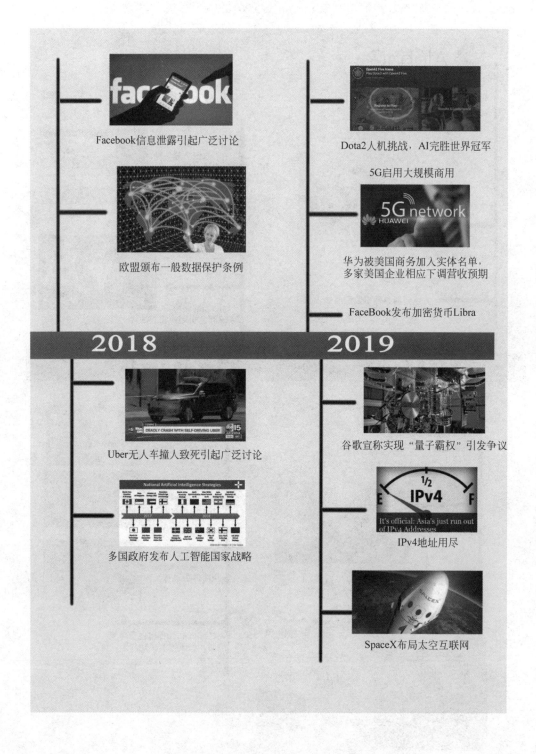

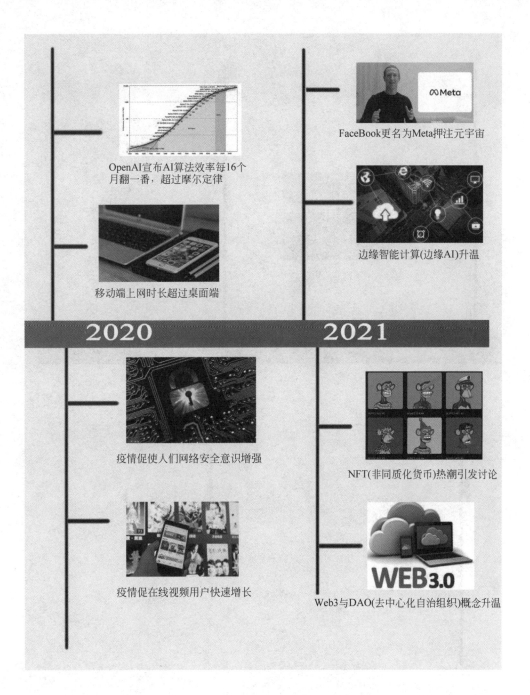

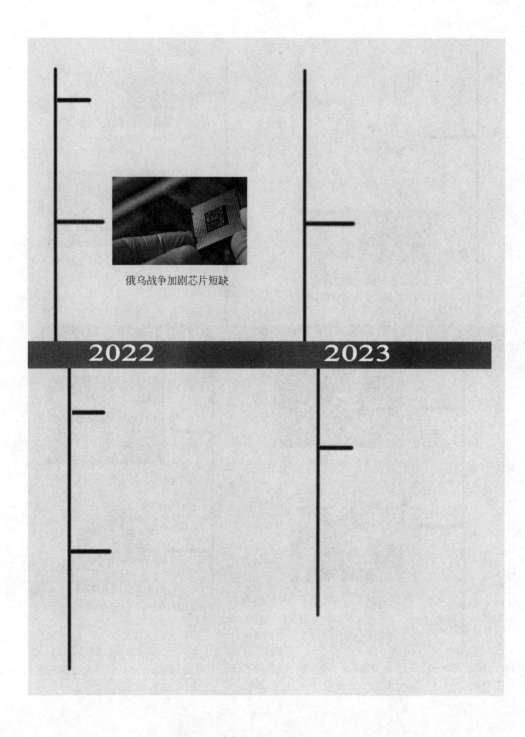
俄乌战争加剧芯片短缺

附录 B Python 编程基础

B.1 Python 简介

B.1.1 Python 是什么

Python 是一门语言,但是这门语言跟现在印在书上的中文、英文这些自然语言不太一样,它是为了跟计算机"对话"而设计的,所以相对来说 Python 作为一门语言更加结构化,表意更加清晰、简洁。

Python 是一个工具,它可以帮助我们完成计算机日常操作中繁杂重复的工作,例如将文件批量按照特定需求重命名,再如去掉手机通讯录中重复的联系人,或者把工作中的数据统一计算一下,Python 可以把我们从无聊重复的操作中解放出来。

Python 是一瓶胶水,例如现在有数据在一个文件 A 中,但是需要上传到服务器 B 处理,最后存到数据库 C,这个过程就可以用 Python 轻松完成(别忘了 Python 是一个工具!),而且我们并不需要关注这些过程背后系统做了多少工作,有什么指令被 CPU 执行——这一切都被放在了一个黑盒子中,只要把想实现的逻辑告诉 Python 就够了。

B.1.2 Python 的安装

最常用的 Python 安装包来自于 Anaconda(https://www.anaconda.com/download/),如图 B-1 所示。除了 Python 外,Anaconda 还囊括了诸多常用的 Python 模块。

图 B-1 Anaconda Python

安装 Python 时选中 Add Anaconda to my PATH environment variable 复选框以便后面的运行,如图 B-2 所示。安装完成后,启动控制台或命令提示符(在 Windows 下可以直接按下组合键 Win+R 调出运行,然后输入"cmd"来启动),之后输入"python"(或者"python3",视安装版本而定)回车即可运行。

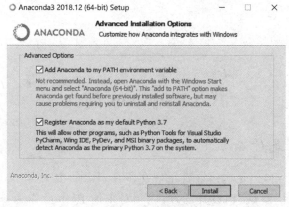

图 B-2 Python 安装

B.1.3 初试 Python

在 Python 中可以很轻易地实现计算器的功能。注意♯以后的内容(包括♯本身)是代码的注释部分,对代码的执行没有影响,仅仅是为了方便说明,不输入也不会对代码的执行造成任何影响。

实现基本的加减法代码如下:

```
    >>> 1 + 1                                   # 整数
2
>>> 99999999999999999999999999999 +
99999999999999999999999999999
199999999999999999999999999998
>>> 1.0 + 9.5                                   # 浮点数
10.5
>>> 1 - 900000000.5                             # 实数运算
-899999999.5
>>>
```

实现乘除法代码如下:

```
    >>> 5 * 9                                   # 乘法
45
>>> 9 / 5                                       # 除法
1.8
>>> 9 // 5                                      # 两个斜杠表示整除
1
>>> 9 % 5                                       # 取模
4
>>> 5 * 9.5                                     # 只要是实数就可以
47.5
>>>
```

实现幂运算代码如下：

```
>>> 2 * * 10                    # 2 的 10 次方
1024
>>> 2 * * 0.5                   # 根号 2
1.4142135623730951
>>> 2 * * -0.5                  # 根号 2 分之一
0.7071067811865476
>>>
```

Python 的科学计算功能远不止这些，这里只是展示了最基本的运算功能。

B.2 基本元素

B.2.1 四则运算

除了 Python 命令外，还可以使用 ipython 指令来启动 IPython 解释器。IPython 是在 Python 原生交互式解释器的基础上，提供了诸如代码高亮、代码提示等功能，完美弥补了交互式解释器的不足。如果不是用来做项目，只是写一些小型的脚本的话，IPython 应该是首选。

打开终端，输入 ipython 指令启动一个 IPython 交互式解释器，随意输入一些表达式：

```
In [1]: 1 + 2
Out[1]: 3

In [2]: 5 * 4
Out[2]: 20

In [3]: 3 / 5
Out[3]: 0.6

In [4]: 123 - 321
Out[4]: -198
```

可以看到 IPython 的 Out 就是表达式的结果，这跟在第 1 章做过的事情没什么区别，接下来看看这个过程背后的知识有哪些。

B.2.2 数值类型

Python 实际上有 3 种内置的数值类型，分别是整型（integer，即整数）、浮点数（float，即小数）和复数（complex）。此外还有一种特殊的类型叫布尔类型（bool，用来判断真假）。这些数据类型都是 Python 的基本数据类型。

B.2.3 变量

在程序中，我们需要保存一些值或者状态之后再使用，这种情况就需要用一个变量来存储它，这个概念跟数学中的"变量"非常类似，例如：

```
In [38]: a = 1         # 声明了一个变量为 a 并赋值为 1
In [39]: b = a         # 声明了一个变量为 b 并且用 a 的值赋值
In [40]: c = b         # 声明了一个变量为 c 并且用 b 的值赋值
```

在 Python 中,变量类型是可以不断变化的,即动态类型,例如:

```
In [41]: a = 1         # 声明一个变量 a 并且赋值为整型 1
In [42]: a = 1.5       # 赋值为浮点数 1.5
In [43]: a = 1 + 5j    # 赋值为虚数 1 + 5j
In [44]: a = True      # 赋值为布尔型 True
```

B.2.4 运算符

除了简单的加减乘除外,Python 还有诸多其他的运算符,如赋值、比较、逻辑、位运算等,如表 B-1 所示。

表 B-1 运算符

运算符	作用
**	乘方
~、+、-	按位取反、数字的正负
*、/、%、//	乘、除、取模、取整除
+、-	二元加减法
<<、>>	移位运算符
&	按位与
^	按位异或
|	按位或
>=、>、<=、<、==、!=、is、is not、in、not in	大于等于、大于、小于等于、小于、is、is not、in、not in
=、+=、-=、*=、/=、**=	复合赋值运算符
not	逻辑非运算
and	逻辑与运算
or	逻辑或运算

B.2.5 字符串

字符串的几种表示方式如下:

```
str1 = "I'm using double quotation marks"
str2 = 'I use "single quotation marks"'
str3 = """I am a
multi-line
```

```
double quotation marks string.
"""
str4 = '''I am a
multi-line
single quotation marks string.
'''
```

这里使用了 4 种字符串的表示方式,其中,str1 和 str2 使用了一对双引号或单引号来表示一个单行字符串;而 str3 和 str4 使用了 3 个双引号或单引号来表示一个多行字符串。

那么使用单引号和双引号的区别是什么?仔细观察一下 str1 和 str2,在 str1 中,字符串内容包含单引号;在 str2 中,字符串内容包括双引号。

如果在单引号字符串中使用单引号会怎么样呢?会出现如下报错:

```
In [1]: str1 = 'I'm a single quotation marks string'
  File "<ipython-input-1-e9eb8bee0cd7>", line 1
    str1 = 'I'm a single quotation marks string'
              ^
SyntaxError: invalid syntax
```

其实在输入的时候就可以看到字符串的后半段完全没有正常的高亮,而且回车执行后还报了 SyntaxError 的错误。这是因为单引号在单引号字符串内不能直接出现,Python 不知道单引号是字符串内本身的内容还是要作为字符串的结束符来处理。所以两种字符串最大的差别就是可以直接输出双引号或单引号,这是 Python 特有的一种方便的写法。

B.2.6 Tuple、List 与 Dict

Tuple 又叫元组,是一个线性结构,它的表达形式是这样的:

```
tuple = (1, 2, 3)
```

即用一个圆括号括起来的一串对象就可以创建一个 Tuple,之所以说它是一个线性结构,是因为在元组中元素是有序的,例如可以这样去访问它的内容:

```
tuple1 = (1, 3, 5, 7, 9)
print(f'the second element is {tuple1[1]}')
```

这段代码会输出:

```
the second element is 3
```

这里可以看到,我们通过"[ ]"运算符直接访问了 Tuple 的内容。

List 又叫列表,也是一个线性结构,它的表达形式是:

```
list1 = [1, 2, 3, 4, 5]
```

List 的性质和 Tuple 是非常类似的,上述 Tuple 的操作都可以用在 List 上,但是 List

有一个最重要的特点就是元素可以修改,所以 List 的功能要比 Tuple 更加丰富。

Dict 中文名为字典,与上面的 Tuple 和 List 不同,是一种集合结构,因为它满足集合的 3 个性质,即无序性、确定性和互异性。创建一个字典的语法是:

```
zergling = {'attack': 5, 'speed': 4.13, 'price': 50}
```

这段代码定义了一个 zergling,它拥有 5 点攻击力,具有 4.13 的移动速度,消耗 50 块钱。

Dict 使用大括号,里面的每一个对象都需要有一个键,称之为 Key,也就是冒号前面的字符串,当然它也可以是 int、float 等基础类型。冒号后面的是值,称之为 Value,同样可以是任何基础类型。所以 Dict 除了被叫做字典以外,还经常被称为键值对、映射等。

Dict 的互异性体现在它的键是唯一的,如果重复定义一个 Key,后面的定义会覆盖前面的,例如:

```
# 请不要这么做
zergling = {'attack': 5, 'speed': 4.13, 'price': 50, 'attack': 6}
print(zergling['attack'])
```

这段代码会输出:

```
6
```

B.3 控制语句

B.3.1 执行结构

对于一个结构化的程序来说,一共只有 3 种执行结构,如果用圆角矩形表示程序的开始和结束,直角矩形表示执行过程,菱形表示条件判断,那么 3 种执行结构可以分别用下面 3 张图表示。

顺序结构:就是做完一件事后紧接着做另一件事,如图 B-3 所示。

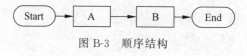

图 B-3 顺序结构

选择结构:在某种条件成立的情况下做某件事,反之做另一件事,如图 B-4 所示。
循环结构:反复做某件事,直到满足某个条件为止,如图 B-5 所示。

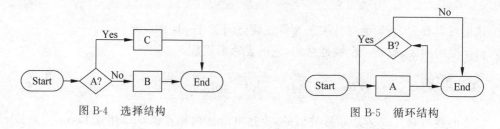

图 B-4 选择结构　　　　图 B-5 循环结构

程序语句的执行默认就是顺序结构,而条件结构和循环结构分别对应条件语句和循环语句,它们都是控制语句的一部分。

B.3.2 控制语句

什么是控制语句呢?这个词出自 C 语言,对应的英文是 Control Statements。它的作用是控制程序的流程,以实现各种复杂逻辑。

1. 顺序结构

顺序结构在 Python 中就是代码一句一句地执行,举个简单的例子,可以连续执行几个 print 函数:

```
print('Here's to the crazy ones.')
print('The misfits. The rebels. The troublemakers.')
print('The round pegs in the square holes.')
print('The ones who see things differently.')
```

这是一段来自 Apple 的广告 Think Different 的文字,可以通过多个 print 语句来输出多行,Python 会顺序执行这些语句,结果就是按照阅读顺序输出这段话。

```
Here's to the crazy ones.
The misfits. The rebels. The troublemakers.
The round pegs in the square holes.
The ones who see things differently.
```

但是,如果希望对不同情况有不同的执行结果,就要用到选择结构了。

2. 选择结构

在 Python 中,选择结构的实现是通过 if 语句,if 语句的常见语法是:

```
if 条件 1:
    代码块 1
elif 条件 2:
    代码块 2
    ...
    ...
elif 条件 n-1:
    代码块 n-1
else
    代码块 n
```

这表示的是,如果条件 1 成立,就执行代码块 1;如果条件 1 不成立而条件 2 成立,就执行代码块 2;如果条件 1 到条件 n-1 都不满足,那么就执行代码块 n。

另外,其中的 elif 和 else 以及相应的代码块是可以省略的,也就是说最简单的 if 语句格式是:

```
if 条件:
    代码段
```

要注意的是,这里所有代码块前应该是 4 个空格,原因稍候会提到,这里先看一段具体的 if 语句。

```
a = 4
if a < 5:
    print('a is smaller than 5.')
elif a < 6:
    print('a is smaller than 6.')
else:
    print('a is larger than 5.')
```

很容易得到结果:

```
a is smaller than 5.
```

这段代码表示的含义就是:如果 a<5,则输出"a is smaller than 5.";如果 5≤a<6,则输出"a is smaller than 6.";否则就输出"a is larger than 5."。这里值得注意的一点是虽然 a 同时满足 a<5 和 a<6 两个条件,但是由于 a<5 在前面,所以最终输出的为"a is smaller than 5."。

if 语句的语义非常直观易懂,但是这里还有一个问题没有解决,那就是为什么要在代码块之前空 4 格?

我们依旧是先看一个例子:

```
if 1 > 2:
    print('Impossible!')
print('done')
```

运行这段代码可以得到:

```
done
```

但是如果我们稍加改动,在 print('done') 前也加 4 个空格:

```
if 1 > 2:
    print('Impossible!')
    print('done')
```

再运行的话什么也不会输出。

它们的区别是什么呢?对于第一段代码,print('done') 和 if 语句是在同一个代码块中的,也就是说无论 if 语句的结果如何,print('done') 一定会被执行。而在第二段代码中,print('done') 和 print('Impossible!') 在同一个代码块中,也就是说如果 if 语句中的条件不成立,那么 print('Impossible!') 和 print('done') 都不会被执行。

称第二个例子中这种拥有相同缩进的代码为一个代码块。虽然 Python 解释器支持使用任意多但是数量相同的空格或者制表符来对齐代码块,但是一般约定用 4 个空格作为对齐的基本单位。

另外值得注意的是,在代码块中是可以再嵌套另一个代码块的,以 if 语句的嵌套为例:

```
a = 1
b = 2
c = 3
if a > b:          # 第 4 行
    if a > c:
        print('a is maximum.')
    elif c > a:
        print('c is maximum.')
    else:
        print('a and c are maximum.')
elif a < b:        # 第 11 行
    if b > c:
        print('b is maximum.')
    elif c > b:
        print('c is maximum.')
    else:
        print('b and c are maximum.')
else:              # 第 18 行
    if a > c:
        print('a and b are maximum')
    elif a < c:
        print('c is maximum')
    else:
        print('a, b, and c are equal')
```

首先最外层的代码块是所有的代码,它的缩进是 0;接着它根据 if 语句分成了 3 个代码块,分别是第 5~10 行,第 12~17 行,第 19~24 行,它们的缩进是 4;然后在这 3 个代码块内又根据 if 语句分成了 3 个代码块,其中每个 print 语句是一个代码块,它们的缩进是 8。

从这个例子可以看到代码块是有层级的,是嵌套的,所以即使这个例子中所有的 print 语句拥有相同的空格缩进,仍然不是同一个代码块。

但是单有顺序结构和选择结构是不够的,有时候某些逻辑执行的次数本身就是不确定的或者说逻辑本身具有重复性,那么这时候就需要循环结构了。

3. 循环结构

Python 的循环结构有两个关键字可以实现,分别是 while 和 for。

1) while 循环

while 循环的常见语法是:

```
while 条件:
    代码块
```

这个代码块表达的含义是:如果条件满足,就执行代码块,直到条件不满足为止;如果条件一开始不满足,那么代码块一次都不会被执行。

看一个例子:

```
a = 0
while a < 5:
    print(a)
    a += 1
```

运行这段代码可以得到输出如下：

```
0
1
2
3
4
```

对于 while 循环，其实和 if 语句的执行结构非常接近，区别就是从单次执行变成了反复执行，以及条件除了用来判断是否进入代码块以外还被用来作为是否终止循环的判断。

对于上面这段代码，结合输出不难看出，前 5 次循环的时候 a＜5 为真，因此循环继续，而第 6 次经过的时候，a 已经变成了 5，条件就为假，自然也就跳出了 while 循环。

2) for 循环

for 循环的常见语法是：

```
for 循环变量 in 可迭代对象:
    代码段
```

Python 的 for 循环比较特殊，它并不是 C 系语言中常见的 for 语句，而是一种 foreach 的语法，也就是说本质上是遍历一个可迭代的对象。这听起来实在太抽象了。看一个例子：

```
for i in range(5):
    print(i)
```

运行后这段代码输出如下：

```
0
1
2
3
4
```

for 循环实际上用到了迭代器的知识，但是在这里展开还为时尚早，只要知道用 range 配合 for 可以写出一个循环即可，例如计算 0～100 整数的和：

```
sum = 0
for i in range(101):  # 别忘了 range(n) 的范围是[0, n-1]
    sum += i
print(sum)
```

那如果想计算 50～100 整数的和呢？实际上 range 产生区间的左边界也是可以设置的，只要多传入一个参数：

```
sum = 0
for i in range(50, 101):  # range(50 ,101) 产生的循环区间是 [50, 101)
    sum += i
print(sum)
```

有时我们希望循环是倒序的,例如从 10 循环到 1,那该怎么写呢?只要再多传入一个参数作为步长即可:

```
for i in range(10, 0, -1):  # 这里循环区间是 (1, 10],但是步长是 -1
    print(i)
```

也就是说 range 的完整用法应该是 range(start,end,step),循环变量 i 从 start 开始,每次循环后 i 增加 step 直到超过 end 跳出循环。

3) 两种循环的转换

其实无论是 while 循环还是 for 循环,本质上都是反复执行一段代码,这就意味着二者是可以相互转换的,例如之前计算整数 0~100 的代码,也可以用 while 循环完成,如下所示:

```
sum = 0
i = 0
while i <= 100:
    sum += i
    i ++
print(sum)
```

但是这样写之后至少存在 3 个问题:

- while 写法中的条件为 i≤100,而 for 写法是通过 range()来迭代,相比来说后者显然更具可读性。
- while 写法中需要在外面创建一个临时的变量 i,这个变量在循环结束依旧可以访问,但是 for 写法中 i 只有在循环体中可见,明显 while 写法增添了不必要的变量。
- 代码量增加了两行。

当然这个问题是辩证性的,有时候 while 写法可能是更优解,但是对于 Python 来说,大多时候推荐使用 for 这种可读性强也更优美的代码。

4. break、continue、pass

学习了 3 种基本结构,我们已经可以写出一些有趣的程序了,但是 Python 还有一些控制语句可以让我们的代码更加优美简洁。

1) break、continue

break 和 continue 只能用在循环体中,通过一个例子来认识一下作用:

```
i = 0
while i <= 50:
    i += 1
    if i == 2:
```

```
            continue
        elif i == 4:
            break
    print(i)
print('done')
```

这段代码会输出:

```
1
3
done
```

这段循环中如果没有 continue 和 break,应该是输出 1~51 的,但是这里输出只有 1 和 3,为什么呢?

首先考虑当 i=2 的那次循环,它进入了 if i==2 的代码块中,执行了 continue,这次循环就被直接跳过了,也就是说后面的代码包括 print(i) 都不会再被执行,而是直接进入了下一次 i=3 的循环。

接着考虑当 i=4 的那次循环,它进入了 elif i == 4 的代码块中,执行了 break,直接跳出了循环到最外层,然后执行循环后面的代码输出了 done。

所以总结一下,continue 的作用是跳过剩下的代码进入下一次循环,break 的作用是跳出当前循环然后执行循环后面的代码。

这里有一点需要强调的是,break 和 continue 只能对当前循环起作用,也就是说如果在循环嵌套的情况下想对外层循环起控制作用,需要多个 break 或者 continue 联合使用。

2) pass

pass 很有意思,它的功能就是没有功能。看一个例子:

```
a = 0
if a >= 10:
    pass
else:
    print('a is smaller than 10')
```

要想在 a>10 的时候什么都不执行,但是如果什么不写的话又不符合 Python 的缩进要求,为了使得语法上正确,这里使用了 pass 来作为一个代码块,但是 pass 本身不会有任何效果。

B.4 面向对象编程

B.4.1 面向对象简介

在编程领域,对象是对现实生活中各种实体和行为的抽象。例如现实中一辆小轿车就可以看成一个对象,它有 4 个轮子、一个发动机、5 个座位,可以加速也可以减速,于是就可以用一个类来表示拥有这些特性的所有的小轿车,这就是面向对象编程的基本思想。

面向对象编程的两个核心概念是类和对象。

B.4.2 类

在介绍类之前,先简单了解一下 Python 的函数。

```
def add_one(number):
    return number + 1
```

这是一个基本的函数定义,函数会执行将输入值+1并返回,定义函数后,例如执行 y=add_one(3) 后,y 会被赋值 4。

类在 Python 中对应的关键字是 class,先看一段类定义的代码:

```
class Vehicle:
    def __init__(self):
        self.movable = True
        self.passengers = list()
        self.is_running = False

    def load_person(self, person: str):
        self.passengers.append(person)

    def run(self):
        self.is_running = True

    def stop(self):
        self.is_running = False
```

这里定义了一个交通工具类,先看关键的部分。
- 第 1 行:包含了类的关键词 class 和一个类名 Vehicle,结尾有冒号,同时类里所有的代码为一个新的代码块。
- 第 2、7、10、13 行:这些都是类方法的定义,它们定义的语法跟正常函数是完全一样的,但是它们都有一个特殊的 self 参数。
- 其他的非空行:类方法的实现代码。

这段代码实际上定义了一个属性为所有乘客和相关状态,方法为载人、开车、停车的交通工具类,但是这个类到目前为止还只是一个抽象,也就是说我们仅仅知道有这么一类交通工具,还没有创建相应的对象。

B.4.3 对象

按照一个抽象的、描述性的类创建对象的过程,叫做实例化。例如对于刚刚定义的交通工具类,可以创建两个对象,分别表示自行车和小轿车,代码如下:

```
car = Vehicle()
bike = Vehicle()
car.load_person('old driver')  # 对象加一个点再加上方法名可以调用相应的方法
```

```
car.run()
print(car.passengers)
print(car.is_running)
print(bike.is_running)
```

我们一句一句地看这几行代码。
- 第 1 行：通过 Vehicle() 即类名加括号来构造 Vehicle 的一个实例，并赋值给 car。要注意的是每个对象在被实例化的时候都会先调用类的 __init__ 方法，更详细的会在后面看到。
- 第 2 行：类似地，构造 Vehicle 实例，赋值给 bike。
- 第 3 行：调用 car 的 load_person 方法，并装载了一个 old driver 作为乘客。注意方法的调用方式是一个点加上方法名。
- 第 4 行：调用 car 的 run 方法。
- 第 5 行：输出 car 的 passengers 属性。注意属性的访问方式是一个点加上属性名。
- 第 6 行：输出 car 的 is_running 属性。
- 第 7 行：输出 bike 的 is_running 属性。

同时这段代码会输出：

```
['old driver']
True
False
```

可以看到自行车和小轿车是从同一个类实例化得到的，但是却有着不同的状态，这是因为自行车和小轿车是两个不同的对象。

B.4.4 类和对象的关系

如果之前从未接触过面向对象的编程思想，那么有人可能会产生一个问题：类和对象有什么区别？

类将相似的实体抽象成相同的概念，也就是说类本身只关注实体的共性而忽略特性，例如对于自行车、小轿车甚至是公交汽车，我们只关注它们能载人并且可以正常运动停止，所以抽象成了一个交通工具类。而对象是类的一个实例，有跟其他对象独立的属性和方法，例如通过交通工具类还可以实例化出一个摩托车，它跟之前的自行车、小轿车又是互相独立的对象。

如果用一个形象的例子来说明类和对象的关系，不妨把类看作设计汽车的蓝图，上面有一辆汽车的各种基本参数和功能，而对象就是用这张蓝图制造的所有汽车，虽然它们的基本构造和参数是一样的，但是颜色可能不一样，例如有的是蓝色的而有的是白色的。

B.4.5 面向过程还是对象

对于交通工具载人运动这件事，难道用之前学过的函数不能抽象吗？当然可以，例如：

```
def get_car():
    return { 'movable': True, 'passengers': [], 'is_running': False}


def load_passenger(car, passenger):
    car['passengers'].append(passenger)


def run(car):
    car['is_running'] = True


car = get_car()
load_passenger(car, 'old driver')
run(car)
print(car)
```

这段代码是"面向过程"的,也就是说对于同一件事,抽象的方式是按照事情的发展过程进行的。所以这件事就变成了获得交通工具、乘客登上交通工具、交通工具动起来这3个过程,但是反观面向对象的方法,一开始就是针对交通工具这个类设计的,也就是说从这件事情中抽象出了交通工具这个类,然后思考它有什么属性,能完成什么事情。

虽然面向过程一般是更加符合人类思维方式的,但是随着学习的深入,我们会逐渐意识到面向对象是程序设计的一个利器,因为它把一个对象的属性和相关方法都封装到了一起,在设计复杂逻辑时可以有效降低思维负担。

但是面向过程和面向对象不是冲突的,有时面向对象也会用到面向过程的思想,反之亦然,二者没有优劣性可言,也不是对立的,都是为了解决问题而存在。

附录 C　计算机购买指南

C.1　计算机的类别

视频讲解

当要买新的计算机时,许多人都感觉到很困惑而不知所措。在当今的计算机市场,有各种各样的分类,从台式计算机、笔记本电脑到平板电脑、智能手机。在每一个类别下,都有数不清的选择与各种价位。这个选购指导将会帮助你选择最需要的计算机,并且指出一些重要的问题。

1. 笔记本电脑:当今的标准

典型推荐:买一个 3000~5000 元,14~15 英寸(1 英寸=2.54cm)屏幕的笔记本电脑。

在当下的生活中,笔记本电脑逐渐变成了必备的设备,用它可以做任何你想做的事,无论你在哪里。笔记本电脑有足够的能力作为你家里基本的计算机(代替台式计算机),同时也可以方便地带到学校、工作单位或是当地的咖啡店,甚至是在旅行中携带。许多学生把它们带到课堂中去来记笔记或者做展示。如果你只可以拥有一台计算机,那就买一台笔记本电脑吧。入门级的笔记本电脑价位一般为 3000 元,而性能稍微好一些的会超过 5000 元。

如果你已经决定买一台笔记本电脑,请读 C.2 部分来看看其他的小窍门和推荐。

2. 智能手机:口袋里的计算机

典型推荐:通过注册一个两年的运营商套餐拥有一个免费的或者便宜的智能手机。

对于很多人来说,智能手机越来越像一个钱包或者钥匙了——你不能不带它就离开家门。这个简单的、口袋大小的东西充当了很多角色。它既是电话,又是数码相机,还是摄像机,也是游戏机,甚至还是个人电子助手。大多数的人都已拥有一部智能手机,因为他们需要快速获取信息,并且想要简单快捷地知道他们现在在哪及如何到达目的地。

在面对如此多的智能手机可以免费挑选时,没有比现在更适合换掉老式的手机了。不过智能手机最大的缺点是受制式的限制很大,随着因特网的发展,2G 制式的手机正变得逐渐落后。如果没有一个合适的套餐,"在任何地方使用"是受限制的。

当下,苹果的 iPhone 与各式各样的安卓系统手机分庭抗礼。如果你已经决定想要买一部智能手机,请读 C.2 部分来看看其他的小窍门和推荐。

3. 平板电脑:新星

典型推荐:买一个 10 英寸 16GB 存储容量的便携设备。

iPad 的发布在全世界掀起了平板电脑的热潮。平板电脑可以看视频、玩游戏、读电子书或者浏览网页。平板电脑特别轻,拿在手上几个小时也不会感到不适,但是它们又有足够的性能以运行各式各样的应用程序,且它们比笔记本电脑有更长的续航时间。

如果你是一个典型的计算机使用者,那么你可能不会从平板电脑中获得更多的好处。

你大多数的时间都在用笔记本电脑(如在家、在学校),或者智能手机。尽管平板电脑当下非常流行,你必须记住它们需要花费上千元。在你购买它之前,需要先弄清楚你想要的东西是什么。

很多学生都考虑买一个平板电脑,因为它特别轻,带出去很方便。尽管这点没错,但是有的笔记本电脑也很轻,只比平板电脑重一两斤。这些多的功能对于多种多样的软件是至关重要的,在你决定是买平板电脑还是超轻笔记本电脑之前,考虑需要使用的软件种类,如学校用的、商务用的或者个人用的。如果你想用的一切都可以用平板电脑应用实现,那就买一个平板电脑吧(使用无线键盘),这样会比超轻的笔记本电脑更便宜。

总之,购买一个平板电脑前,需要考虑是不是经常用它。触屏接口、超轻重量、电池使用寿命长使得它易于携带并且可以在任何地方使用。如果你决定要买一个平板电脑,请读 C.2 部分来看看其他的小窍门和推荐。

4. 台式计算机

典型推荐:买一个带有 20~24 英寸显示器的 3000~4000 元的台式计算机。

台式计算机出现有很长时间了,但仍然可以在很多办公室和家庭中见到它们。然而,它们正在失去市场,因为笔记本电脑越来越强劲且便宜。为什么还买一个摆在家里或办公室里不能挪动的台式计算机而不买能带到任何地方的笔记本电脑呢?

尽管笔记本电脑貌似是一个更好的选择,但是仍然有很多的理由促使你买一个台式计算机。首先,把笔记本电脑当作主要的计算机不太舒服,长期使用后,可能你的脖子、后背、手腕都会酸疼;台式计算机则有更大的显示器、不同种类的键盘。然而,台式计算机的批评者会说笔记本电脑可以连接外接显示器,也可以连接外接键盘。唯一的劣势是笔记本电脑需要额外购买这些外设。

其次,如果你有特殊的不能被笔记本电脑实现的需求,那也得买一个台式计算机。例如,有些家庭用一个娱乐中心管理所有的视频、照片和音乐,通过家庭局域网分享。又如,玩游戏的人,他们经常自己组装定制的性能尤为强劲的计算机,由于这个原因选择台式计算机。

大多数的用户不需要买一个台式计算机。但如果你仍然决定要买一个台式计算机,请读 C.2 部分来看看其他的小窍门和推荐。

C.2 个性化选购指导

既然购买者决定了想买哪种计算机,是时候探索不同计算机的特点了。这个部分为不同购买者分别介绍了做决定的过程。

视频讲解　视频讲解　视频讲解

1. 笔记本电脑

有两种基础的笔记本电脑分类:普通笔记本电脑和超极本。尽管这两类笔记本电脑都有差不多的外观,但是它们的性能、存储、重量及电池使用寿命都是有很大差异的。接下来的部分将帮助你找到最适合你需求的选择。

问:我需要一个便携的计算机,可以玩最新的计算机游戏或者处理视频,或者进行工程项目或者设计。

视频讲解

答：购买一个满足下列最低配置的普通笔记本电脑，如表 C-1 所示。

表 C-1　最低配置的普通笔记本电脑

类　　别	配　　置
CPU	最快的处理器、多核并且高 GHz
显卡	独立显卡
RAM	16GB
硬盘	750GB
显示器	17 英寸

预期花费 6000 元或者更多。对于游戏，很多人选择 Windows 系统的计算机。

问：我是一个普通用户。我需要一个便携式计算机。我使用 Office 软件并且使用因特网，也听音乐。

答：买一个便携式的普通笔记本电脑，满足以下配置，如表 C-2 所示。

表 C-2　笔记本电脑配置要求

类　　别	配　　置
CPU	中档的处理器——不是最快的但也不是最慢的
RAM	4～8GB
硬盘	500GB
显示器	15 英寸

预期的价格为 3000～5000 元。最省钱的方法，也是性价比最高的办法是买一个 Windows 系统的。

问：我想买一个小的、轻的计算机，我想去哪都能带着它。我想要电池使用寿命长一些的。

答：买一个超极本，满足以下性能，如表 C-3 所示。

表 C-3　超级本性能要求

类　　别	配　　置
RAM	4GB
硬盘	固态硬盘
显示器	11～13 英寸
重量	1.8kg 以下

预期的价格为 4000～6000 元。很多超级本没有包含光驱。Windows 系统的超级本较便宜，Mac 系统的 MacBook Air 则有点贵，但是它是超极本的领航者。

对于拥有很多型号的处理器和显卡，你可能无法分辨其好坏。可以考虑在购买前先在因特网上搜索对应型号的处理器或显卡，查找其性能评价；也可以借助于因特网中搜索到的《显卡天梯图》或《CPU 天梯图》进行辅助判断。

2. 智能手机

购买一个智能手机包含 3 个独立的步骤。

(1) 选择一个操作系统，如 iOS、安卓或者 Windows 系统。

(2) 选择一个设备。

(3) 选择一个运营商。

比较热门的操作系统有以下几种。

(1) iOS：iPhone被很多人考虑为标准。对于Mac用户，因为macOS和iOS兼容，所以iOS是不错的选择。

(2) Android：不同的厂商有很多不同的Android设备，其中有些是合约机。想要自定义用户界面的购买者倾向于选择Android系统。除此之外，Android操作系统高度集成了谷歌公司的产品和服务。

在选择设备时，需要考虑如下特点。

(1) 屏幕和设备大小：考虑对你而言舒适的大小（质量），4英寸的屏幕比较典型。

(2) 屏幕分辨率：有些设备采用HD高清屏幕。

(3) 集成键盘：考虑是否常常需要用实体的键盘输入。

(4) 存储：8GB的存储容量对于大多数用户已经足够了。而16GB以上的存储容量允许存储高质量的音乐、图片、视频。有些设备允许通过内存卡增加存储容量。

(5) 电池续航时间：一般为7~8h。有些设备有可拆卸的电池。

(6) 相机：许多包含前置和后置的摄像头。比较像素和照片质量。

(7) 应用：考虑应用的数量，并确保需要的应用支持这个设备的操作系统。

3. 平板电脑

平板电脑越来越流行，各个公司出品的平板电脑大小也各不相同。下面的部分可以帮助你找到适合你需求的平板电脑。

问：我想要看视频、玩游戏、做笔记并且浏览网站。

答：买一个10英寸的平板电脑。预期花费2000~3000元。大多数的重量为1.5磅（约0.67kg），拥有16GB的存储空间，有些平板电脑可以用SD卡扩容。苹果的iPad一发布就很流行，并且持续成为购买者的最佳选择。为了更高的用户个性化，你可以考虑一个基于Android的平板电脑，或者考虑Microsoft Surface平板电脑，它包含一个键盘，集成在平板上。除此之外，确保需要的应用支持这个设备的操作系统。

问：我想要读电子书、浏览网站、有一个轻一点的设备甚至我可以一只手操纵。

答：买一个7英寸屏幕的平板电脑，预期价格1000~2000元。大多数重量为1磅（约0.45kg）以下。谷歌公司的Nexus 7和亚马逊的Kindle Fire都是流行的基于安卓的平板电脑。

4. 台式计算机

台式计算机在办公室、家里和公司里依然非常流行。除此之外，许多需求高性能的用户也需要它们来做图形相关任务。接下来的部分可以帮助你找到最适合你需求的设备。

视频讲解

问：我需要一个强力的计算机，可以玩最新的计算机游戏并且处理视频编辑、工程和设计。

答：买一台如下配置的台式计算机，如表C-4所示。

表 C-4 台式计算机配置要求

类　　别	配　　置
键盘	人体工程学
CPU	最快的处理器、多核、高 GHz
显卡	高性能显卡
RAM	16GB
硬盘	2TB
显示器	24 英寸
其他设备	游戏控制器

预期花费 6000～9000 元。对于游戏，很多人选择 Windows 系统的计算机。

问：我想要一个可以被整个家庭使用很多年的计算机。

答：买一个台式计算机或者一体机满足下列最低配置，如表 C-5 所示。

表 C-5 台式计算机的最低配置要求

类　　别	配　　置
CPU	中档处理器
RAM	8～16GB
硬盘	500GB(如果计划存储很多视频,选择 2TB 的硬盘)
显示器	20～24 英寸

　　台式计算机通常提供显示器和其他配件。一体机会包含显示器，并且有些显示器还是触摸屏。花费 4000～6000 元可以确保计算机能够使用数年。想购买流行的、性能好的一体机，可以考虑稍微贵一点的苹果 iMac。

附录 D　世界著名的 IT 公司和人物（部分）

扫描下面的二维码，可以了解具体内容。

视频讲解

附录 E 计算机导论实践(微课视频集锦)

本附录详细介绍了 Access、After Effects、Anaconda、Android Studio、Audition、Dev-C++、Dreamweaver、Github、Java、LaTeX、MindManager、MATLAB、Photoshop、PowerPoint、Python、Visio、Visual Studio、Windows 10、阿里云、百度脑图、百度搜索、微信开发者工具、印象笔记、虚拟机等常用软件的安装和使用方法,适合作为上机实践练习。

扫描下面的二维码,可以观看视频讲解。

视频讲解 1

视频讲解 2

附录 F 各章习题参考答案

第 1 章

一、判断题
1. T 2. T 3. T 4. F 5. F
6. T 7. F 8. T 9. T 10. F

二、选择题
1. A 2. C 3. A 4. A 5. D
6. A 7. C 8. D 9. B 10. A

第 2 章

一、判断题
1. F 2. T 3. T 4. F 5. T
6. F 7. F 8. F 9. T 10. F

二、选择题
1. D 2. D 3. B 4. B 5. D
6. A 7. C 8. D 9. B 10. B

第 3 章

一、判断题
1. T 2. F 3. T 4. T 5. T
6. T 7. F 8. T 9. T 10. T

二、选择题
1. D 2. B 3. D 4. C 5. D
6. D 7. A 8. C 9. D 10. A

第 4 章

一、判断题
1. T 2. T 3. F 4. F 5. T
6. T 7. F 8. T 9. T 10. T

二、选择题
1. C 2. A 3. B 4. D 5. D
6. B 7. D 8. B 9. D 10. B

第 5 章

一、判断题
1. T 2. T 3. F 4. T 5. F
6. F 7. T 8. F 9. T 10. F

二、选择题
1. C 2. A 3. B 4. A 5. D
6. B 7. D 8. C 9. D 10. B

第 6 章

一、判断题
1. T 2. T 3. T 4. T 5. F
6. T 7. F 8. T 9. F 10. F

二、选择题
1. C 2. D 3. B 4. A 5. D
6. B 7. A 8. D 9. C 10. D

第 7 章

一、判断题
1. T 2. T 3. F 4. F 5. T
6. F 7. F 8. F 9. F 10. T

二、选择题
1. C 2. D 3. C 4. B 5. C
6. A 7. B 8. A 9. C 10. C

第 8 章

一、判断题
1. F 2. T 3. T 4. T 5. F
6. F 7. F 8. F 9. F 10. F

二、选择题

1. A 2. D 3. B 4. A 5. C
6. D 7. C 8. C 9. D 10. D

第 9 章

一、判断题

1. F 2. T 3. F 4. T 5. F
6. T 7. T 8. T 9. F 10. T

二、选择题

1. B 2. C 3. A 4. C 5. C
6. B 7. C 8. A 9. D 10. C

第 10 章

一、判断题

1. F 2. T 3. T 4. T 5. F
6. T 7. F 8. T 9. F 10. T

二、选择题

1. C 2. A 3. C 4. D 5. D
6. A 7. B 8. B 9. D 10. C

第 11 章

一、判断题

1. T 2. F 3. T 4. T 5. F
6. T 7. F 8. T 9. T 10. T

二、选择题

1. A 2. C 3. A 4. D 5. B
6. C 7. C 8. C 9. C 10. D

第 12 章

一、判断题

1. T 2. F 3. F 4. F 5. T
6. F 7. T 8. F 9. F 10. F

二、选择题

1. D 2. A 3. A 4. D 5. C
6. B 7. D 8. C 9. B 10. B

第 13 章

一、判断题

1. F 2. F 3. T 4. T 5. T
6. F 7. T 8. F 9. T 10. T

二、选择题

1. A 2. A 3. B 4. B 5. C
6. B 7. D 8. D 9. B 10. C

第 14 章

一、判断题

1. F 2. F 3. T 4. F 5. T
6. T 7. T 8. F 9. T 10. F

二、选择题

1. D 2. C 3. D 4. D 5. B
6. B 7. C 8. C 9. B 10. C

第 15 章

一、判断题

1. F 2. F 3. T 4. F 5. T
6. F 7. T 8. F 9. F 10. T

二、选择题

1. B 2. C 3. D 4. D 5. B
6. D 7. A 8. A 9. C 10. D

参 考 文 献

[1] June Jamrich Parsons,Dan Oja. 计算机文化[M]. 15 版. 吕云翔,傅尔也,译. 北京:机械工业出版社,2014.
[2] 吕云翔,张岩,李朝宁. 计算机导论与实践[M]. 北京:清华大学出版社,2013.
[3] 黄国兴,陶树平,丁岳伟. 计算机导论[M]. 3 版. 北京:清华大学出版社,2013.
[4] 袁方,王兵,李继民. 计算机导论[M]. 2 版. 北京:清华大学出版社,2009.
[5] 吕云翔,李沛伦. 计算机导论[M]. 北京:电子工业出版社,2016.
[6] Nell Date,John Lewis. 计算机科学概论[M]. 5 版. 吕云翔,刘艺博,译. 北京:机械工业出版社,2016.
[7] Brian K Williams,Stacey C Sawyer. Using Information Technology[M]. 11th ed. New York:McGraw-Hill,2015.
[8] Misty E Vermaat,Susan L. Setbok,Steven M Freund,et al. Discovering Computers 2017 Enhanced Edition:Tools,Apps,Devices,and the Impact of Technology[M]. Cengage Learning,2017.
[9] Deborah Morley,Charles S Parker. Understanding Computers:Today and Tomorrow[M]. 16th ed. Cengage Learning,2017.
[10] Timothy J O'Leary,Daniel O'Leary,Linda I O'Leary. Computing Essentials 2017 Complete Edition:Making IT Work for You[M]. New York:McGraw-Hill,2017.
[11] June Jamrich Parsons. New Perspectives on Computer Concepts 2016,Comprehensive[M]. Cengage Learning,2017.
[12] June Jamrich Parsons. New Perspectives on Computer Concepts 2018,Comprehensive[M]. Cengage Learning,2018.
[13] Timothy J. O'Leary,Linda I. O'Leary,Daniel O'Leary. Computing Essentials 2021[M]. New York:McGraw-Hill,2021.
[14] 吕云翔,李沛伦. 计算机导论[M]. 北京:清华大学出版社,2015.

图书资源支持

感谢您一直以来对清华版图书的支持和爱护。为了配合本书的使用,本书提供配套的资源,有需求的读者请扫描下方的"书圈"微信公众号二维码,在图书专区下载,也可以拨打电话或发送电子邮件咨询。

如果您在使用本书的过程中遇到了什么问题,或者有相关图书出版计划,也请您发邮件告诉我们,以便我们更好地为您服务。

我们的联系方式:

地　　址:北京市海淀区双清路学研大厦 A 座 714

邮　　编:100084

电　　话:010-83470236　010-83470237

客服邮箱:2301891038@qq.com

QQ:2301891038(请写明您的单位和姓名)

资源下载: 关注公众号"书圈"下载配套资源。

资源下载、样书申请

图书案例

书　圈　　　　清华计算机学堂　　　　观看课程直播